基礎磁性物理

Basic Physics of Magnetism

任盛源 著

五南圖書出版公司 印行

前言

「磁性（Magnetism）」現象涵蓋了一個極爲廣泛的課題，它可以與下列研究領域重疊：例如固態物理、電機工程、機械工程、材料與冶金工程、物理化學等。在工業界被應用的情形更是不勝枚舉，其重要性已不言可喻。作者自從在美國 Carnegie-Mellon University 物理研究所開始即從事「非晶磁性材料中磁牆運動」之研究，之後，回到中央研究院物理所仍一直持續地在磁性領域從事研究工作，至今已三十六年，在這段時間作者亦分別受聘於臺灣科技大學機械所、海洋大學光電所，及輔仁大學物理所，除指導學生論文外，並於上下學期在各研究所開課，名稱爲「磁性物理與材料」。在準備教材時，深深感到市面上缺少一本適於大四或研一同學研讀有關「磁性」的教科書（且一般此類的教科書多爲英文原版）。因此，作者特別就這些年研究與教學的經驗以中文寫成有關磁性物理的教科書，供大家分享。

這本書被命名「基礎磁性物理」，基本上，當然是與磁性（特別是鐵磁性）相關。在本書中作者要強調的是有關各項提及的（鐵）磁性其基礎物理方面的探討，較少（或僅偶然地）討論到材料特性與工程實用面。當然，這裡所指的基礎物理包括必須知悉的磁性理論與實驗。因此，這本書應該會給想入門磁學領域者一個良好的開始，讀者在閱讀本書之前僅需具備下列學科的背景知識：電磁學、固態物理、近代物理、固體力學，及熱力學。所以，原則上研讀本書對已修讀完大三課程的大四及研究所同學，應無太大的問題。

本書分爲六個章節，第一章：靜磁學，介紹有關磁學中常用到的物理量、單位及其定義。第二章：磁性起源，介紹與磁起源相關之兩基本量——電子之軌道及自旋磁矩及彼此之作用，並進一步討論相鄰兩原子間的交換作用，作爲形成鐵磁或反鐵磁現象之基本機制。第三章：磁性種類，介紹包括反磁、順磁、鐵磁、亞鐵磁、螺旋磁、反鐵磁及超順磁幾類常見對磁性的劃分（或種類）。並強調所謂侷限與巡遊電子兩觀點的對比。第四章：磁異方性，探討各磁異方性的起源、種類及實驗測定方式。第五章：鐵（或亞鐵）磁體之磁化與退磁，討論鐵磁體之基本（技術性）磁現象，包括去磁效應、磁路及磁滯曲線。第六章，磁區與磁牆，針對該兩磁性特徵的理論與實驗作討論。最末並附習題與解答，以供自修。

最後，本書的六個章節明顯尚未能包括磁性物理的全部以及其最新的發展，在此僅將之視爲跨入磁性領域之入門教材，希望能予讀者有所幫助。

任盛源

2018-1-19

記於臺北市南港

目錄

第一章 靜 磁

1-1 簡介

由電磁學中麥克斯威爾的兩組方程式（Maxwell's equations）：$\nabla \cdot \vec{E}=\rho$ 及 $\nabla \cdot \vec{B}=0$，其中 $\vec{E}$ 爲電場（Electric field），ρ 爲電荷密度（Total charge density）及 $\vec{B}$ 爲磁感量（Magnetic induction），我們知道在空間中單一電荷（Electric mono-charge）與單一磁體（Magnetic dipole）附近電場與磁場（Magnetic field; $\vec{H}$）的分布係不相同的。前者的分布如圖 1-1-1 所示，而後者則如圖 1-1-2 所示（注意，在空間若以 CGS 制 $\vec{B}=\vec{H}$）。換言之，若有一單位負電荷體（如電子）則其周圍之電場（$\vec{E}=\vec{D}$）呈徑向輻射向圓心狀態分布；同理，若有一單位正電荷則其周圍之電場呈徑向輻射向外狀態分布，且重要的一點是單位負或正電荷可單獨存在，故 $\nabla \cdot \vec{E} \neq 0$。但是如前所述，磁的情形因 $\nabla \cdot \vec{B}=0$，就完全不同。$\nabla \cdot \vec{B}=0$ 代表磁力線（或 B 線）總是一封閉的環線；在磁體的外部，$\vec{B}$ 由磁北極（N）指向磁南極（S）（實線），而在磁體的內部，$\vec{B}$ 則由 S 極指向 N 極（虛線），因此 B 環線是封閉的。在今日所認知的情況下，我們尚不能證實所謂「磁單極」可獨立被發現或存在。即使是小至一顆電子，其代表的磁性質——自旋（$\vec{S}$：Spin）仍然是以 N 及 S 極成對的（不可分離且各自單獨的存在）。因此，對一（單）磁體而言，不論是小至一顆電子，大至地球，若觀測點與磁體中心之距離（r）大於 N 與 S 極間之距離（ℓ）（即 $r >> \ell$），其外部磁場（$\vec{B}=\vec{H}$）之分布情形是相同的圖像（如圖 1-1-2）。我們稱該圖像分布情形爲偶極場（Dipole field）；詳情見之後章節。

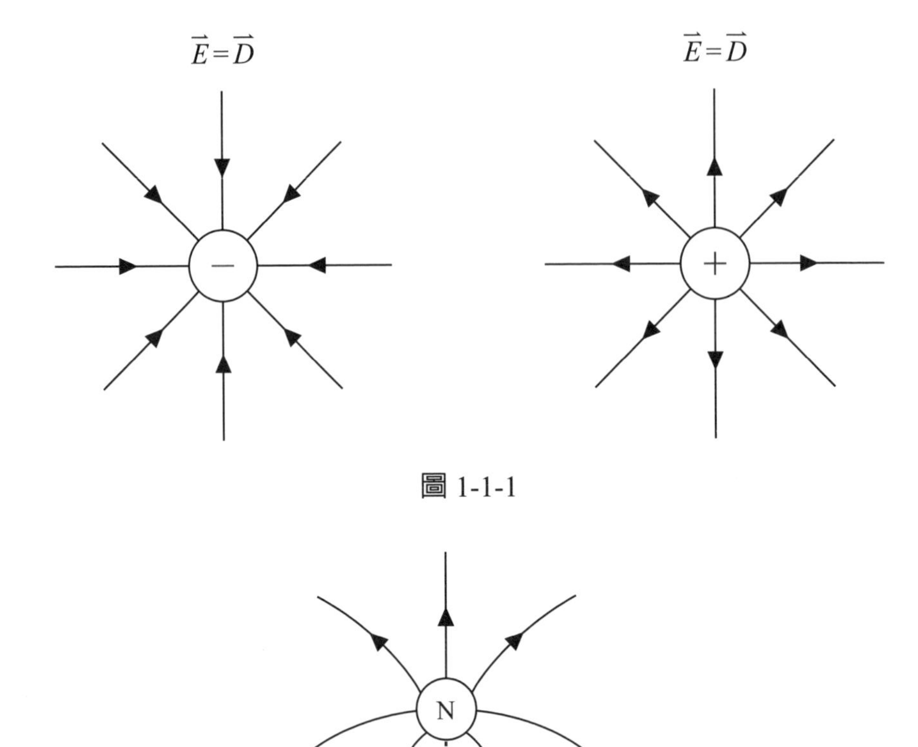

圖 1-1-1

圖 1-1-2

因此，在靜磁學（Magneto-statics）當中，我們雖仍然保持了磁單極的概念，即磁力（Magnetic force; F_m）係借用靜電庫倫力的模式，表示爲：

$$\vec{F}_m = k\frac{m_1 m_2}{r^2}\vec{i}_r \qquad (1\text{-}1\text{-}1)$$

其中 k 為常數（$k = 1$; CGS），m_1 與 m_2 為磁極強度（Pole strengths：$m > 0$ 代表 N 極，$m < 0$ 代表 S 極），r 代表 m_1 與 m_2 之間距，$\vec{i_r}$ 為沿徑向 r 之單位向量。進一步可將式（1-1-1）寫為：

$$\vec{F}_m = m_1 \vec{H}_{21} \tag{1-1-2}$$

故 $\vec{H}_{21} = (m_2/r^2)\vec{i_r}$ 代表由磁極 m_2 對磁極 m_1 產生之磁場。基本上，式（1-1-1）與式（1-1-2）僅被視為不違反物理原則下後續討論的方便。也就是說仍認定單一磁體未能以磁單極獨立的存在，而必須是成對存在。

在式（1-1-2）下，可考慮一磁體（N 極強度 $m_1 = m > 0$ 且 S 極強度 $m_2 = -m < 0$）如圖 1-1-3 所示，在均勻的磁場 $\vec{H}$（如淺灰色點線所示），則作用於 N 極之磁力為 $\vec{F}_N = m\vec{H}$，如箭號向右，而作用於 S 極之磁力 $\vec{F}_S = -m\vec{H}$，如箭號反向向左。在此情況下，由於向右與向左之淨力為零，故該磁體不會產生移動（Displacement）。但是，若以 S 極為原點，則作用於 N 極之力矩（Torque; τ）按圖及定義應為：

$$\begin{aligned} \vec{\tau}_N &= \vec{\ell} \times \vec{F}_N \\ &= -m\ell H \sin\theta\, \vec{i_\theta} \end{aligned} \tag{1-1-3}$$

其中 $\vec{\ell}$ 為從 S 極指向 N 極之距離向量，θ 為 $\vec{\ell}$ 與 $\vec{H}$ 間之夾角，$\vec{i_\theta}$ 為按右手旋轉定義之正單位轉角向量。故 $\vec{\tau}_S = 0$，而淨力矩 $\vec{\tau} = \vec{\tau}_N + \vec{\tau}_S \neq 0$，代表該磁體會產生轉動（Rotation）。現先作一簡化與定義：由式（1-1-3）可定義磁矩（Magnetic moment; μ）為：

$$\vec{\mu} = m\vec{\ell}\,;\ (m > 0) \tag{1-1-4}$$

即 $\vec{\mu}$ 與 $\vec{\ell}$ 方向相同。在單位方向，於 MKS 系統，m 之單位（以〔m〕表示）為韋伯（Weber; Wb），即 $[\mu] = \text{Wb} \cdot \text{m}$。至於 CGS 與 MKS 之轉換

將後述。因此，式（1-1-3）可簡化爲：

$$\vec{\tau}=\vec{\mu}\times\vec{H} \tag{1-1-5}$$

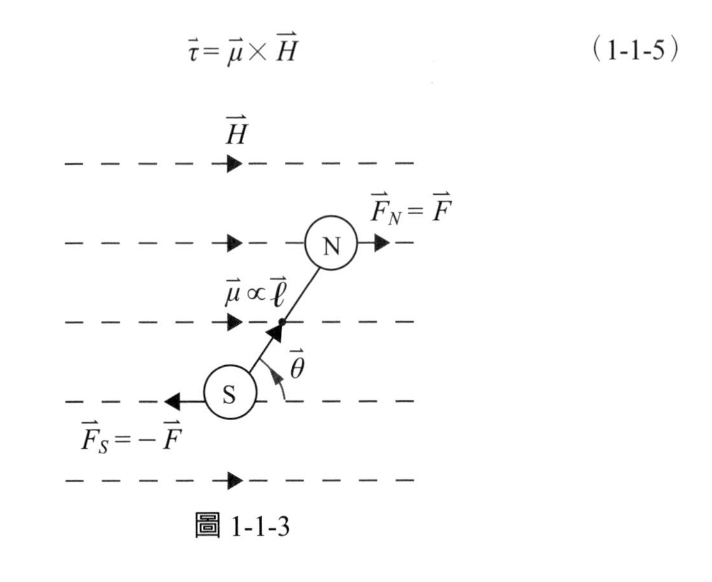

圖 1-1-3

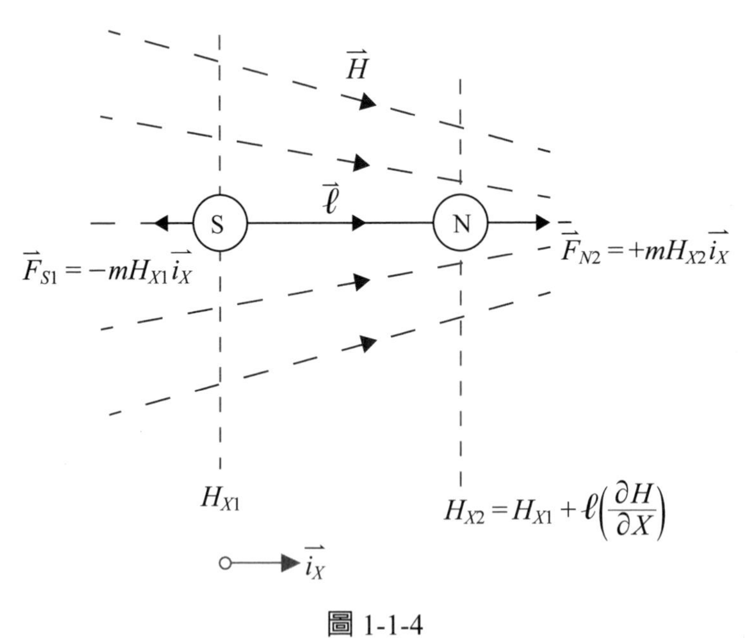

圖 1-1-4

注意，在式（1-1-5）中 θ 角係由 $\vec{\mu}$ 轉向 $\vec{H}$，爲順時針，故在式（1-1-3）中，$\theta>0$，而 $\vec{i_\theta}$ 爲逆時針轉單位向量。因此，由式（1-1-3）或（1-1-5）

知，當 $\theta=\pi/2$ 時，轉矩最大，而當 $\theta=0$ 時，轉矩為零。因此，我們可以計算當磁場對該磁體作轉動作功時，儲存之磁位能或柴曼能（Zeeman energy; U_H）表示為：

$$d(U_H)=-\vec{\tau}\cdot d\theta\,\overrightarrow{i_\theta}. \tag{1-1-6}$$

將式（1-1-3）代入式（1-1-6），並對式（1-1-6）積分後，表示為：

$$U_H(\theta)=-\int_{\pi/2}^{\theta}d(U_H)=-\vec{\mu}\cdot\vec{H} \tag{1-1-7}$$

其次，如圖 1-1-4 所示，當該磁體係置於一非均勻磁場（H）中，其中 S 極位於磁場 H_{X1}，N 極位於磁場 H_{X2}，而該非均勻場係沿 X 方向線性增大，即滿足下列關係：$H_{X2}=H_{X1}+\ell\,(\partial H/\partial X)$ 其中 $(\partial H/\partial X)>0$。則作用於 N 極之力 $\vec{F}_{N2}=+mH_{X2}\overrightarrow{i_X}$ 作用 S 極之力 $\vec{F}_{S1}=-mH_{X1}\overrightarrow{i_X}$。明顯，$\vec{F}_{N2}$ 與 $\vec{F}_{S1}$ 作用力方向相反，且 $F_{N2}>|F_{S1}|$。結果是淨力 $\vec{F}_X=\vec{F}_{N2}+\vec{F}_{S1}\neq 0$；磁體受力向右移動。數學表示為：

$$\vec{F}_X=m\ell\left(\frac{\partial H}{\partial X}\right)\overrightarrow{i_X} \tag{1-1-8}$$

故結論是，若要磁體在磁場中移動，該磁場必須為非均勻或具對位置的梯度。自然式（1-1-8）係在一特例情況下得到。我們亦可利用磁位能與磁力的關係，推導出一般之結果。如下列所示：

$$\begin{aligned}\vec{F}&=-\nabla\,(U_H)=+\nabla\,(\vec{\mu}\cdot\vec{H})\\&=(\vec{\mu}\cdot\nabla)\vec{H}+(\vec{H}\cdot\nabla)\vec{\mu}+\vec{H}\times(\nabla\times\vec{\mu})+\vec{\mu}\times(\nabla\times\vec{H})\end{aligned} \tag{1-1-9}$$

若 $\vec{\mu}$ 不隨位置而改變，且 $\nabla\times\vec{H}=0$，則式（1-1-9）簡化為：

$$\vec{F} = (\vec{\mu} \cdot \nabla)\vec{H}$$
$$= \left(\mu_X \frac{\partial}{\partial X} + \mu_Y \frac{\partial}{\partial Y} + \mu_Z \frac{\partial}{\partial Z}\right)\vec{H} \tag{1-1-10}$$

當回到圖 1-2-2 情況時（即 $\mu_X = m\ell$，$\mu_Y = 0$，$\mu_Z = 0$ 且 $H_Y = H_Z = 0$，而 $H_X \neq 0$），式（1-1-9）進一步簡化爲：

$$\vec{F} = \mu_X \frac{\partial}{\partial X}\vec{H} = \mu_X \frac{\partial H_X}{\partial X}\vec{i_X} \tag{1-1-11}$$

即式（1-1-11）回歸爲式（1-1-8）。

介紹完磁極強度及磁矩後，尚需要定義一個量，稱爲飽和磁化量（Saturation magnetization; $\vec{M_S}$），它應該是一磁體物質的本徵，即不隨該磁體量的多寡而改變。也就是類似一物質的質量與密度的關係（同一物質、密度爲本徵之固定值，而質量係隨所含量而改變）。因此，磁矩（$\vec{\mu}$）和飽和磁化量（$\vec{M_S}$）之關係應表示爲：

$$\vec{M_S} = \frac{\vec{\mu}}{V} \tag{1-1-12}$$

故在 MKS 下，$[M_S] = \mathrm{Wb/m^2}$。

1-2 偶極場

前一節已說明在一磁矩的外部，磁場分布爲一固定特徵的圖像（Pattern），稱之爲偶極場分布。按圖 1-2-1 中有一磁矩（$\vec{\mu}$），定義一極座標 (r, θ)：原點爲 O，觀測點爲 A，r 爲徑向距離，θ 爲方向轉角。當 $r >> \ell$ 時，文獻[1] 已作推導，所得 H_r, H_θ 與 H 分別表示爲〔CGS〕：

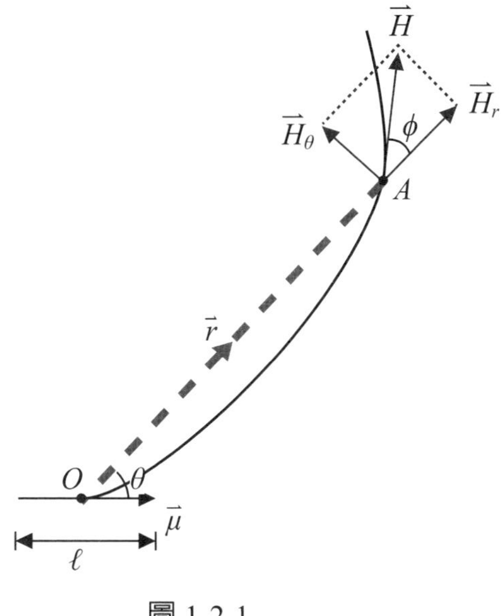

圖 1-2-1

$$H_r = \frac{2(\mu\cos\theta)}{r^3}$$

$$H_\theta = \frac{\mu\sin\theta}{r^3}$$

$$H = (H_r^2 + H_\theta^2)^{1/2} = \frac{\mu}{r^3}(3\cos^2\theta + 1)^{1/2} \qquad (1\text{-}2\text{-}1)$$

$$\tan\phi = \frac{H_\theta}{H_r} = \frac{\tan\theta}{2}$$

因此，如圖 1-2-2 所示，當兩磁矩（$\vec{\mu}_1$ 及 $\vec{\mu}_2$）的相對位置確定後，可以下列方式表示該系統的「磁矩—磁矩磁位能」（U_P）：

$$\begin{aligned} U_P &= -\vec{\mu}_2 \cdot \vec{H} = -\mu_2 (H_r\cos\theta_2 - H_\theta\sin\theta_2) \\ &= -\left(\frac{\mu_1\mu_2}{r^3}\right)(2\cos\theta_1\cos\theta_2 - \sin\theta_1\sin\theta_2) \\ &= \left(\frac{\mu_1\mu_2}{r^3}\right)(\cos(\theta_1 - \theta_2) - 3\cos\theta_1\cos\theta_2) \\ &= \frac{1}{r^3}\left[\vec{\mu}_1 \cdot \vec{\mu}_2 - \frac{3}{r^2}(\vec{\mu}_1 \cdot \vec{r})(\vec{\mu}_2 \cdot \vec{r})\right] \end{aligned} \qquad (1\text{-}2\text{-}2)$$

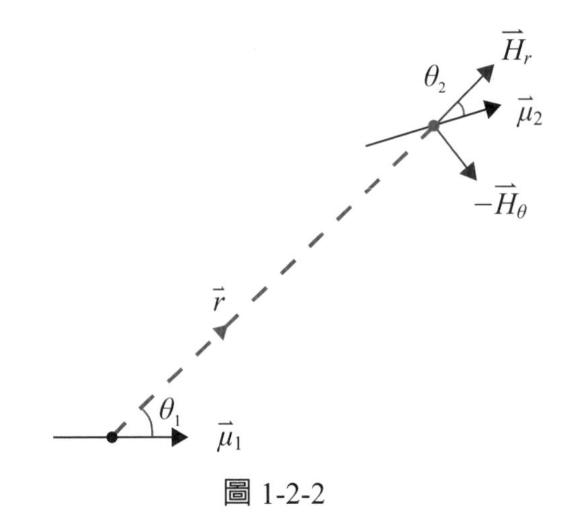

圖 1-2-2

θ_1 與 θ_2 角正負之定義爲：由 $\vec{\mu}$ 轉向 $\vec{r}$ 時，若爲逆時針 $\theta_i > 0$，順時針 $\theta_i < 0$。原則上，式（1-2-2）可擴展至 3 維（3D）。因此，當各磁矩分布於三維晶格位置 (i, j, k) 時，只需疊加起來即得整體系統的總靜磁位能（U_T）：

$$U_T = \sum_{i \neq j \neq k} U_P(i, j, k) \tag{1-2-3}$$

而 U_T 就是後面章節將介紹的去磁能（Demagnetizing energy）。

1-3 單位

在磁學中，習慣使用的單位包括 CGS 與 MKS 系統。故有必要將其說明並列出每個磁性量值在 CGS 與 MKS 單位間的置換。下列表 1-3-1 列出一些先前已討論過以及將來常應用到的磁性量。另外，表 1-3-2 則列出一些常用的係數。最後，表 1-3-3 列出在技術磁學（Technical magnetism）中常用的一些公式。

表 1-3-1

磁性量	符號	MKS	CGS	單位轉換（或其他）
磁極強度	m	Wb		1 Wb = 1 HA　H：Henry A：Ampere
磁通量 （Magnetic flux）	Φ （$\Phi = \vec{B} \cdot \vec{a}$）	Wb	Mx（磁力線）	1 Wb = 10^8 Mx；a 爲包圍磁力線之截面積
磁矩	μ	Wb-m	emu = G-cm^3	1 Wb-m = 7.96×10^8 emu
磁化量	M 4πM	Wb/m^2 Wb/m^2 = T	G G	1 Wb/m^2 = 7.96×10^2 G 1 T = 10^4 G = 1 (V・sec)/m^2
磁感量	B	T	G	1 T = 10^4 G
磁場	H	A/m	Oe	1 Oe = 1 G = 79.6 A/m
眞空磁導係數 （Permeability of vacuum）	μ_0	$\mu_0 = 4\pi \times 10^{-7}$H/m	$\mu_0 = 1$	
磁阻 （Reluctance）	$R_m = \dfrac{1}{P_m}$	An/Wb n：匝數 A：安培	gilbert/Mx	1 An/Wb = 1.257×10^{-8} gilbert/Mx　P_m：磁通 1 gilbert = (An)/0.4π
能量密度 (1) 異方性能 (2) 靜磁位能 (3) 磁能積	K $E_m = \dfrac{U}{V}$ $(BH)_{max}$ 或 $\dfrac{1}{4\pi}(BH)_{max}$	J/m^3	erg/cm^3 = G-Oe	1 J/m^3 = 10 erg/cm^3 V：體積（磁體）
磁矩	μ	J/T = Am^2	erg/G = emu	1 Am^2 = 10^3 emu
磁力	F	N	dyne = $(G\text{-}cm)^2$	1 N = 10^5 dyne
交換剛性係數 （Exchange stiffness）	A	J/m	erg/cm	1 J/m = 10^5 erg/cm
磁壁能（Domain wall energy）	σ_w	J/m^2	erg/cm^2	1 J/m^2 = 10^3 erg/cm^2
頻率	$\omega = 2\pi f$	$[f] = \Omega/H$ = Hz = 1/sec $[\omega]$ = rad/sec		Ω：ohm
Landau-Lifshiz damping coefficient	α(or λ_d)	$[\alpha]$ = 無單位　$[\lambda_d]$ = Hz		
旋磁比（Gyromagnetic ratio）	γ	Hz/T = C/Kg		C：Coulomb

表 1-3-2

物理常數（Physical constants）	符號	數值
亞佛加德羅數（Avogadro's number）	N_A	$N_A = 6.022 \times 10^{23}$ atoms/mole
波兹曼常數（Boltzman's constant）	k_B	$k_B = 1.381 \times 10^{-23}$ J/K
蒲朗克常數（Planck's constant）	h $\hbar = h/2\pi$	$h = 6.626 \times 10^{-34}$ J-sec $\hbar = 1.054 \times 10^{-34}$ J-sec
電子伏特（Electron volt）	eV	$eV = 1.602 \times 10^{-19}$ J
光速	c	$c = 2.998 \times 10^{8}$ m/sec
單電子電荷（Electronic charge）	e	$e = -1.602 \times 10^{-19}$ C
單電子質量（Electronic mass）	m_e	$m_e = -9.109 \times 10^{-31}$ Kg
玻爾磁子（Bohr magneton）	μ_B	$\mu_B = 9.274 \times 10^{-24}$ Am^2 $= 1.165 \times 10^{-29}$ Wb-m
電子旋磁比（Gyromagnetic ratio of electron）	$\lvert\gamma\rvert = \gamma_e$	$\gamma_e = 1.759 \times 10^{11}$ Hz/T $= 1.759 \times 10^{7}$ Hz/Oe
質子旋磁比（Gyromagnetic ratio of proton）	γ_p	$\gamma_p = 2.675 \times 10^{8}$ Hz/T
核子磁子（Nuclear magneton）	μ_N	$\mu_N = 5.051 \times 10^{-27}$ Am^2
磁通單元（Fluxoid）	Φ_0	$\Phi_0 = 2.067 \times 10^{-15}$ Wb

表 1-3-3

CGS	MKS
$B=4\pi M+H$	$B=I+\mu_0 H$
$M=\chi H$ （χ：Magnetic susceptibility，磁化係數）	$I=\chi H=\mu_0\bar{\chi}H$
$B=\mu H$ （μ：Magnetic permeability，磁導係數）	$B=\mu H=\mu_0\bar{\mu}H$
$\mu=4\pi\chi+1$	$\mu=\mu_0+\chi$ $\bar{\mu}=1+\bar{\chi}$
$\overrightarrow{H_d}=-N(4\pi\overrightarrow{M})$ （H_d：Demagnetizing field，去磁場）	$\overrightarrow{H_d}=-\dfrac{N}{\mu_0}\vec{I}$
$E_m=\dfrac{1}{8\pi}(BH)_{\max}$ （E_m：Magnetic energy product，磁能積）	$E_m=\dfrac{1}{2}(BH)_{\max}$
螺線管磁場（H_{sol}） （Solenoid field） $\ell >> d$ ℓ：長度，d：管直徑	@center $H_{sol}=ni$ $n=N/\ell$ i：電流 $[H_{sol}]=A/m$ N：匝數 @end $H_{sol}=(ni)/2$ A：安培
亥姆霍茲線圈磁場（H_{coils}） （Helmholtz coils field） $r=\xi$ r：線圈半徑，ξ：線圈間隔	@center $H_{coils}=0.7155(\mathrm{Ni})/\mathrm{r}$ $[H_{coils}]=\mathrm{A/m}$ $[r]=\mathrm{m}$

第二章　磁性起源

2-1　軌道及自旋磁矩

談及物質之磁性，與之最爲相關者莫過於電子（Electron）之磁性特徵，在原子或離子中，雖然中子（Neutron）及質子（Proton）亦帶有磁性，但因中子與質子的磁矩遠小於電子，故除了特殊的磁性探討外，我們一般僅考慮電子之磁性。

首先，已熟知在任一原子（或離子）中每一電子係在固定軌道（Orbital）中繞行原子核，由於電子本身帶有負電荷，故在軌道上產生電流（i）。

現在先考慮依安培右手定則（Ampere's rule），如圖 2-1-1 所示，圍繞通電流導線四周產生一磁場（$\vec{H}$）呈封閉之同心圓環（圓形虛線）：$H = i/(2\pi a)$，a 爲環之半徑。若將導線 A 與 B 端連接，形成一圓環，如圖 2-1-2 所示，並在環內通以電流 i，則由文獻 [2] 推導得知，該環電流所產生遠端（$r >> a$，a 爲環半徑）之磁場分布亦爲前述之偶極場，即與在原點置一磁體（S 極緊位於環面左側，N 極緊位於環面右側）所產生之偶極場完全相同，唯式（1-1-5）中之磁矩不再以式（1-1-4）表示，而是：

$$\vec{\mu} = \mu_0 (\pi r^2) i \vec{n_a} \qquad (2\text{-}1\text{-}1)$$

$$= \mu_0 i A \vec{n_a} \qquad (\text{MKS})$$

其中 $A = \pi r^2$ 爲圓環面積，$\vec{n}_A$ 爲以右手定則定義垂直環面之面積單位向量。

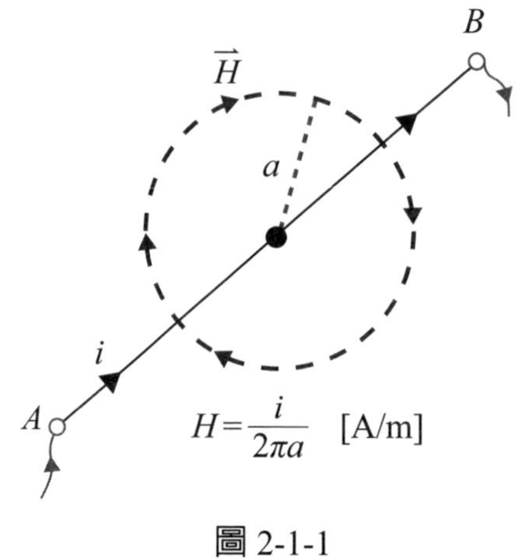

圖 2-1-1

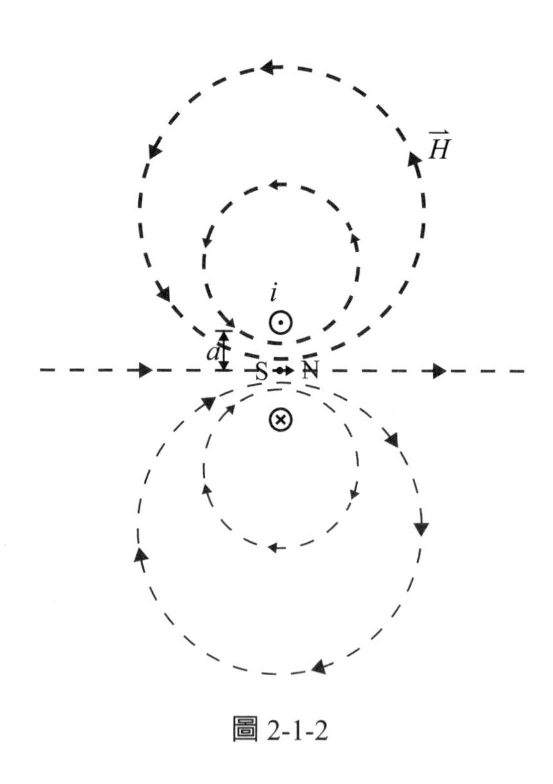

圖 2-1-2

接下來，可考慮電子軌道之電流 $i = -(e\omega)/(2\pi)$，其中 $e = 1.6\times 10^{-19}$C，$\omega = 2\pi f$，f 爲電子繞行之頻率。按文獻 [1] 之推論，該電子之軌道角動量（Orbital angular momentum）$\vec{L}$ 可表示爲：

$$\vec{L}=m_e(\vec{r}\times\vec{v}_e)=m_e\,\omega\,r^2\,\vec{n}_A \tag{2-1-2}$$

如圖 2-1-3 所示，m_e 爲電子質量，r 爲軌道半徑，v_e 爲電子切線速率。依式（2-1-1）可定義軌道磁矩（Orbital moment; $\vec{\mu}_L$）如：

$$\begin{aligned}\vec{\mu}_L&=+\mu_0\,i\,A\,\vec{n}_a=-\frac{1}{2}\mu_0\,e\,\omega\,r^2\,\vec{n}_A\\&=-\left(\frac{\mu_0 e}{2m_e}\right)\vec{L}\end{aligned} \tag{2-1-3}$$

由量子力學[3]定則，在電子軌道運行的笛布洛易波（de Broglie wave; $p\lambda = 2\pi\hbar$ 及 $\vec{L}=\vec{r}\times\vec{p}$；$\vec{p}=m_e\vec{v}_e$）必須量子化（Quantized）或形成駐波（$2\pi r = n\lambda$），$n$ 爲大於零之正整數，因此：

$$\vec{L}=n\,\hbar\,\vec{n}_A \tag{2-1-4}$$

其中 n 爲主量子數，λ 爲波長，$\hbar$ 爲蒲朗克常數。結合式（2-1-3）及（2-1-4）得：

$$\begin{aligned}\vec{\mu}_L&=-n\left[\frac{\mu_0\,\hbar\,e}{2m_e}\right]\vec{n}_A\\&\equiv-n\,\mu_B\,\vec{n}_A\end{aligned} \tag{2-1-5}$$

因此式（2-1-5）中之 μ_B 被稱爲玻爾磁子（Bohr magneton）；$\mu_B = 1.165\times10^{-29}$ Wb-m $= 0.927\times10^{-20}$ erg/Oe。通常式（2-1-5）亦可表示爲：

$$\vec{\mu}_L=-g_L\,\mu_B\left(\frac{L}{\hbar}\right)\vec{n}_A \tag{2-1-6}$$

其中 $g_L\equiv 1$ 爲軌道 g 因子（Orbital g-factor）。注意，$\vec{\mu}_L$ 與 $\vec{L}$ 係反平行。

另外，電子除了繞行原子核因此具備軌道磁矩，電子本身亦具有自旋（Spin; $\vec{S}$）。形象的描述，就猶如圖 2-1-4 的「天體運動」，電子在軌道中有「公轉」與「自轉」。於是比照 $\vec{\mu}_L$ 的定義，自旋磁矩（Spin moment;

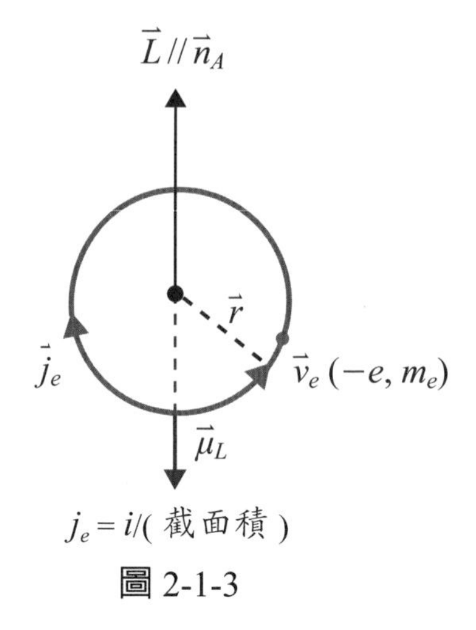

圖 2-1-3

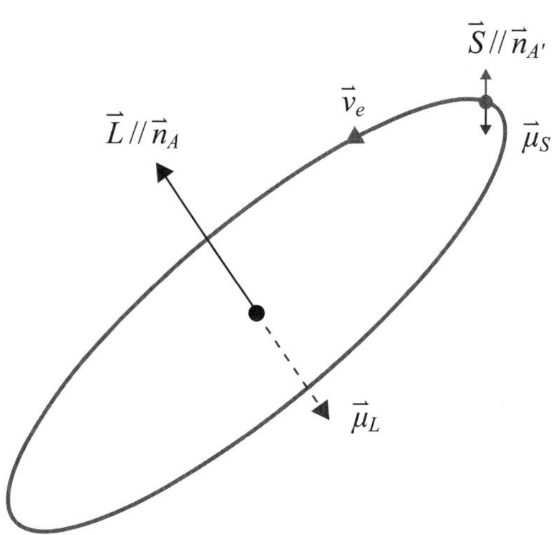

圖 2-1-4

$\vec{\mu}_S$）亦可寫爲：

$$\vec{\mu}_S = -g_S \mu_B \left(\frac{S}{\hbar}\right) \vec{n}_{A'} \qquad (2\text{-}1\text{-}7)$$

其中 $g_S \equiv 2$ 爲（電子）自旋 g 因子（Spin g-factor）。

由氫原子模型（薛丁格方程式）計算得軌道角動量 L 對應 $2L+1$ 個

〔$m_L = 0, \pm 1, \cdots \pm(n-1)$〕簡併（Degeneracy），自旋角動量 S 有 $2S+1$ 個〔$S = \pm(1/2)$〕簡併。簡言之，當 $L = 0$ 時有 1 個 s 電子軌道，$L = 1$ 時有 3 個 p 電子軌道，$L = 2$ 時有 5 個 d 電子軌道，$L = 3$ 時有 7 個 f 電子軌道。當 $S = +(1/2)$ 時爲自旋向上（Spin up）；$S = -(1/2)$ 時自旋向下（Spin down）。

按照之後將介紹的宏德法則（Hund rules），我們可以計算週期表中任一原子（或離子）於最外殼層電子之總軌道角動量（$\overrightarrow{\mathscr{L}}$）及總自旋角動量（$\overrightarrow{\mathscr{S}}$），然後依向量相加方式，得總角動量（$\vec{\mathscr{J}}$），如下所示：

$$\vec{\mathscr{J}} = \overrightarrow{\mathscr{L}} + \overrightarrow{\mathscr{S}} \tag{2-1-8}$$

而該原子（或離子）之總磁矩（μ_J）：

$$\mu_J = -g\mu_B\left(\frac{\mathscr{J}}{\hbar}\right) = +\gamma\hbar\bar{\mathscr{J}}\ \ (\bar{\mathscr{J}} = \mathscr{J}/\hbar) \tag{2-1-9}$$

$$g = 1 + \frac{\mathscr{J}(\mathscr{J}+1) + \mathscr{S}(\mathscr{S}+1) - \mathscr{L}(\mathscr{L}+1)}{2\mathscr{J}(\mathscr{J}+1)} \tag{2-1-10}$$

其中 g 係在原子（或離子）模型下該原子（或離子）之 g 因子。在固態磁體情況下，如下述，可由鐵磁共振（Ferromagnetic resonance）實驗求取 g 值，此時，需用到參數 $|\gamma| = (g\mu_B)/\hbar = g \times 1.105 \times 10^5$ [Hz/(A/m)] $= g \times 8.795 \times 10^6$ [Hz/Oe]，$\gamma < 0$ 爲該磁體之磁旋比（Gyromagnetic ratio）。

通常，在磁學討論中（如後述），只考慮 $\overrightarrow{\mu_J} // \overrightarrow{i_z} // \overrightarrow{H}$，其中 $\overrightarrow{H}$ 爲平行於 z 軸之磁場。故 μ_J 可視爲等於其 z 方向分量（即 $\mu_J = \mu_z$）。於是式（2-1-9）可簡化爲：

$$\mu_z = n_B\mu_B \tag{2-1-11}$$

$$= \mu_B(2\mathscr{S}_z + \mathscr{L}_z)/\hbar \tag{2-1-12}$$

$$= g'\mu_B(\mathscr{S}_z + \mathscr{L}_z)/\hbar \tag{2-1-13}$$

$$= g\mu_B\mathscr{S}_z/\hbar \tag{2-1-14}$$

其中式（2-1-11）中之 n_B 爲磁體之玻爾磁子數（Number of Bohr magneton）；n_B 可由下述實驗決定。而式（2-1-13）中 g' 是由 Einstein-de Haas 實驗決定，g 是由鐵磁共振實驗決定。

首先，討論實驗上 n_B 是如何決定。由低溫（4K）磁滯曲線（Magnetic hysteresis loop）可量出一磁體之飽和磁化量 σ_o，σ_o 之單位爲（emu/g）。則：

$$n_B = \mu_A/\mu_B \qquad (2\text{-}1\text{-}15)$$

$$\mu_A = (A\sigma_o)/N_A$$

其中 A 爲原子（或分子）重量，N_A 爲亞佛加德羅數。對鐵（Fe）、鈷（Co）與鎳（Ni）而言，其 $n_B = 2.22$、1.73 及 0.62[4]。

其次，由式（2-1-11）、（2-1-13）及（2-1-14），可推導出：

$$\begin{aligned} n_B/g &= \mathscr{S}_z/\hbar \\ n_B/g' &= (\mathscr{S}_z + \mathscr{L}_z)/\hbar \end{aligned} \qquad (2\text{-}1\text{-}16)$$

由式（2-1-11）及（2-1-12）可得：

$$n_B = (\mathscr{L}_z + 2\mathscr{S}_z)/\hbar \qquad (2\text{-}1\text{-}17)$$

$$= \mathscr{L}_z/\hbar + 2(n_B/g) \qquad (2\text{-}1\text{-}18)$$

$$= \mathscr{L}_z/\hbar + 2(n_B/g') - 2(\mathscr{L}_z/\hbar) = -(\mathscr{L}_z/\hbar) + 2(n_B/g') \qquad (2\text{-}1\text{-}19)$$

因此，最後可以從實驗之 g 或 g' 值，求得磁體內總軌道角動量（Total orbital angular momentum）之實驗值，如下所示：

$$\begin{aligned} \mathscr{L}_z &= \Sigma L_z \\ &= n_B[1 - (2/g)]\hbar \\ &= n_B[(2/g') - 1]\hbar \end{aligned} \qquad (2\text{-}1\text{-}20)$$

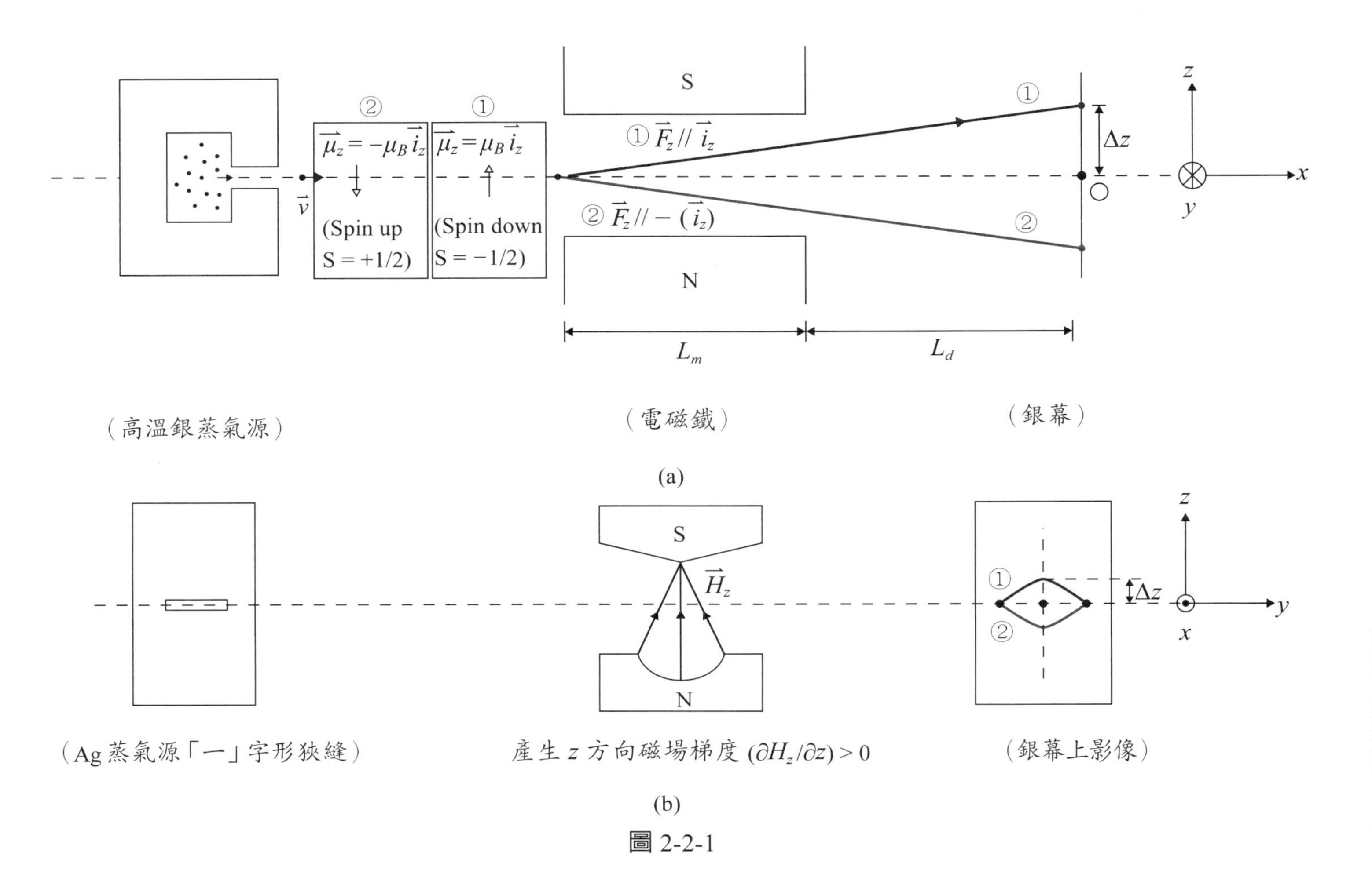
②
①
$\vec{\mu}_z = -\mu_B \vec{i}_z$
$\vec{\mu}_z = \mu_B \vec{i}_z$
(Spin up
S = +1/2)
(Spin down
S = −1/2)
$\vec{v}$
S
N
① $\vec{F}_z // \vec{i}_z$
② $\vec{F}_z // -(\vec{i}_z)$
Δz
z
x
y
L_m
L_d
（高溫銀蒸氣源）
（電磁鐵）
（銀幕）
$\vec{H}_z$
（Ag蒸氣源「一」字形狹縫）
產生 z 方向磁場梯度 $(\partial H_z/\partial z) > 0$
（銀幕上影像）

(a)

(b)

圖 2-2-1

2-2 史頓—葛拉賀實驗

史頓—葛拉賀實驗（Stern-Gerlach experiment）的成功在於顯示自旋的存在，並證明了靜磁學與宏德法則的適當性。該實驗的設置如圖 2-2-1 所示；圖 2-2-1(a) 爲側視圖；圖 2-2-1(b) 爲正視圖。於圖 2-2-1(a) 左端有一高溫銀（Ag）蒸氣源（爐），其正面具「一」字形狹縫開口，銀原子以速度 $\vec{v}$ 射出。按等分原理（Equipartition rule）得 $(1/2)m_{\mathrm{Ag}}v^2 = \beta^{-1} = k_BT$，其中 m_{Ag} 爲銀原子質量，k_B 爲波茲曼常數，T 爲爐腔溫度。因此，只要知道 T 即可算出 v。其次，由宏德法則，可知銀原子之 $\mathscr{g} = \mathscr{S} = 1/2$ 且 $g = 2$，因此，如圖 2-2-1(a) 所示，剛出射之銀束中含簡併之 $\mu_B\vec{i}_z$ 與 $-\mu_B\vec{i}_z$ 磁矩（①：自旋向下；②：自旋向上）。該束在經過施加不均勻之磁場（$dH_z/dz > 0$，如圖 2-2-1(b) 正面圖所示）時，自旋向下者受力 $F_z = \mu_B(dH_z/dz) > 0$ 向正 $\vec{i}_z$ 方向偏離；而自旋向上者則受力 $F_z = -\mu_B(dH_z/dz) < 0$ 向負 $\vec{i}_z$ 方向偏離。原來單一之銀束在經過電磁鐵後分成兩束；在磁場範圍內之軌跡爲向上與向下拋物線路徑（銀原子之重力不計），出了電磁鐵口後則分別以切線方向前進，直至撞擊銀幕，產生如圖 2-2-1(b) 之上與下條紋圖像。簡單的計算，可知圖 2-2-1 中 Δz（距中心點 O 之垂直距離）應爲：

$$\Delta z = \left[\frac{F_z \cdot L_m}{m_{\mathrm{Ag}} \cdot v}\right]\left[\frac{(D/2) + L_d}{v}\right] \tag{2-2-1}$$

此外，由於銀爐中呈平衡狀態，由波茲曼統計（Boltzmann statistics）得自旋向上之銀原子數（$N_\uparrow$）與自旋向下之銀原子數（$N_\downarrow$）分別爲 $N_\uparrow = N_\downarrow = (1/2)N$。但進入電磁鐵區時，$N_\uparrow \propto e^{-\beta\mu_B H_z}$ 而 $N_\downarrow \propto e^{+\beta\mu_B H_z}$，故 $N_\downarrow > N_\uparrow$。因此，在銀幕上上半部之「①線」應較下半部之「②線」爲亮或同亮。

2-3　自旋—軌道作用力

以相對運動的觀點，當電子在繞原子核（靜止）作逆時針圓周運動時，如圖 2-3-1(a)，亦可視為原子核繞電子（靜止）作順時針圓周運動，如圖2-3-1(b)。由電磁學知，作用於電子上之磁場 $\vec{H} = -(Ze/c)(\vec{v}_e \times \vec{i}_r)/r^2$，$c$ 為光速，而原子核作用於電子之力為 $\vec{F} = -e\vec{E} = -(dU_c/dr)\vec{i}_r$（即 $\vec{E} = (1/e)(dU_c/dr)\vec{i}_r$），$\vec{E}$ 與 U_C 分別為由原子核產生之電場與庫倫位能（Coulomb potential），而電子之角動量 $\vec{L} = \vec{r} \times (m_e\vec{v}_e)$。於是，作用於電子磁位能（由式 1-1-7）為 $H_{SO} = -(g_s\mu_B\vec{S})/\hbar \cdot \vec{H} = (g_s\mu_B/\hbar)\vec{S} \cdot (\vec{E} \times \vec{v}_e)/c = [1/(m_e^2c^2)][(1/r)(dU_c/dr)]\vec{S} \cdot \vec{L}$。再經過座標轉換[3]，最後 H_{SO} 表示為：

$$H_{SO} = \xi_{SO}(\vec{S} \cdot \vec{L}) \qquad (2\text{-}3\text{-}1)$$

其中 $\xi_{SO} = [1/(2m_e^2c^2)][(1/r)(dU_c/dr)]$。$H_{SO}$ 即（原子）自旋—軌道作用力（Atomic spin-orbit interaction）。ξ_{SO} 即自旋—軌道作用力參數（Parameter）。有關自旋—軌道作用力應理解下列討論：1. 在多電子原子中，Z 需以 Z_{eff} 置換；Z_{eff} 為「屏蔽」後之等效原子序。2. 在鎳原子中 $\xi_{SO} \propto Z_{eff} \simeq 0.07$ eV，但當鎳在固態磁體中時 $[\xi_{SO}]_S$ 會增大至0.1至0.15 eV[5]。3. 當 $\xi_{SO} > 0$ 時，基態為 $\vec{S}$ 反平行於 $\vec{L}$，而當 $\xi_{SO} < 0$ 時，基態為 $\vec{S}$ 平行於 $\vec{L}$。4. 對氫原子而言，$U_c < 0$，$d(U_c)/dr > 0$，但對多電子之原子而言，$d(U_c)/dr > 0$ 或 < 0，即 $\xi_{SO} > 0$ 或 $\xi_{SO} < 0$（詳細討論見 2-6 節）。

2-4　軌道角動量之壓制

到目前為止，原則上討論單一原子（或離子）之磁性。唯對一磁體而言，原子（或離子）係置於晶格上，代表每一原子（或離子）會受到周圍原子（或離子）之影響，簡稱為晶格場效應（Crystal field effect）。形象

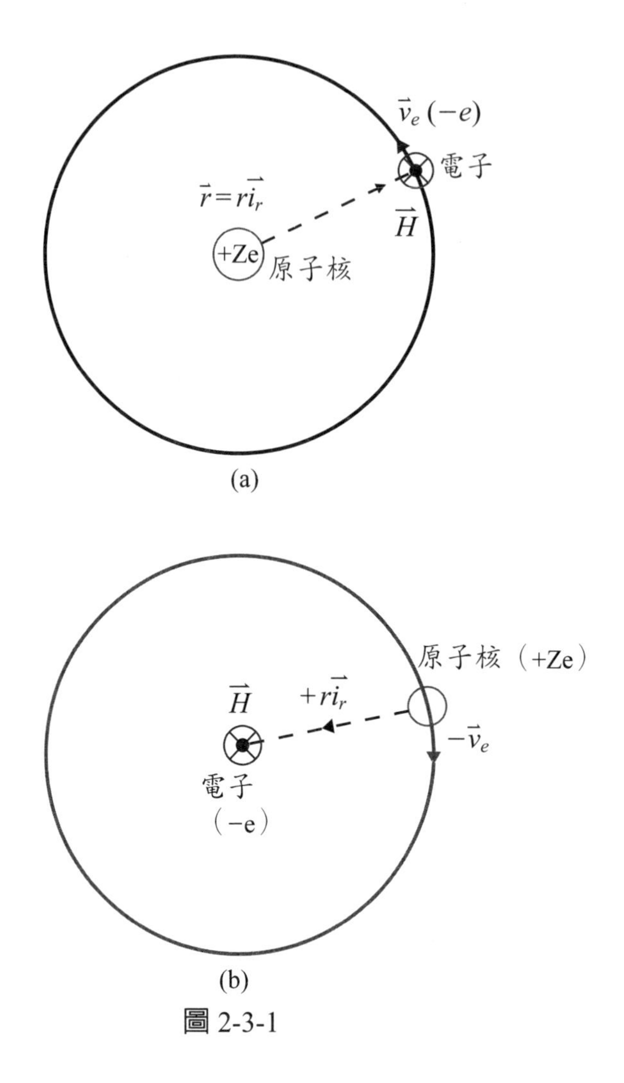

圖 2-3-1

可比喻爲：當原子（或離子）單獨存在時，其 z 方向之角動量期望值 $\langle L_Z\rangle \neq 0$〔在向心場（Central field）情況〕，而當原子（或離子）置於晶體中，則會發現 $\langle L_x\rangle = \langle L_y\rangle = \langle L_z\rangle = 0$〔受非向心場（Non-central field，如菱形立方對稱之晶格場位：$Ax^2 + By^2 + Cz^2$ 且 $A \neq B \neq C$）破壞其球對稱性情況〕。後者，亦可以下述簡單的說明來解釋：即當一原子（或離子）在受到四周晶格場作用之力矩下，$\vec{L}$ 會作各方向環繞式進動（Precession）及滾動（Tumbling），故在各方向上平均的結果為 $\langle L_x \rangle = \langle L_y \rangle = \langle L_z \rangle = 0$。按文獻[6]，以單一氫原子之 p 軌道：$P_0 = zR(r)$，$P_{\pm1} = [R(r)/\sqrt{2}\,r]\,(x \pm iy)$，則其能量係簡併，即 $E_0 = E_{+1} = E_{-1}$。且 $\langle L_z \rangle \neq 0$。當加上非向心之晶格場後，經擾動（Perturbation）計算，在晶格中之 p 軌道：$P_C = P_0$，$P_a = (P_{+1} + P_{-1})/\sqrt{2} = [R(r)/r]x$，$P_b = -i[P_{+1} - P_{-1}]/\sqrt{2} = [R(r)/r]y$，其能量變為非簡併（Non-degenerate），即 $E_a \neq E_b \neq E_c$ 且 $\langle L_x \rangle = \langle L_y \rangle = \langle L_z \rangle = 0$，稱之為（在移除簡併後）軌道角動量 $\vec{L}$ 被壓制（Quenched）。另外，需說明的是，以上討論基本上以具 $3d$ 或 $4f$ 電子之離子為主。由於 $(3d)^n$ 電子較裸露在外殼層受鄰居影響大，故其 $\langle L_z \rangle \simeq 0$ 易被壓制，但 $(4f)^m$ 電子較隱藏在內殼層，受鄰居影響較小，故其 $\langle L_z \rangle \neq 0$，該論點可由文獻[7]中實驗及理論比較表 4-1 與表 4-2 得證。而 E_a、E_b、E_c 能階分裂（Split）情形如圖 2-4-1。其中 λ 為相鄰兩離子之耦合參數（Coupling constant）$0 < \lambda < 1$，同時，$E_a + E_b + E_c = 3E_o$。

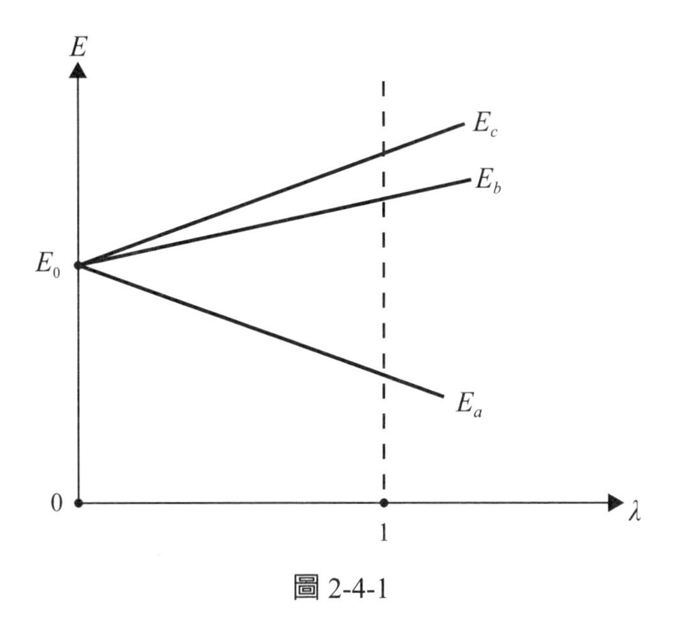

圖 2-4-1

2-5 軌道角動量之恢復

雖然前章節已述明具 $(3d)^n$ 電子組態之離子，其〈L_z〉係被壓制，但那是在未考慮 2-3 節中所述自旋—軌道作用力下所得結論。若式（2-3-1）之 H_{SO} 加入考量，則〈L_z〉會因受〈S_z〉之帶動，而部分恢復。

由於 $3p$ 電子之晶格場分裂（在此：$E_a > E_b > E_c$）：$|E_a - E_b| \simeq |E_b - E_c| \simeq 1$ eV（可見光範圍），而 H_{SO} 如 2-3 節所述：$H_{SO} \simeq 0.1$ eV。因此 $H_{SO} < |E_a - E_b|$。表示可以在波函數 ψ_a、ψ_b 及 ψ_b 上進行第一階擾動（1st-order perturbation）分析。式（2-3-1）之 H_{SO} 可寫爲：

$$H_{SO} = \xi_{SO}\,(L_x S_x + L_y S_y + L_z S_z) \tag{2-5-1}$$

擾動後本徵波函數（Eigen-functions）爲 $\psi_{C\downarrow}^{SO}$，$\psi_{C\uparrow}^{SO}\cdots$ 等。而按式（2-1-6）至（2-1-9）之定義，可將磁矩〈μ_z〉寫爲：

$$\langle \mu_z \rangle = g_s \langle \bar{S}_z \rangle \mu_B + g_L \langle \bar{L}_z \rangle \mu_B \tag{2-5-2}$$

其中 $g_s = 2$，$g_L = 1$，$\bar{S}_z = S_z/\hbar$，$\bar{L}_z = L_z/\hbar$。對 $\psi_{C\downarrow}^{SO}$ 而言（以 p 電子爲例）

$$\langle \bar{S}_z \rangle = -1/2 \tag{2-5-3}$$

$$\langle \bar{L}_z \rangle = \langle \psi_{C\downarrow}^{SO} | L_z | \psi_{C\downarrow}^{SO} \rangle = -\frac{\zeta_{SO}}{E_c - E_b}$$

其中 $\zeta_{SO} = (1/2)\langle R(r) | \xi_{SO} | R(r) \rangle$。將式（2-5-3）代入（2-5-2）得：

$$\langle \mu_z \rangle_{\downarrow}^{SO} = -\left[1 + \frac{\zeta_{SO}}{E_c - E_b}\right]\mu_B \tag{2-5-4}$$

同理，亦可得：

$$\langle \mu_z \rangle_{\uparrow}^{SO} = +\left[1 + \frac{\zeta_{SO}}{E_c - E_b}\right]\mu_B \tag{2-5-5}$$

若以式（2-1-14）定義 g 因子，即 $\langle \mu_z \rangle_{\uparrow或\downarrow} = g \langle \bar{S}_z \rangle_{\uparrow或\downarrow} \cdot \mu_B$，再綜合式（2-5-4）與（2-5-5）得：

$$g = 2\left[1 + \frac{\zeta_{SO}}{E_c - E_b}\right] \quad (2\text{-}5\text{-}6)$$

換言之，由於自旋－軌道作用，原來 $\langle L_z \rangle \simeq 0$ 的情況得以恢復爲 $|\langle L_z \rangle| = \zeta_{SO} / (E_c - E_b) \neq 0$，而 g 因子由原來的 $g_s = 2$ 值，變爲偏離 2 之值，如下面所示：$g - 2 = 2\,[\zeta_{SO} / (E_c - E_b)]$。以上推論，可以推廣至 d 電子。對於未滿半殼層 $(3d)^n$ 電子之離子（$n < 5$）而言，$g < 2$；正好滿半殼層 $(3d)^n$ 電子者（$n = 5$），$g = 2$；超過半殼層 $(3d)^n$ 電子者（$n > 5$），$g > 2$。注意：$2\zeta_{SO} \cong \xi_{SO} \simeq 0.1 \sim 0.15$ eV > 0，$|E_c - E_b| \approx 1$ eV。較爲複雜的推論發現，對金屬 s-p 電子（如鹼或鹼土金屬），由於能帶較寬（～ 10 eV），故其 $g - 2 \approx 10^{-3}$ 至 10^{-2}；而對金屬 $3d$ 電子（如鐵、鈷、鎳等）能帶較窄（～3 eV），其 $g - 2 \approx 0.1$。

2-6 宏德法則

截至目前，討論仍限於（類）氫原子模型，對於多電子之原子（或離子），在知道其電子組態後，必須遵守宏德法則來安排（或計算）其 $\mathscr{S}$、$\mathscr{L}$ 與 $\mathscr{J}$ 值，進而決定該原子（或離子）之磁矩。宏德法則有 3 條（如下）：

1. 在鮑立不共容原理（Pauli exclusion principle）下，求最大化之 $\mathscr{S}$。
2. 在相容最大化 $\mathscr{S}$ 情況下，求最大化 $\mathscr{L}$。
3. 當電子組態未達半滿時 $\mathscr{J} = |\mathscr{L} - \mathscr{S}|$，而超過半滿時 $\mathscr{J} = \mathscr{L} + \mathscr{S}$，正好半滿時 $\mathscr{L} = 0$，故 $\mathscr{J} = \mathscr{S}$。

宏德法則係描述該原子（或離子）組態之基態（Ground state），即最低能量態。文獻 [7] 已作大量的計算。值得一提的是，第 3. 條係基於自旋－軌道作用力，當未達半滿時 $\vec{\mathscr{L}}$ 反平行於 $\vec{\mathscr{S}}$（即 $\xi_{SO} > 0$），而超過

半滿時 $\overrightarrow{\mathscr{L}}$ 平行於 $\overrightarrow{\mathscr{S}}$（即 $\xi_{SO} < 0$）。換言之，我們可視多電子未達半滿 $Z_{eff} > 0$，故 $\xi_{SO} > 0$，而多電子超過半滿 $Z_{eff} < 0$，故 $\xi_{SO} < 0$。舉例：銀原子之電子組態爲 $(5s)^1(4d)^{10}$，故其 $\mathscr{J} = \mathscr{S} = (1/2)$ 且 $\mathscr{L} = 0$。

2-7　g 與 g' 值（實驗）

不同的實驗方式獲得略爲不同之 g 因子值，因此，定義由 Einstein-de Haas 實驗（磁體轉動）得 g' 值，由鐵磁共振（磁體不轉動）得 g 值 [6]。則按各實驗性質，由式（2-1-12）、（2-1-13）及（2-1-14）分別將 g' 與 g 表示爲：

$$g' = \frac{\mathscr{L}_z + 2\mathscr{S}_z}{\mathscr{L}_z + \mathscr{S}_z} \cong 2(1 - \varepsilon) \qquad (2\text{-}7\text{-}1)$$

$$g = \frac{\mathscr{L}_z + 2\mathscr{S}_z}{\mathscr{S}_z} \cong 2(1 + \varepsilon) \quad (\varepsilon << 1)$$

其中，$2\varepsilon = \mathscr{L}_z / \mathscr{S}_z$，且 $2 - g' = g - 2$，將式（2-7-1）代入式（2-1-20）得 $\mathscr{L}_z = n_B \varepsilon \hbar$，而 $\mathscr{S}_z = \overline{\mathscr{S}_z}\,\hbar$，故 $\mathscr{L}_z / \mathscr{S}_z = (n_B / \overline{\mathscr{S}_z})\varepsilon$，即 $n_B = 2\overline{\mathscr{S}_z} \simeq g\overline{\mathscr{S}_z}$〔式（2-1-16）〕。

2-8　海森堡交換作用

至此，我們僅討論了單一原子（或離子）的磁性。唯明顯地，任一磁體係由眾多原子（或離子）組成。故單一原子（或離子）之磁性，並不能完全代表具集體〔原子（或離子）〕之磁體的磁性。因此，在磁體中，另需考慮每一原子（或離子）與其周圍原子（或離子）間的作用，然後才能了解該磁體的整體磁性。

如圖 2-8-1 所示，考慮在晶格位置 1 與 2 上各有一個氫原子，各自之波函數 $\phi_a(r_1)$ 與 $\phi_b(r_2)$（在各自獨立情況下）分別滿足下列方程式：

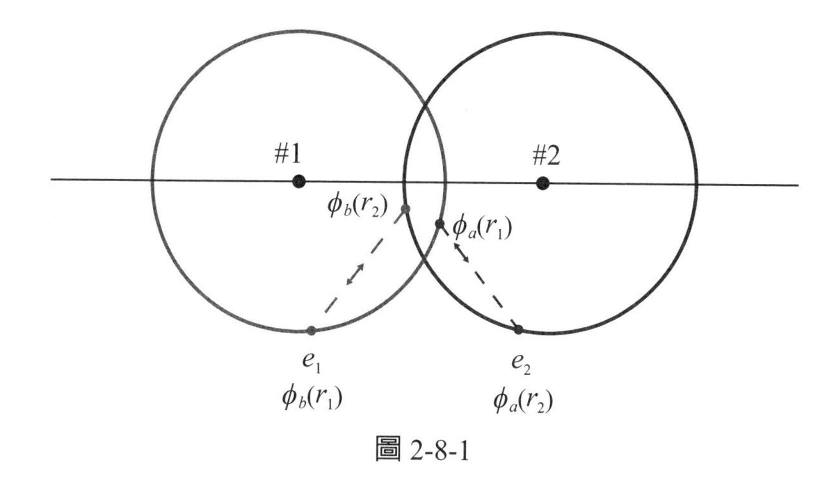

圖 2-8-1

$$\left[-\frac{\hbar^2}{2m_e}\nabla_1^2+V_a(r_1)\right]\phi_a(r_1)=E_a\phi_a(r_1)$$
$$\left[-\frac{\hbar^2}{2m_e}\nabla_2^2+V_b(r_2)\right]\phi_b(r_2)=E_b\phi_b(r_2) \tag{2-8-1}$$

其中 r_1 與 r_2 分別代表第 1 與第 2 電子之位置。如果考慮第 1 與第 2 電子之自旋（s_1 與 s_2），及兩電子間的庫倫作用力，則整個雙電子波函數 $\Psi(r_1, r_2, s_1, s_2)$ 要滿足：

$$\left[-\frac{\hbar^2}{2m_e}(\nabla_1^2+\nabla_2^2)+V_a(r_1)+V_b(r_2)+V_a(r_2)+V_b(r_1)+\frac{e^2}{4\pi\varepsilon_0 r_{12}}\right]\Psi=\mathrm{E}\Psi \tag{2-8-2}$$

其中，$\varepsilon_o = 8.85\times10^{-12}$ F/m。在式（2-8-2）中，$V_a(r_1) + V_b(r_2)$ 與 $V_a(r_2) + V_b(r_1)$ 代表了第 1 與第 2 電子交換（Exchange）的概念。即 $|\Psi(r_1, r_2, s_1, s_2)|^2 = |\Psi(r_2, r_1, s_2, s_1)|^2$。而因爲電子屬於費米子（Fermion），故 Ψ 必須是反對稱；即 $\Psi(r_1, r_2, s_1, s_2) = -\Psi(r_2, r_1, s_2, s_1)$。由於兩個電子在單一氫原子的狀態是可被忽略的（因庫倫能量過高非基態），故採 Heitler-London 近似其解爲波函數 Ψ_I 與 Ψ_II，其中

$$\Psi_{\mathrm{I}}=\frac{1}{2}[\phi_a(1)\phi_b(2)+\phi_a(2)\phi_b(1)][\chi_\alpha(1)\chi_\beta(2)-\chi_\alpha(2)\chi_\beta(1)] \tag{2-8-3}$$

$$\begin{bmatrix}\Psi_{\mathrm{II}}^{(1)}\\ \Psi_{\mathrm{II}}^{(0)}\\ \Psi_{\mathrm{II}}^{(-1)}\end{bmatrix}=\frac{1}{\sqrt{2}}[\phi_a(1)\phi_b(2)-\phi_a(2)\phi_b(1)]\begin{bmatrix}\chi_\alpha(1)\chi_\alpha(2)\\ \frac{1}{\sqrt{2}}\chi_\alpha(1)\chi_\beta(2)+\chi_\alpha(2)\chi_\beta(1)\\ \chi_\beta(1)\chi_\beta(2)\end{bmatrix} \tag{2-8-4}$$

α 代表自旋向上（↑），β 爲自旋向下（↓）。將式（2-8-3）代入式（2-8-2），得 E_{I} 及 I_{I}：

$$E_{\mathrm{I}}=E_a+E_b+K_{12}+J_{12} \tag{2-8-5}$$

$$E_{\mathrm{II}}=E_a+E_b+K_{12}-J_{12}\ (E_a=E_b) \tag{2-8-6}$$

其中，

$$\begin{aligned}K_{12}&=\int d^3r_1d^3r_2|\phi_a(1)|^2|\phi_b(2)|^2\,[\mathscr{H}_{12}]\\ J_{12}&=\int d^3r_1d^3r_2\,[\phi_a(1)\,\phi_b(2)]^*\,[\phi_a(2)\,\phi_b(1)][\mathscr{H}_{12}]\\ \mathscr{H}_{12}&=V_b(r_1)+V_a(r_2)+\frac{e^2}{4\pi\varepsilon_o r_{12}}\end{aligned} \tag{2-8-7}$$

I 代表單重態（Singlet state），II 代表三重態（Triplet state），$K_{12}>0$ 爲庫倫積分（Coulomb imtegral），$J_{12}>0$ 或 $J_{12}<0$ 爲交換積分（Exchange integral）。於單重態，由式（2-8-3）知，$\overrightarrow{S_1}$ 與 $\overrightarrow{S_2}$ 爲反平行，故 $S=0$；而三重態，由式（2-8-4）知，$\overrightarrow{S_1}$ 與 $\overrightarrow{S_2}$ 爲平行，故 $S=1$。同時，由計算 [6]，可得：

$$\begin{aligned}(\overrightarrow{S_1}\cdot\overrightarrow{S_2})\Psi_{\mathrm{I}}&=-(3/4)\Psi_{\mathrm{I}}\ (S=0)\\ (\overrightarrow{S_1}\cdot\overrightarrow{S_2})\Psi_{\mathrm{II}}&=+(1/4)\Psi_{\mathrm{II}}\ (S=1)\end{aligned} \tag{2-8-8}$$

故式（2-8-5）及（2-8-6）亦可表示爲：

$$E_i = E_o + E_{ex} \qquad (2\text{-}8\text{-}9)$$
$$= E_o - 2J_{12}\overrightarrow{S_1}\cdot\overrightarrow{S_2} \quad (i = \text{I or II})$$

其中 $E_o = 2E_a + K_{12} - (1/2)J_{12}$ 爲固定值，定義$E_{ex} = -2J_{12}\overrightarrow{S_1}\cdot\overrightarrow{S_2}$ 即爲海森堡交換作用力。如果延伸至每個原子具多電子情況，則式（2-8-9）可以寫爲[6]：

$$E_{ex} = -2J_{ab}\overrightarrow{S_a}\cdot\overrightarrow{S_b} \qquad (2\text{-}8\text{-}10)$$

其中 $|J_{ab}| \simeq 0.01$ eV 稱爲原子間交換作用（Inter-atomic exchange），有時亦簡稱爲 J_{ex}，$\overrightarrow{\mathscr{S}_a}$ 與 $\overrightarrow{\mathscr{S}_b}$ 爲原子 a 與 b 之總自旋，$\overrightarrow{\mathscr{S}_a}$ 與 $\overrightarrow{\mathscr{S}_b}$ 需分別符合宏德法則。因此，由式（2-8-8）至（2-8-10）不難發現當 $J_{ex} > 0$ 時，基態爲 $\overrightarrow{\mathscr{S}_a}$ 平行於 $\overrightarrow{\mathscr{S}_b}$，即相鄰兩原子之磁矩必須 $\overrightarrow{\mu_a} // \overrightarrow{\mu_b}$，故集體的表徵爲鐵磁性（Ferromagnetism），亦即無需外加磁場情況下，鐵磁性體本身已具有自發性磁矩（或磁化量：$M_S \neq 0$ 如圖 2-8-2）。而當 $J_{ex} < 0$ 時，基態則爲 $\overrightarrow{\mathscr{S}_a}$ 反平行於 $\overrightarrow{\mathscr{S}_b}$，即相鄰兩磁矩必須 $\overrightarrow{\mu_a} // (-\overrightarrow{\mu_b})$。集體表徵爲反鐵磁性（Anti-ferromagnetism）。即無外加磁場情況下，反鐵磁性之 $M_S \simeq 0$（如圖 2-8-3）。

對導電之鐵磁金屬而言，（如鐵、鈷、及鎳）情況更爲複雜，需考慮 $3d$ 巡遊（Itinerant）電子效果，即發現 $3d$ 電子與另一巡遊−$3d$ 電子相遇於同一原子概率 $p = 1/N$，其中 N 爲鐵磁體內總原子數目。因此，$J_{12} = J_{aa}/N$，J_{aa} 稱爲原子內交換作用（Intra-atomic exchange）。

有關前面各節介紹相關之能量（如 ξ_{SO}、ζ_{SO}、J_{ab}、J_{aa} 等）之大小（或數量級）則分別列於表 2-8-1。

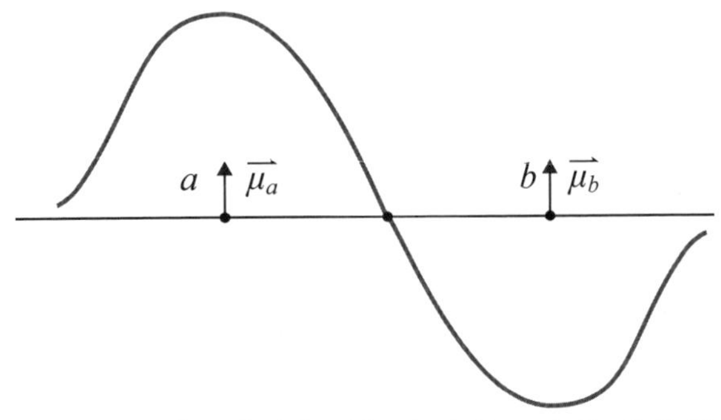

（$J_{ab}>0$，$\overrightarrow{\mu_a}//\overrightarrow{\mu_b}$（空間）波函數：交換反對稱）

圖 2-8-2

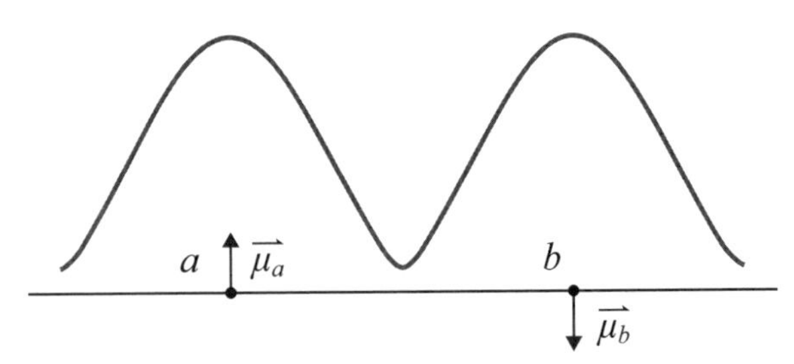

（$J_{ab}<0$，$\overrightarrow{\mu_a}//(-\overrightarrow{\mu_b})$（空間）波函數：交換對稱）

圖 2-8-3

表 2-8-1

物理量	符號	能量之數量級（eV）
海森堡原子間交換作用力（Inter-atomic exchange）	J_{ex}（或 J_{ab}）	0.01～0.02
原子內交換作用力（Intra-atomic exchange）	J_{aa}	1
（光譜）原子自旋—軌道作用力（Atomic spin-orbit interaction）	ξ_{so} ξ_{so}（鎳原子）	10^{-4}～10^{-1} 0.07
固態自旋—軌道作用力（Solid-state spin-orbit interaction）	$[\xi_{so}]_s$（鎳）	0.1～0.15

物理量	符號	能量之數量級（eV）
sd 交換作用力（*s*-*d* exchange inteaction）	J^I_{sd}（同向性） J^A_{sd}（異向性）	0.1 0.01（$J^A_{sd}=J^I_{sd}\xi_{so}$）
3*d* 能帶交換分裂（Stoner exchange spliting of 3*d* band）	$\varepsilon_W=\pm\mu_B H_m$ （H_m：Weiss field）	1
3*d* 能帶寬（3*d* bandwidth）	ΔW_{3d}	3
s-*p* 能帶寬（*s*-*p* bandwidth）	ΔW_{sp}	10
費米能（*s* 能帶）（Fermi energy）	$\varepsilon_F=k_B T_F$（銅）	7.1
室溫熱能	$\varepsilon_{RT}=k_B T$	0.025
可見光（能量）	$\varepsilon'=\hbar\omega$	1～1.75
魏斯分子場（Weiss field）	H_m	800～2000 T

2-9　小結論

從 2-1 節至 2-8 節的討論，原則上，只要知道週期表中任一原子（或離子）之電子組態，我們即可推知其磁性。唯自然並不是如此簡單，一般而言，磁性物質具有雙面性：即侷限（Localized）與巡遊電子特徵。離子磁性體之電子屬於前者，而具 3*d* 電子之金屬磁體則是兩者都兼備（而不矛盾）。另外，2-1 至 2-8 節的討論，特別適用於前者（離子磁體）。詳細有關侷限與巡遊的磁性表徵，見下一章討論。

2-10　附註

1. 在 2-4 節討論了晶格場對 *p* 軌道電子軌道角動量之壓制及將由簡併轉爲非簡併。同理，亦可將該討論推至 *d* 軌道電子。茲考慮兩種類型之晶格場：(1) 具八面體（Octahedral）及 (2) 具四面體（Tetrahedral）對稱者。

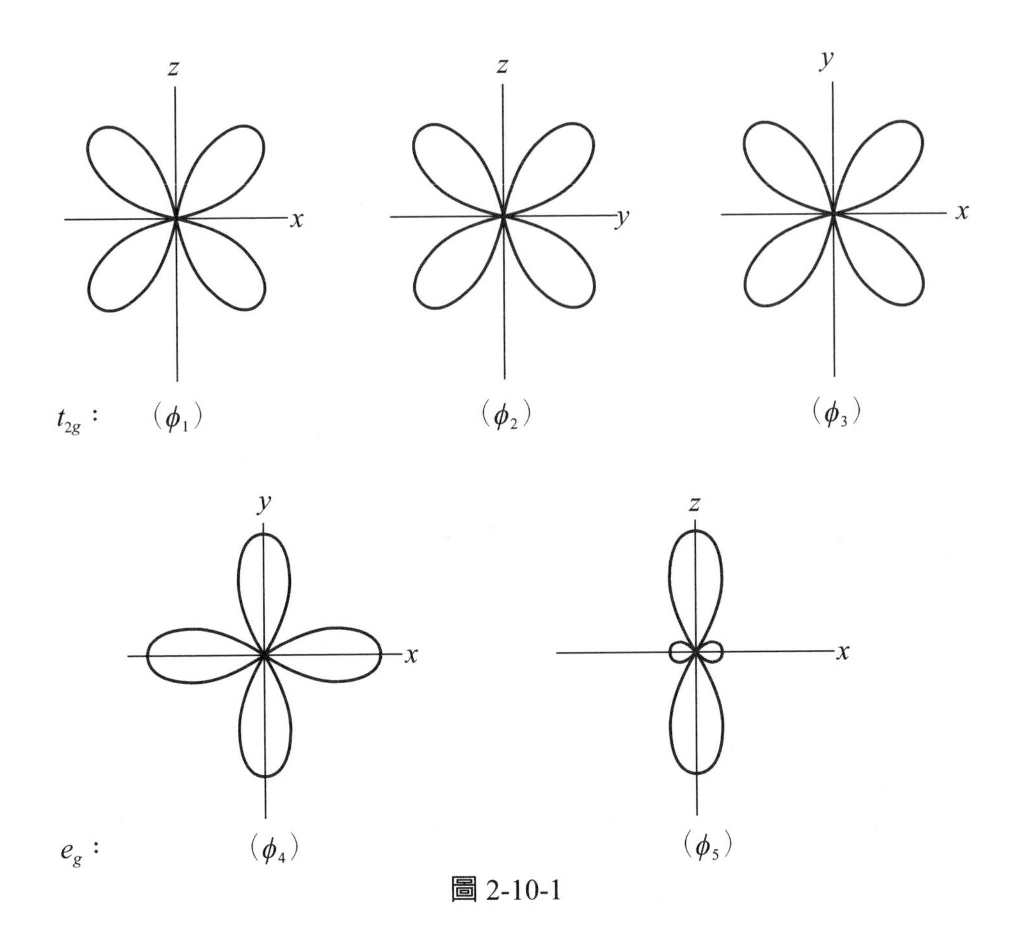

圖 2-10-1

則原子（或離子）之 d 軌波函數，經擾動（或線性組合）得 $\phi_1 = xzf(r)$，$\phi_2 = yzf(r)$，$\phi_3 = xyf(r)$，$\phi_4 = (x^2 - y^2)f(r)$ 及 $\phi_5 = (3z^2 - 1)f(r)$，如圖 2-10-1 所示。因爲 ϕ_1、ϕ_2 及 ϕ_3 之性質相近，故稱爲 t_{2g} 組，ϕ_4 及 ϕ_5 相近，稱爲 e_g 組。將該原子（或離子）置於具八面體對稱之晶格場中，由於該場表示於 [100] // x，[010] // y，[001] // z 等方向有相鄰之原子（或離子），故能階由原 5 階簡併分裂爲 −2 階簡併及 −3 階簡併，而後者（即 t_{2g} 者）能量較低爲基態（如圖 2-10-2(a)）所示。若將該電子（或離子）置於具四面體對稱之晶格場中，由於該場表示於 [111] 等方向有相鄰之原子（或離子），故原

5 階簡併仍分裂為 2 與 3 階簡併，但前者（即 e_g 者）為基態（如圖 2-10-2(b)）。

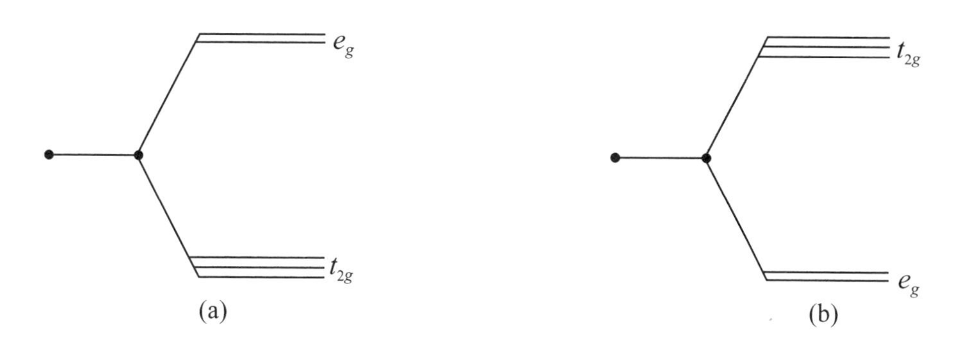

圖 2-10-2

2. 一般而言，對 3d 磁體其自旋一軌道作用小於晶格場作用。而對 4f 磁體而言，其晶格場作用小於自旋一軌道作用。換言之，依第 2-4 與 2-5 節論述，即 3d 磁體之 $\langle L_z \rangle \simeq 0$（較小），而 4$f$ 磁體之 $\langle L_z \rangle > 0$（較大）。

第三章　磁性種類

3-1　簡介

磁體磁性的種類繁多，不可能一一列舉。在本章中，列舉下列七種常見的種類：

1. 反磁性（Diamagnetism）
2. 順磁性（Paramagnetism）
3. 鐵磁性（Ferromagnetism）
4. 亞鐵磁性（Ferrimagnetism）
5. 反鐵磁性（Anti-ferromagnetism）
6. 螺旋磁性（Heli-magnetism）
7. 超順磁性（Super-paramagnetism）

且由於篇幅限制，以下將僅重點討論以上各類磁性。

3-2　反磁性

基本上，由於楞次定則（Lenz rule），所有的物質均帶有反磁性，即當外加磁場施加於物體時，其內部電子將依抵銷磁場的感應方式運動。因此，依定義，該物體之磁化係數 $\chi < 0$ 且 $|\chi| << 1$（CGS）。由於反磁性效果很弱，故通常會被其他磁性蓋過。唯以惰性氣體原子而言，因其 $\mu = 0$ 且 $J_{ex} = 0$，故無其他磁性，僅有反磁性呈出。我們將以該氣體原子為例討論反磁性。如圖 3-2-1 所示，將該原子置 z 方向之磁場（$\vec{H}$）中時，各電子受力矩作用：$d(\vec{G_i})/dt = \vec{\mu_i} \times \vec{H} = \vec{\omega_L} \times \vec{G_i}$，其 G 為角動量，i 代表每一電子之 $\vec{\omega_L} = (e/2mc)\vec{H}$ 為角頻率，故 $\vec{G_i}$ 會如圖示圍繞 H 軸作進動運動：$\vec{G_1}$ 與

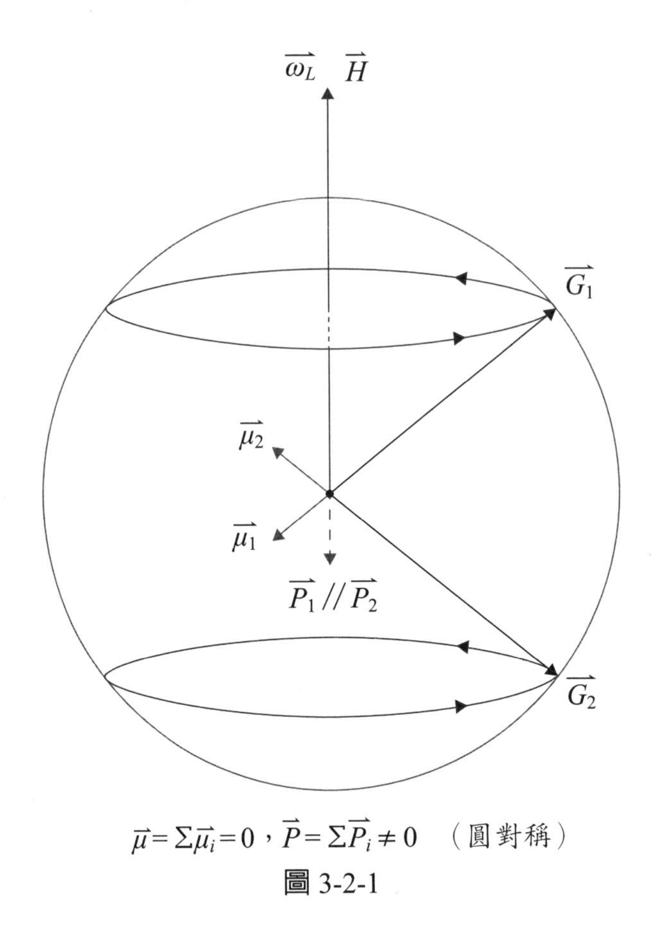

$\vec{\mu} = \Sigma\overrightarrow{\mu_i} = 0$，$\vec{P} = \Sigma\overrightarrow{P_i} \neq 0$ （圓對稱）

圖 3-2-1

$\overrightarrow{G_2}$ 作相同方向之逆時針旋轉，因此得以下結論：1. 由繞圓對稱 $\vec{\mu} = \Sigma\overrightarrow{\mu_i} = 0$；2. 由 G_L 進動而感應磁矩（Induced magnetic moment）$\vec{P} = \Sigma\overrightarrow{P_i} \neq 0$ 且反平行於 $\vec{H}$。綜上，我們可推出惰性原子之磁性爲反磁性，且 $\chi = -nze^2/(6mc^2)\cdot\langle r^2\rangle$，其中 n 爲單位體積內之原子數目，z 爲原子序，$\langle r\rangle$ 原子半徑，文獻 [8]（501 頁）列出惰性氣體原子之 χ 值，與 $|\chi| \propto r^2$ 之理論相符。若就金屬中之自由電子（Free electron）而言，理論值亦呈反磁性，即 $\chi_{Landau} = -e^2k_F/(12\pi^2m_ec^2)$，其 $k_F = [3\pi^2n_e]^{1/3}$ 爲費米波向量（Fermi wavevector）。舉例：具 s 自由電子之銅（Cu），銀（Ag），金（Au）室溫之實驗 χ 值分別爲 -0.76，-2.1 及 -2.9×10^{-6} emu/cm^3。

3-3　順磁性

在本節中順磁性的討論次序爲：1. 居禮順磁（Curie paramagnetism; χ_c），2. 凡佛列克順磁（Van Vleck paramagnetism; χ_{vv}），及 3. 鮑立順磁（Pauli paramagnetism; χ_{pauli}）。

3-3-1　居禮順磁

居禮順磁主要是針對具侷限電子之離子磁體（即包括各種順磁鹽類）。依宏德法則（一般而言），該離子之磁矩 $\mu \neq 0$，而各相鄰離子間 $J_{ex} = 0$。故在零磁場下，每個離子之磁矩是依熱激勵（$\beta = k_BT$）而作動（不受鄰居的繫絆或影響）。當加上磁場後，每個磁矩會因柴曼能（$E_H = -\vec{\mu_J} \cdot \vec{H}$）而偏向與 $\vec{H}$ 平行，其中 μ_J 由式（2-1-9）表示。故在磁場中，該離子有（$2J + 1$）個能階分裂。按波茲曼統計，該離子磁體之磁化量（M）應爲[6, 8]：

$$M = (N/V)\mu_J \cdot B_J(\alpha) \quad (3\text{-}3\text{-}1)$$
$$= (N/V)g\mu_B J \cdot B_J(\alpha)$$

其中 $B_J(\alpha)$ 爲布里淵函數（Brillouin function），$\alpha = \mu_J H/(\mathrm{k_B T})$。因此，當高場及／或低溫（$\alpha >> 1$）時，$B_J(\alpha) \rightarrow 1$（即 $M \rightarrow (N/V)\mu_J$），當低場及／或高溫（$\alpha << 1$）時，$B_J(\alpha) \rightarrow 0$（即 $M \rightarrow 0$）。也就是說，前者代表各磁矩依磁場方向有序排列，後者代表各磁矩受溫度影響無序排列。另外，當 $\alpha << 1$ 時，$B_J \simeq [(J + 1)/(3\mathrm{J})]\alpha$，代入式（3-3-1）得：

$$\chi_c = \frac{M}{H} \cong \frac{(N/V)(\mu_{eff})^2}{3k_BT} = \frac{C}{T} \quad (3\text{-}3\text{-}2)$$

$$\mu_{eff} = g\mu_B\,[J\,(J+1)]^{1/2} \quad (3\text{-}3\text{-}3)$$

$$C = (N/V)(\mu_{eff})^2/(3k_B) \qquad (3\text{-}3\text{-}4)$$

式（3-3-2）代表居禮法則（Curie law），C 為居禮常數。如圖 3-3-1 所示。

注意，當 $J \to \infty$ 時，系統呈古典力學表徵，$B_J(\alpha) \to L(\alpha)$，其中 $L(\alpha) = \coth(\alpha) - (1/\alpha)$ 為朗之萬函數（Langevin function）。當 $J = S = 1/2$ 時，系統呈量子二階（Quantum two-level）表徵，$B_J(\alpha) = \tanh(\alpha)$。

3-3-2 凡佛列克順磁[6]

凡佛列克順磁主要是針對 $3d$ 過渡元素離子。文獻 [6] 已詳述。簡言之，在離子處於菱形立方體對稱之晶格場中時，其磁化率可分為兩部分：1. 自旋磁化率（Spin susceptibility; χ_{vv}^S）及 2. 軌道磁化率（Orbital susceptibility; χ_{vv}^L），分別表示為：

$$\chi_{vv}^S = \frac{2Ng^2(\mu_B)^2}{(\varepsilon_2 - \varepsilon_3)\mu_o} \propto \frac{1}{(\Delta\varepsilon)}$$
$$\chi_{vv}^L = \frac{2Ng^2(\mu_B)^2}{(\varepsilon_b - \varepsilon_c)\mu_o} \propto \frac{1}{(\delta\varepsilon)} \qquad (3\text{-}3\text{-}5)$$

如圖 3-3-2(a) 所示，$\varepsilon_b - \varepsilon_c$ 代表由晶格場分裂造成之能隙（$\delta\varepsilon$），而 $\varepsilon_2 - \varepsilon_3$ 代表由自旋分裂（在外加磁場 $H_z \to 0$）造成之能隙（$\Delta\varepsilon$）。由第 2-4 節討論，得圖 3-3-2(a) 顯示最低與次低能階之 $\delta\varepsilon$。此外，$\Delta\varepsilon \simeq (\zeta_{SO})^2/\delta\varepsilon$，由第 2-5 節討論（$\zeta_{SO} \simeq 0.05$ eV 及 $\delta\varepsilon \simeq 1$ eV），得 $\Delta\varepsilon \simeq 10^{-3} << \delta\varepsilon$。因此，$\chi_{vv}^L << \chi_{vv}^S$，通常 χ_{vv}^L 可忽略，χ_{vv} 即 χ_{vv}^S。

以 $Ni(NO_3)_2 \cdot 6H_2O$ 為例，當處於低溫（$T \to 0$）時，大部分電子分布於 ε_3 基態，故式（3-3-5）中之 $\chi \simeq \chi_{vv}^S$ 係定值，而當 $T > (\Delta\varepsilon)/(2k_B)$ 時，依 ε_1、ε_2、ε_3 比例呈電子分布，即恢復為居禮順磁：$\chi \equiv \chi_{vv} = C/T$，其中 $C = (2/3)(Ng^2\mu_B^2)/(\mu_o k_B)$。如圖 3-3-2(b) 所示。

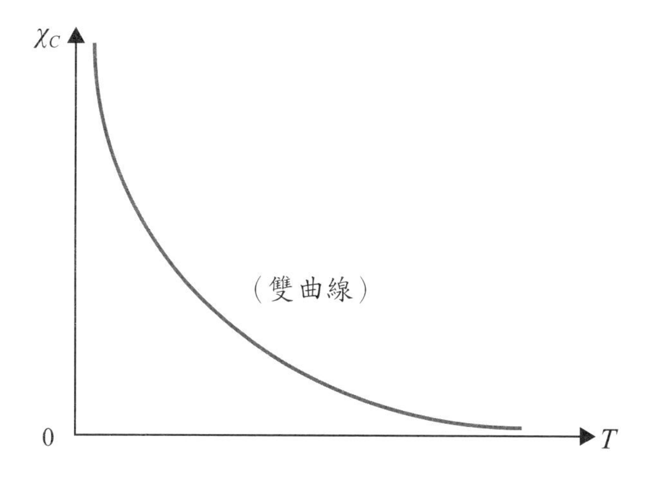

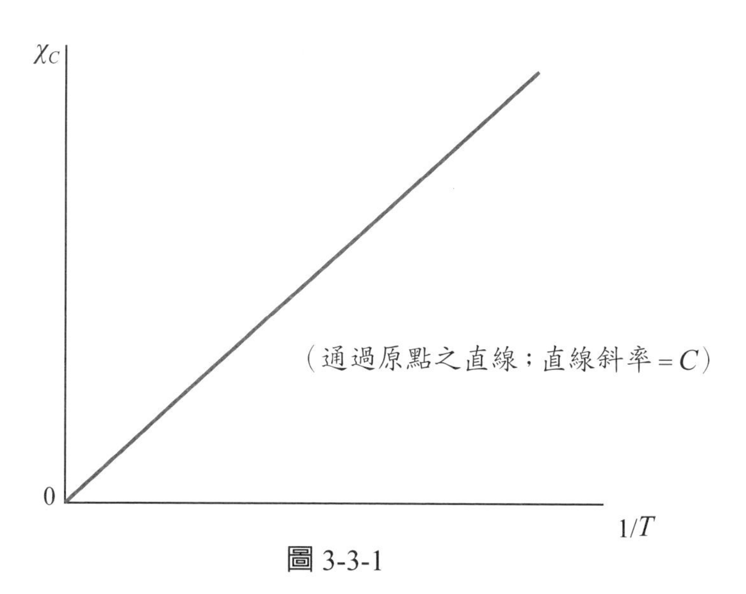

圖 3-3-1

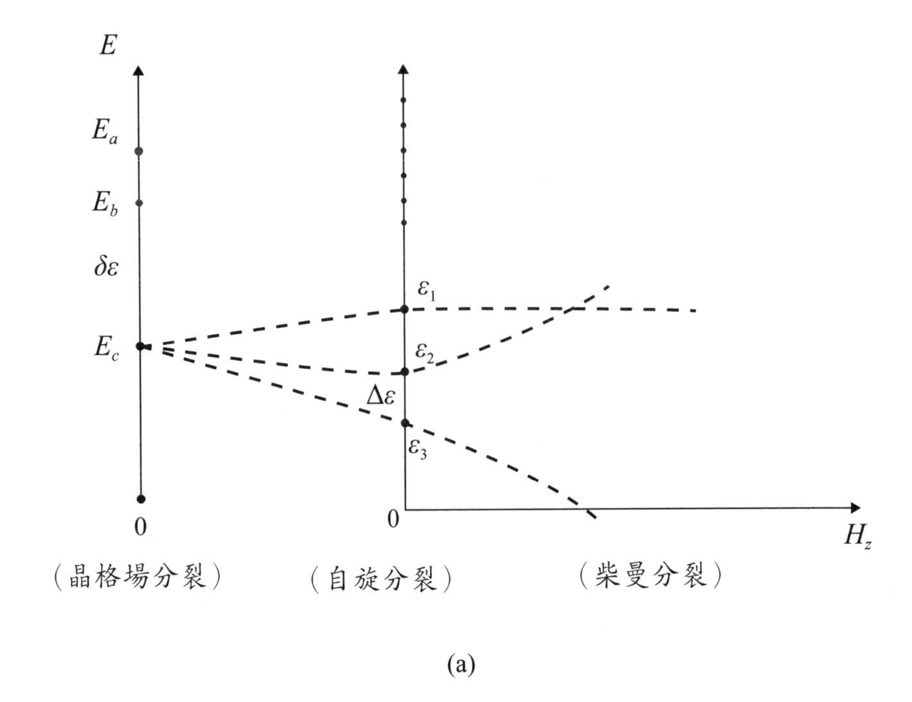

E
E_a
E_b
$\delta\varepsilon$
E_c
ε_1
ε_2
$\Delta\varepsilon$
ε_3
0
0
H_z
（晶格場分裂）
（自旋分裂）
（柴曼分裂）

(a)

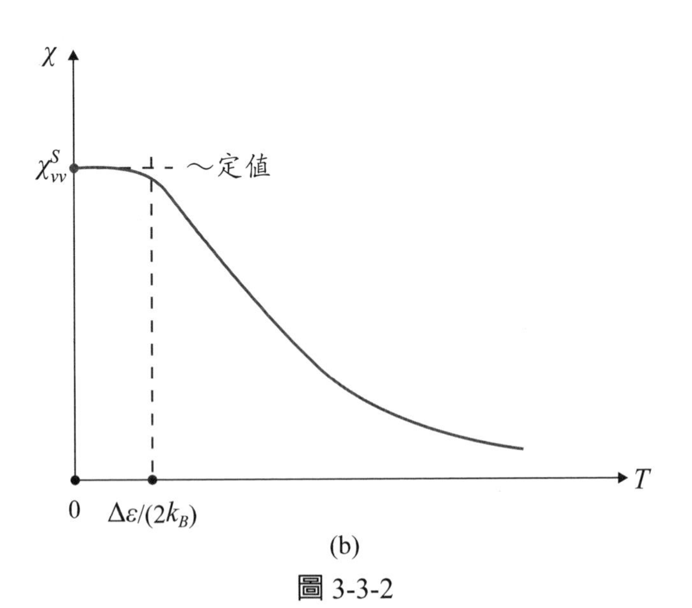

χ
χ_{vv}^S
～定值
T
0
$\Delta\varepsilon/(2k_B)$

(b)

圖 3-3-2

3-3-3　鮑立順磁

鮑立順磁主要是針對具 s-p 及 / 或 d 電子之金屬。考慮金屬中之 d 電子具巡遊性，因此會形成能帶（Energy band）。而由於 d 電子具自旋向上（↑）與自旋向下（↓），其能帶可分爲自旋向上能帶與自旋向下能帶（如圖 3-3-3(a) 所示），其中 ε_F 爲費米能（若以自由電子而言，$\varepsilon_F = (\hbar^2/2m_e)[(3\pi^2 N)(2V)]^{2/3}$），$N = N_\uparrow + N_\downarrow = 2N_\uparrow$ 爲總 d 電子數，$\mathscr{D}(\varepsilon)$ 爲電子能態密度（Density of states），同理亦分爲 $\mathscr{D}_\uparrow(\varepsilon)$ 與 $\mathscr{D}_\downarrow(\varepsilon)$，當施加負 z 方向之磁場 $\vec{H}$ 時，如圖 3-3-3(b) 所示，整個自旋向上能帶會向上移動 $+\mu_B H$，而整個自旋向下能帶會向下移動 $-\mu_B H$，但 E_F 仍爲一定值。此時，斜線面積分別爲 $N_\uparrow$ 與 $N_\downarrow$。明顯地，由於磁場導致兩次能帶的相對移動最後結果爲 $N_\uparrow < N_\downarrow$。已知一個電子之磁矩爲 μ_B，則因施加磁場而產生之磁化量 $M = (\mu_B/V)[N_\downarrow - N_\uparrow] \neq 0$，此即鮑立順磁。從進一步的推導 [6]，可得：

$$\chi_{Pauli} = \left[\frac{(\mu_B)^2 \mathscr{D}(E_F^o)}{\mu_o V}\right]\left[1 - \left(\frac{\pi^2}{12}\right)\left(\frac{k_B T}{E_F^o}\right)^2\right] \qquad (3\text{-}3\text{-}6)$$

其中對自由電子，$\mathscr{D}(E_F) = (3N)/(2E_F)$ 及 $E_F^o = k_B T_F$，T_F 爲費米溫度。由式（3-3-6）可歸納以下結論：1. 由於 d 電子之 $\mathscr{D}(E_F)$ 高於 s-p 電子，且一般 $\chi_{Pauli} \propto \mathscr{D}(E_F^o)$，故大部分過渡金屬之 χ_{Pauli} 大於鹼金屬；2. 理論上，當 $T << T_F$ 時，χ_{Pauli} 爲一定值（χ_0），當 $T \simeq T_F$ 時，$\chi_{Pauli} \sim \chi_0 - \chi_1 T^2$，當 $T > T_F$ 時，$\chi_{Pauli} \propto 1/T$（Boltzmann 分布）。以上關係於實驗對比中（$T_F \simeq 10^4$K），僅 V、Pt、Ta、Nb、Rb 等較符合（見文獻 [8] 之圖 14-11）；3. 理論上，$\chi_{Landau} = -(1/3)\,(m_e/m_e^*)^2 \chi_{Pauli}$，其中 m_e^* 爲電子受能帶影響後有效質量。最後，金屬鈀（Pd）呈現特殊之（鮑立）順磁性：其低溫 χ 值特別大（$\chi_T / \chi_{RT} \sim 10$ 至 70）且隨溫度升高而大幅降低。Pd 或 Pd 合金（PdRh）低溫時 $\chi_{pd} / \chi_p \simeq 3$ 至 10，常被稱爲交換加強之鮑立順磁（Exchange-enhanced Pauli Paramagnet; χ_{pd}）。

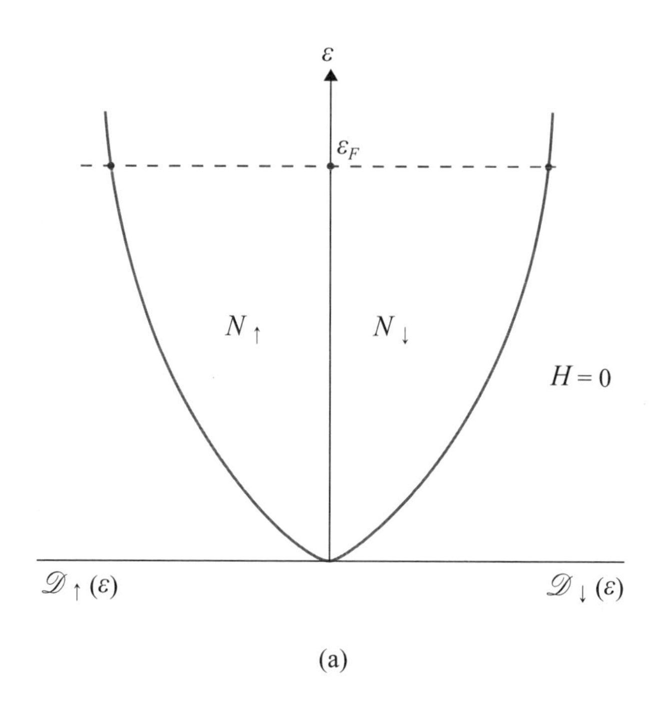

(a)

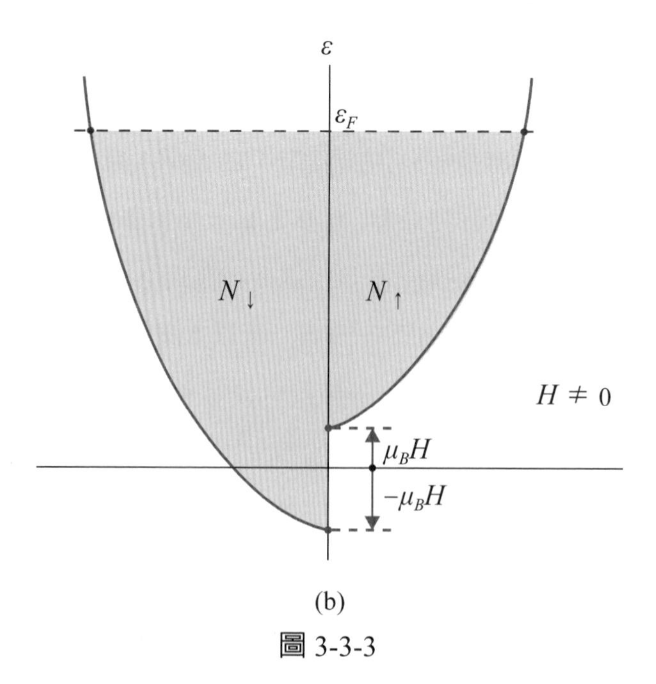

(b)

圖 3-3-3

3-4　鐵磁性

本節有關鐵磁性的討論，主要以過渡金屬鐵磁體爲主。原則上，圍繞著兩個主題：1. 侷限與 2. 巡遊機制，因爲所謂金屬鐵磁性會呈現上述的兩面（或不一致）性。舉例而言，侷限性特徵包括：（如後討論）(1) 在居禮點（T_C）之磁熵（Magnetic entropy）變化；(2) 在高溫（$T >> T_C$）分子場論（Molecular field theory; MFT）預測之居禮－魏司定則（Curie-Weiss law）；(3) 在低溫（$T \rightarrow 0$）布洛赫（Bloch）$T^{3/2}$ 法則。巡遊性特徵包括：(1) 在低溫，式（2-1-11）中之玻爾磁子數 n_B 不爲整數（Non-integer）；2. 斯萊特－鮑林（Slater-Pauling）曲線；3. 電子傳輸現象，例如導電率（Electrical conductivity; σ）及熱電率（Thermoelectric power; $S_e \propto [d(\ln \sigma)/d\varepsilon]_{\varepsilon_F}$）；4. 金屬鐵磁體之費米面（Ferrmi surface）具未填滿之導電能帶（Conduction band）。基本上，我們應考慮下列三類（代表）電子：4*s*、3*d* 及 4*f* 電子。首先，4*s* 電子（相對於 3*d* 電子）因處於外殼層，在晶格中，相鄰兩 4*s* 波函數重疊度高，代表 4*s* 電子具高度之巡遊性，其能帶帶寬（Energy band width; ΔW）最寬，具高流動性（Mobility; μ_e），且由於 4*s* 電子之高動能（Kinetic energy; $\varepsilon_k = (\hbar k)^2/(2m_e)$）其能帶交換分裂（$\varepsilon_W$）很小（如圖 3-4-1 及表 2-8-1，理由：見第 3-4-1 節）。其次，4*f* 電子相對於 6*s* 與 5*d* 電子因處於內殼層，相鄰兩 4*f* 波函數幾乎未重疊，代表 4*f* 電子具高度之侷限性，因此，其能帶帶寬最窄，流動性最低，以侷限磁矩（Localized moment）爲主。最後，3*d* 電子屬性則介於 4*s* 與 4*f* 電子之間。典型地具有兩面（侷限及巡遊）性，亦具能帶交換分裂，且 ε_W 較明顯（圖 3-4-1）。

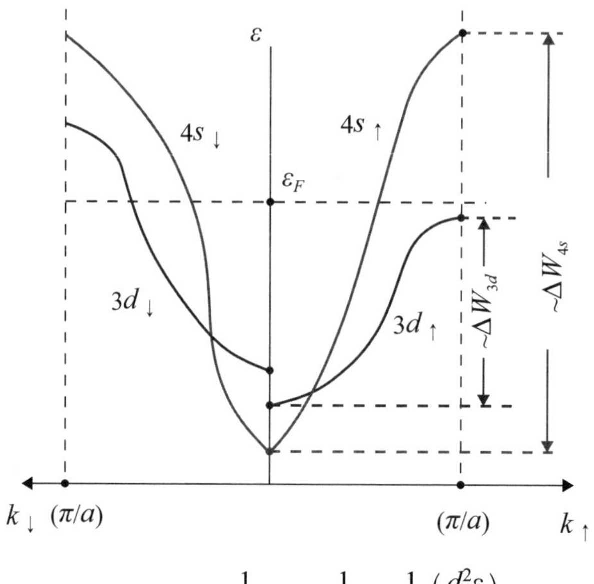

$$\mu_e \propto \frac{1}{m_e^*} \qquad \frac{1}{m_e^*} = \frac{1}{\hbar^2}\left(\frac{d^2\varepsilon}{dk^2}\right)$$

$$m_e^*(3d) >> m_e^*(4s)$$ 鎳（Ni）

(a)

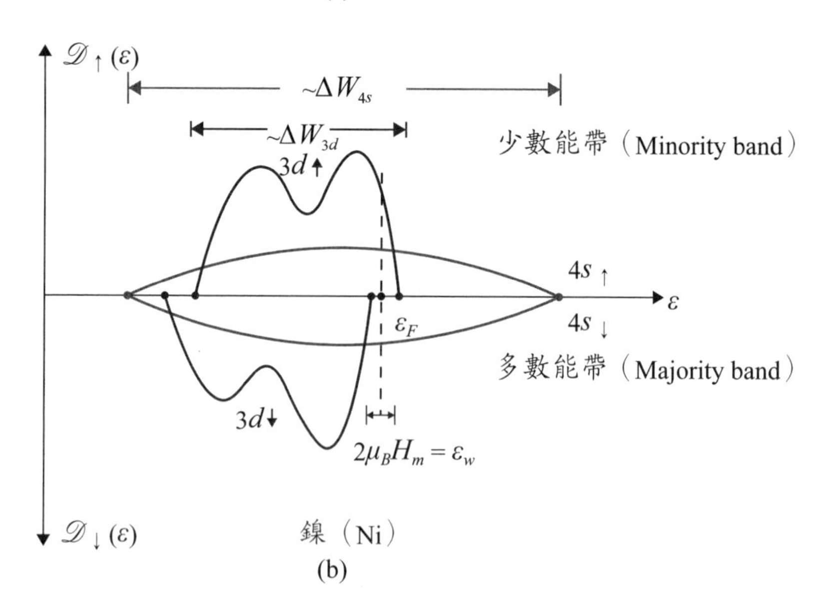

鎳（Ni）

(b)

圖 3-4-1

3-4-1　侷限對比巡遊

考慮 i 個電子處於具有週期性晶格之磁體中，其波函數 ψ_i 需滿足下列之漢密爾頓方程式（Hamilton equation）：

$$\begin{aligned} H &= T + U + U_C \\ &= \sum_i \frac{-\hbar^2}{2m_e}\nabla_i^2 + U(\vec{x}_i) + \frac{1}{2}\sum_i\sum_j\left(\frac{e^2}{4\pi\varepsilon_o}\right)\frac{1}{|\vec{x}_i - \vec{x}_j|} \end{aligned} \qquad (3\text{-}4\text{-}1)$$

其中 T 代表電子之動能（Kinetic Energy），U 代表週期性晶格位能（Periodic crystal potential），U_C 代表兩電子間之庫倫作用（Coulomb interaction）。由於晶格的週期性 $\psi_k(\vec{x}_i) = u_k(\vec{x}_i)\, e^{i\vec{k}_i \cdot \vec{x}_i}$，其中 $u_k(\vec{x}_i)$ 爲週期函數，$e^{i\vec{k}_i \cdot \vec{x}_i}$ 爲一平面波（Plane wave）ψ_k 又稱爲布洛赫波（Bloch wave）。現以一維週期之（環）晶格爲例，$\psi(x + Na_o) = C^N\psi(x)$ 其中 $C = \exp[i2\pi m/N]$，$m = 0$，1，2，$\cdots$，$N - 1$，a_0 爲相鄰原子間之晶格常數，Na_0 爲環長。即 $k = (2\pi m)/(Na_0)$ 及 $u_k = \sum_G C(k - G)e^{iGx}$，$U(x) = \sum_G u_G e^{iGx}$，$G = (2\pi p)/a$，因此按文獻[8]：

$$\varepsilon_k = \langle T + U \rangle_k = \frac{(\hbar k)^2}{2m_e} \propto \frac{1}{(a_0)^2} \qquad (3\text{-}4\text{-}2)$$

而由式（3-4-1）可得：

$$\langle U_C \rangle_k \propto \frac{1}{(a_0)} \qquad (3\text{-}4\text{-}3)$$

此外，電子群（或雲）之密度 $n_e \propto (1/a_0)$。故式（3-4-2）表示當電子群的密度高（即 a_0 小）時，晶格中之布洛赫動能主導（即 $E = \langle H \rangle \sim \varepsilon_k$），而當密度低（即 a_0 大）時，庫倫作用主導（即 $E = \langle H \rangle \sim \langle U_C \rangle$）。同理，以上結論亦適用於三維晶格，唯此時 $n_e \propto (1/a_0)^3$。

至此，尙需考慮電子自旋，也就是說當兩巡遊電子同時在晶格磁體中時，要以不違反鮑立不共容原理爲依歸。因此，當處於低密度電子群體（即如圖 3-4-2(a) 中 $a_0 > a_c$，其中 a_c 爲臨界值）時，兩電子之自旋可以（以較不靠近的方式）彼此保持平行，即如圖 3-4-2(a) 所示：

$$E_{\uparrow\downarrow} > E_{\uparrow\uparrow} \quad (3\text{-}4\text{-}4)$$

而當處於高密度電子群體（即 $a_0 < a_c$）時，兩電子之自旋無法以較靠近的方式彼此保持平行，即如圖 3-4-2(a) 所示：

$$\mathrm{E}_{\uparrow\downarrow} < \mathrm{E}_{\uparrow\uparrow} \quad (3\text{-}4\text{-}5)$$

按定義，$J_{ex} \propto E_{\uparrow\downarrow} - E_{\uparrow\uparrow}$，於是可得圖 3-4-2(b)，即理論上，當 $a < a_c$，磁體爲反鐵磁性；當 $a > a_c$ 時，磁體爲鐵磁性；當 $a >> a_c$ 時，$J_{ex} \rightarrow 0$ 表示交換作用力非長程作用力（Long-range interaction）。圖 3-4-2(b) 又稱爲貝特一斯萊特曲線（Belthe-Slater curve）。最後，以上結論可以圖 3-4-3 簡略地描述，其中①代表第一類巡遊電子，②代表第二類巡遊電子，詳細討論可見文獻 [9]。

3-4-2 平均分子場論：侷限電子磁性

3-4-2-1 侷限順磁性

基本上，平均分子場論（Molecular-field theory; MFT）只考慮相鄰兩原子間的海森堡交換作用力（因 J_{ex} 爲短程作用力）。因此，磁體以 S_i 爲中心之交換能 E_{ex} 可寫爲：

$$\begin{aligned} E_{ex} &= -2J_{ex}\overrightarrow{S_i} \cdot \sum_{n.n.} \overrightarrow{S_k} \quad (3\text{-}4\text{-}6) \\ &= g\mu_B \overrightarrow{S_i} \cdot \overrightarrow{H_{ex}} \end{aligned}$$

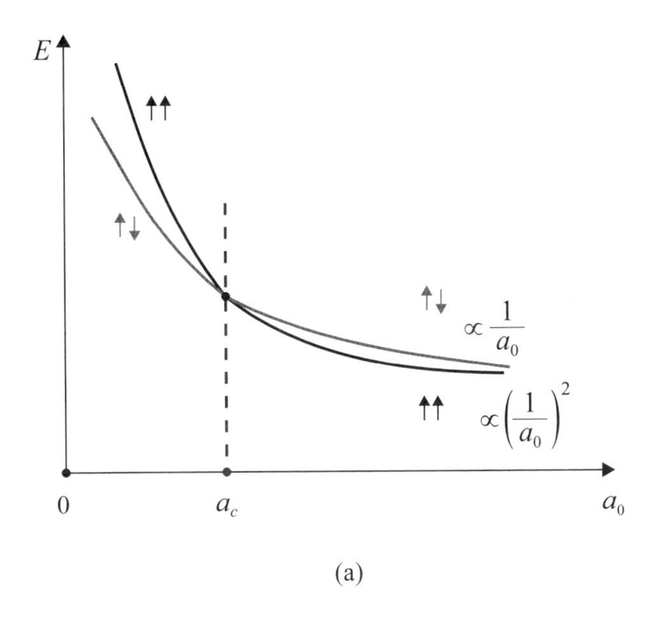
E
↑↑
↑↓
↑↓
$\propto \frac{1}{a_0}$
↑↑
$\propto \left(\frac{1}{a_0}\right)^2$
0
a_c
a_0

(a)

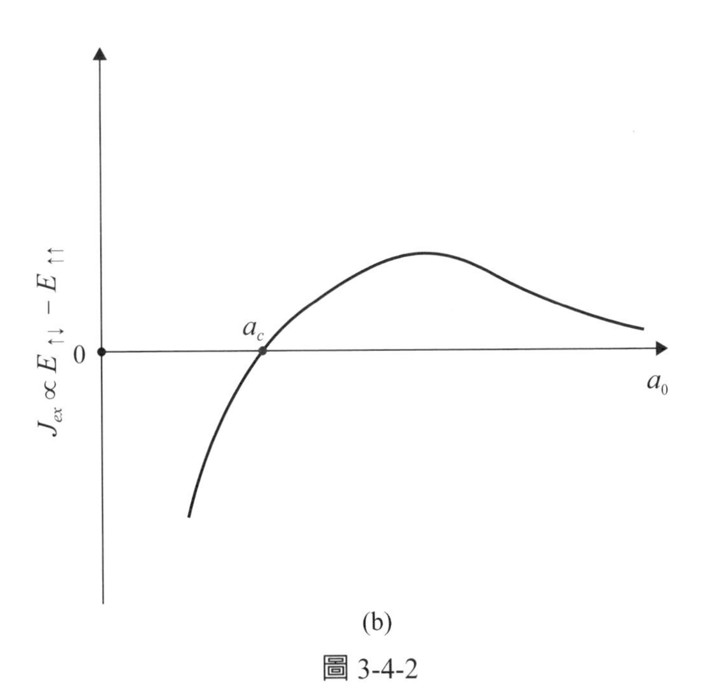
$J_{ex} \propto E_{\uparrow\downarrow} - E_{\uparrow\uparrow}$
0
a_c
a_0

(b)

圖 3-4-2

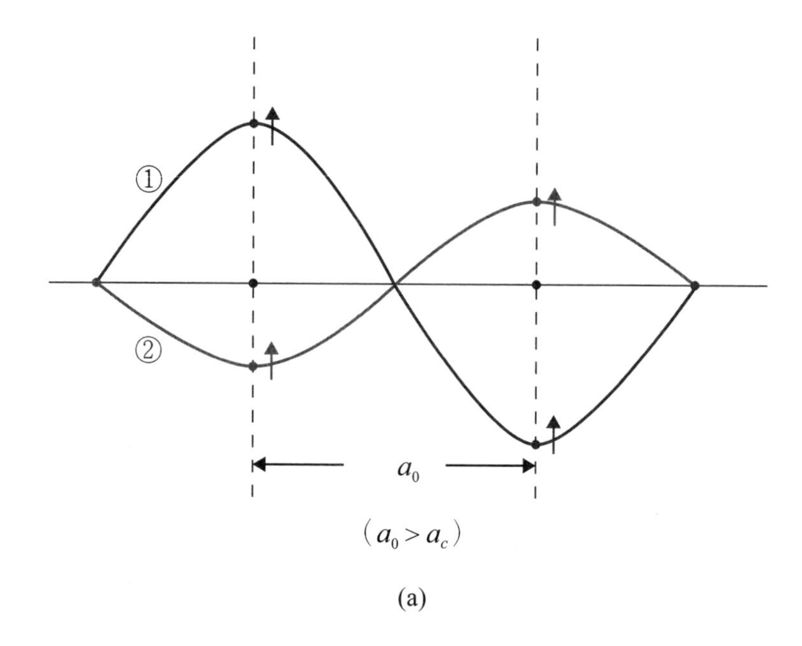

$(a_0 > a_c)$

(a)

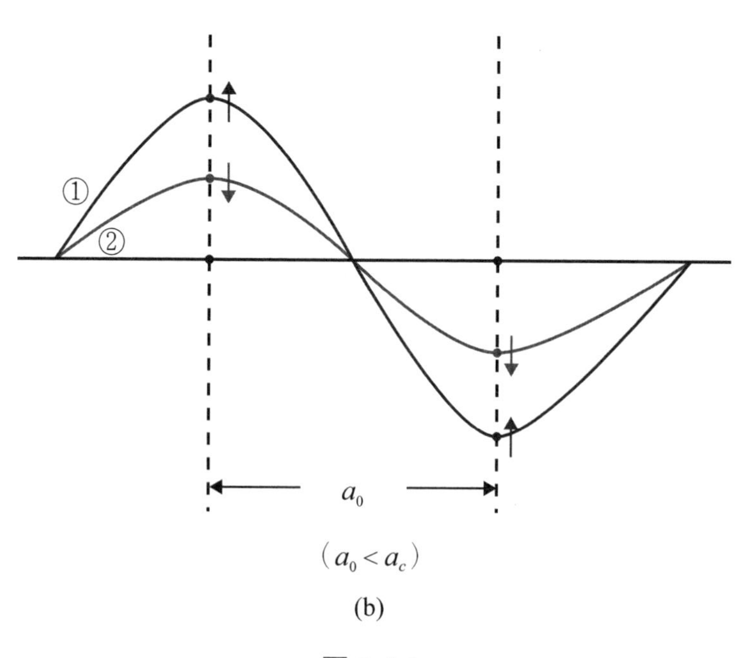

$(a_0 < a_c)$

(b)

圖 3-4-3

其中 $n.n.$ 爲圍繞中心 S_i 之最近的各鄰居 S_k，其數目爲 z。$\overrightarrow{H}_{ex}$ 爲由 S_k 產生之交換場，

$$\overrightarrow{H}_{ex} = -\frac{2J_{ex}}{g\mu_B}\sum_{n.n.}\overrightarrow{S_k} \qquad (3\text{-}4\text{-}7)$$

爲簡化討論，$\overrightarrow{H}_{ex}$ 可以平均場〈$\overrightarrow{H}_{ex}$〉$=\overrightarrow{H}_m$ 來替代，H_m 稱爲魏斯分子場（Weiss field）。式（3-4-7）可簡化（或近似）爲：

$$\overrightarrow{H}_m = -\frac{2J_{ex}z}{g\mu_B}\langle\overrightarrow{S_k}\rangle = -\frac{2J_{ex}z}{g\mu_B}\langle\overrightarrow{S_i}\rangle \qquad (3\text{-}4\text{-}8)$$

而磁體之磁化量（Magnetization; M）可寫爲：

$$\overrightarrow{M} = -Ng\mu_B\langle\overrightarrow{S_i}\rangle \qquad (3\text{-}4\text{-}9)$$

由式（3-4-8）及（3-4-9）得：

$$\overrightarrow{H}_m = +\frac{2J_{ex}z}{(g\mu_B)^2N}\overrightarrow{M} = N_w\overrightarrow{M} \qquad (3\text{-}4\text{-}10)$$

N_w 稱爲魏斯常數。H_m 的大小爲 800 至 2000 T，遠超過任何人爲造出之磁場強度。

接下來，再以居禮法則中之外加場（H）置換爲有效場 $H_{eff} = H + N_wM$，則原居禮法則修正爲（適用於鐵磁體者）[8]：

$$\chi = \frac{\chi_c}{1 - N_wC\chi_c} = \frac{C}{(T - T_C)}\ (\text{CGS}) \qquad (3\text{-}4\text{-}11)$$

其中 $T_C = CN_w$ 稱爲順磁居禮溫度或居禮—魏斯溫度，$C = [N(g\mu_B)^2S(S+1)/(3k_B)]$ 仍稱爲居禮常數。將 $1/x$ 對 T 作圖，得圖 3-4-4，其中 $N_w > 0$ 代表鐵磁性，$N_w < 0$ 代表反鐵磁性。另外，按式（3-4-11），當 $T \to T_C$ 時，$\chi \to \infty$，發散表示 $T \leq T_C$ 時，即使 $H = 0$（自發），磁化量 $M \neq 0$。以上

爲在侷限自旋（Localized spin）觀點下，分子場論中有關居禮—魏斯順磁部分。結論：式（3-4-11）雖簡易明確，但實驗數據（圖 3-4-4 之線①）顯示，當 $T \rightarrow T_C$ 時，由於長程自旋相關（Long-range correlations）之影響，會出現偏離線性之曲線。因此，$1/\chi$ 的實驗值係在 θ_C 時等於零（$\theta_C < T_C$），θ_C 又稱爲鐵磁居禮溫度。

3-4-2-2 侷限鐵磁性

在分子場論式（3-4-10）與式（3-3-1）架構下，可建立以下方程式：

$$
\begin{aligned}
H_{mz} &= N_w M_z \\
M_z &= Ng\mu_B S B_J(y) \\
y &= \frac{g\mu_B S H_{mz}}{k_B T}
\end{aligned}
\qquad (3\text{-}4\text{-}12)
$$

當 $T = T_C$ 時 H_{mz} 或 $y = 0$，因此，式（3-4-12）可近似成 $T_C = N_w[N(g\mu_B)^2 S(S+1)/3k_B] = CN_w$（與第 3-4-2-1 節之結果一致）。當 $T \rightarrow T_C$（$T < T_C$）且 $y \ll 1$ 時，需將 $B_J(y)$ 展開至 y^3 次，得 $M_z(T) \simeq M_z(0)[10(S+1)^2/3(2S^2+2S+1)]^{1/2}[1-(T/T_C)]^{1/2}$，其中 $M_z(0) = Ng\mu_B S$ 爲 $T = 0$ K 時之磁化量 [6]。因此，在分子場論下，鐵磁體之 M_z 在 T_C 前之變化如：$(M_z)^2 \propto 1-(T/T_C)$ 故提供實驗上簡易的決定鐵磁體之 T_C；即畫 $(M_z)^2$ 對 T 圖得線性關係，將 M_z 延伸至 $M_z = 0$，T_C 爲該圖於 T 軸之截距。當 $T \rightarrow 0$ 時，式（3-4-12）$yk_BT \propto H_{mz}$ 爲定值，故 $y \rightarrow \infty$。展開 $\lim_{y\rightarrow\infty} B_J(y) \simeq 1-(1/S)\exp[-y/S]$，同時，在 $T \ll T_C$ 之條件下，可得 $M_z(T) \simeq M_z(0)[1-(1/S)\exp(-(3T_C)/(S+1)T)]$。因此，分子場論認爲在低溫（$T \rightarrow 0$），$M_z(T)$ 呈指數型下降，此與實驗結果（如後述之 $T^{3/2}$ 依存）不符。

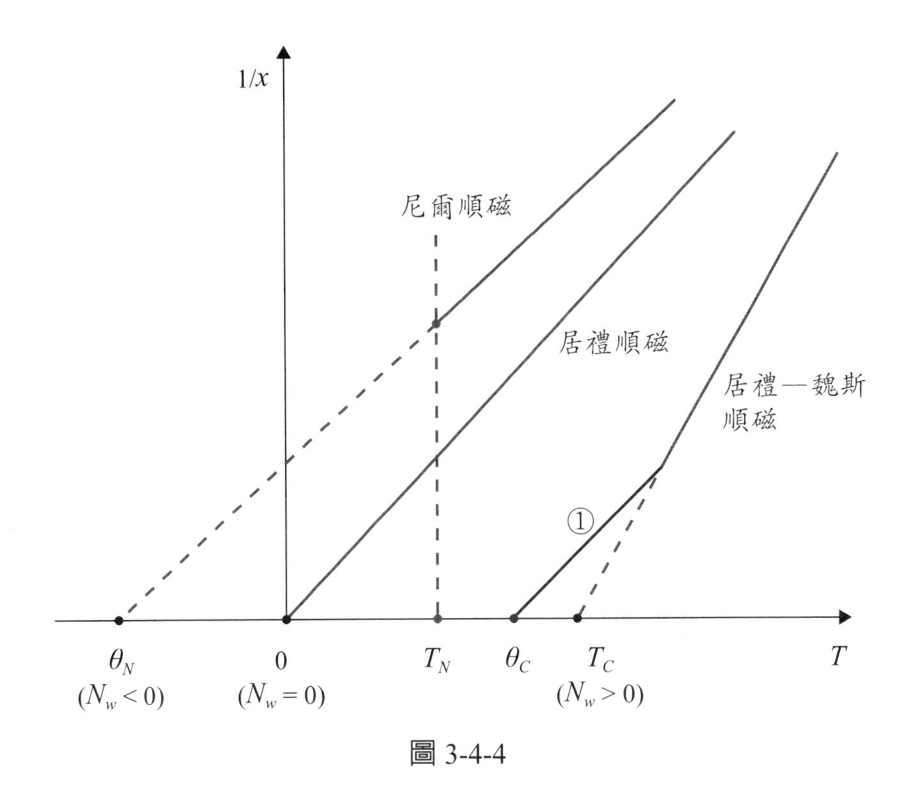

圖 3-4-4

此外，由 H_m 對所有自旋所作之功轉爲交換內能 $U_m(T)$[6]：$U_m(T) = -(N_w/2)[M_z(T)]^2$。而（磁）比熱（Magnetic specific heat; $C_m(T)$）定義爲 $C_m = dU_m/dT$。經演算得在 $T = T_C$ 時，$C_m(T_C) = [5S(S+1)/(2S^2+2S+1)]Nk_B$，表示 $C_m(T) = C_v(T) - C_{ph}(T) - C_e(T)$，其中 C_v 爲實驗值，C_{ph} 爲聲子比熱，C_e 爲電子比熱，在 $T = T_C$ 處有一不連續的改變（如圖 3-4-5 線①所示）。大致符合實驗結果。當 $T \geq T_C$ 不符實驗結果（圖 3-4-5 線②尾巴部分）係由於分子場論未考慮自旋之短程有序。[8]

實驗上，鐵磁體由於溫度之增加，而導致之磁熵改變（Magnetic entropy change; ΔS_m）可由下式計算：

$$\Delta S_m^{exp} = S_m\,(T=\infty) - S_m\,(T=0) = \int_0^\infty \frac{C_m(T)}{T}\,dT \qquad (3\text{-}4\text{-}13)$$

而理論上，從 $T=0$（自旋完全有序）至 $T=\infty$（自旋完全無序），其磁熵改變 $\Delta S_m^{th}=Nk_B\ln(2S+1)$。由文獻 [10] 中引述表 3-4-1 顯示對鐵（Fe）、鎳（Ni）、釓（Gd）其 $\Delta S_m^{exp}\simeq\Delta S_m^{th}$，此代表這些鐵磁體具侷限性特徵的一面。

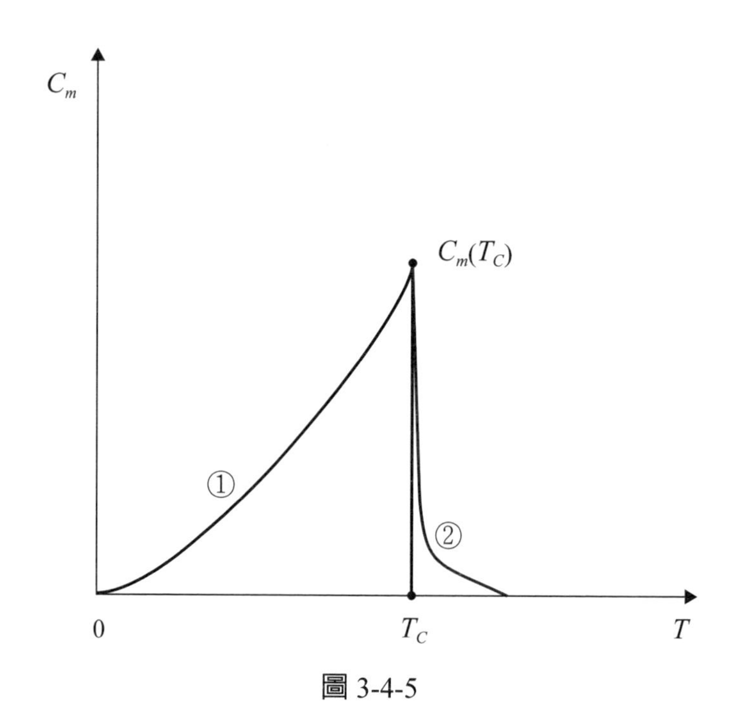

圖 3-4-5

表 3-4-1

金屬	自旋	ΔS_m^{th} (cal/k · mole)	ΔS_m^{exp}
Ni	0.3	0.83	0.81
Fe	1.1	2.20	2.15
Gd	3.6	4.16	4.24

3-4-3　能帶理論：巡遊電子磁性

3-4-3-1　巡遊順磁性

第 3-3-3 節所討論之鮑利順磁可作爲本節之參考。

3-4-3-2　巡遊鐵磁性

如前述 $4s$ 電子具高度的巡遊性，但 $3d$ 電子則視爲侷限性或巡遊性。因此，$4s$ 與 $3d$ 電子皆可形成能帶（如圖 3-4-1 所示）。其中因 $4s$ 電子具高巡遊性或動能，故 $4s$ 自旋向上能帶與 $4s$ 自旋向下能帶彼此未見能帶交換分裂。但 $3d$ 電子由第 3-3-2 節的討論知其自旋向上與向下者之能量相差爲 $2\mu_B H_m$，因此，如圖 3-4-1(b) 所示，$3d$ 自旋向上與向下能帶間具一能帶交換分裂 $\varepsilon_w = 2\mu_B H_m$。圖 3-4-1(b) 係以鎳爲例，即其 $3d$ 自旋向上係全滿（即自旋向上電子數 $N_\uparrow = 5$），而 $3d$ 自旋向下（填至 ε_F）仍未全滿，經能帶計算顯示 $N_\downarrow = 4.45$，同時，仍有未滿之 $4s$ 能帶，故情況是：$N_{4s} = 0.55$ / 原子，$N_{3d} = N_\downarrow + N_\uparrow = 9.45$ / 原子，$N_e = N_{4s} + N_{3d} = 10$ / 原子。至於 0 K 時鎳之飽和磁矩應表示爲 $\mu_s = \mu_B(N_\uparrow - N_\downarrow) = 0.55\mu_B = n_B\mu_B$。實驗上，$n_B = 0.61$。理論與實驗值相近，唯重要的是，該能帶理論（Energy band theory; EBT）解釋了 n_B 爲何是非零之正實數。也說明了 $3d$ 電子確具巡遊性。

以下將討論在能帶理論架構下，形成鐵磁性（即產生自發飽和磁化量 M_S）的條件，稱之爲斯托納規範（Stoner criterion）。

當自旋向上與向下能帶有交換分裂時，

$$
\begin{aligned}
N_\uparrow &= \frac{1}{2}\int_{-\infty}^{\varepsilon_F} \mathscr{D}\left(\varepsilon + \frac{g}{2}\mu_B H_m\right) d\varepsilon \\
&= \frac{1}{2}\int_{-\infty}^{\varepsilon_F + \frac{g}{2}\mu_B H_m} \mathscr{D}(\varepsilon')\, d\varepsilon'
\end{aligned}
\tag{3-4-14}
$$

同理，

$$N_\downarrow = \frac{1}{2}\int_{-\infty}^{\varepsilon_F - \frac{g}{2}\mu_B H_m} \mathscr{D}(\varepsilon')\, d\varepsilon' \tag{3-4-15}$$

因此，

$$\begin{aligned} M_s &= \frac{g\mu_B}{2V}(N_\uparrow - N_\downarrow) \\ &= \frac{g\mu_B}{4V}\int_{\varepsilon_F - \frac{g}{2}\mu_B H_m}^{\varepsilon_F + \frac{g}{2}\mu_B H_m} \mathscr{D}(\varepsilon')\, d\varepsilon' \\ &\leq \frac{(g\mu_B)^2 H_m}{4V}\overline{\mathscr{D}}(\varepsilon_F) \end{aligned} \tag{3-4-16}$$

其中 V 爲磁體體積，$\overline{\mathscr{D}}(\varepsilon_F)$ 爲在費米能階時之平均電子狀態密度（Averaged density of states at Fermi level）定義爲：

$$\overline{\mathscr{D}}(\varepsilon_F) = \frac{1}{g\mu_B H_m}\int_{\varepsilon_F - \frac{g}{2}\mu_B H}^{\varepsilon_F + \frac{g}{2}\mu_B H} \mathscr{D}(\varepsilon)\, d\varepsilon \tag{3-4-17}$$

由式（3-4-10）知 $H_m = [(2J_{ex}z)/(g^2\mu_B^2 n_e)]M_z$ 且 $z = n_e V = N_e$，$J_{ex} = J_{aa}/N = J_{aa}/(n_a V)$，其中 n_a 爲每單位體積之原子；n_e 爲每單位體積內之電子（即一巡遊電子 ≃ 其他巡遊電子）。因此，得斯托納規範：

$$J_{aa}\left[\frac{\overline{\mathscr{D}}(\varepsilon_F)}{2n_a V}\right] \geq 1 \tag{3-4-18}$$

該規範說明，當魏斯場 $H_m \neq 0$ 自旋向上能帶與自旋向下能帶，若未相對分裂（或位移），$J_{aa}[\overline{\mathscr{D}_0}(\varepsilon_F)/(2n_a V)] < 1$，其中 $(\overline{\mathscr{D}_0}/2) = \mathscr{D}_{\uparrow 0} = \mathscr{D}_{\downarrow 0}$，該狀態爲不穩定。於是，當 $H_m \neq 0$ 時，兩能帶必須相對位移，而其位移方式需滿足：$\mathscr{D}_\uparrow(\varepsilon_F)$ 變小，同時 $\mathscr{D}_\downarrow(\varepsilon_F)$ 變大（或反之亦然），最終當滿足 $J_{aa}[\overline{\mathscr{D}}(\varepsilon_F)/(2n_a V)] = 1$ 時，其中 $\overline{\mathscr{D}}(\varepsilon_F) = \mathscr{D}_\uparrow + \mathscr{D}_\downarrow$，相對位移結束，並同時產生自發 M_S。圖 3-4-1 爲面心立方（*fcc*）之鎳符合上述說明，對體心立方（*bcc*）之鐵而言，其能帶圖如圖 3-4-6 所示：$\mathscr{D}_\uparrow(\varepsilon_F)$ 處於較高位置，

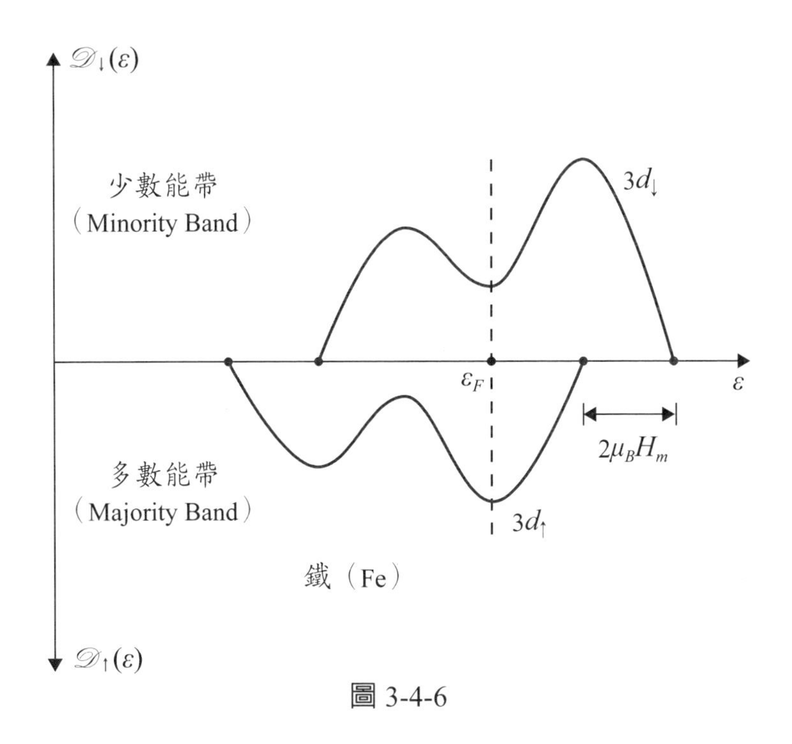

圖 3-4-6

而 $\mathscr{D}_\downarrow(\varepsilon_F)$ 處於準能隙（Quasi-gap）（即較低位置）代表滿足規範。對六角密堆（*hcp*）之鈷而言，亦是如此 [11]。可以將基於單元素能帶觀念的斯托納理論（Stoner theory）推廣適用於鐵、鈷、鎳之二元合金，將該合金之 n_B 對 e/a（每原子之價電子）作圖，並合理解釋著名之斯萊特—鮑林曲線（Slater-Pauling curve）[8]。這代表斯托納理論在溫度 $T = 0$ 時非常合理（或正確）。唯當 $T > 0$ 時，該理論則明顯與實驗結果不符：有下列幾項事證。當 $0 < T < T_C$，斯托納理論認爲從主能帶（Majority band）至次能帶（Minority band）會逐次產生自旋翻轉遷移（Spin-flip transition），如圖 3-4-7(a) 所示，又稱爲斯托納激發（Stoner excitation），其等效效果爲在 $T = T_C$ 時，兩個能帶之分裂位移爲 0（即圖 3-4-7(b)$H_m = 0$）。實驗上，1. 以鐵爲例，在 $1 < T < 4.2$ K，de Hass-van Alphen 實驗結果顯示，其兩能帶因 T 之改變而造成相對費米面頻率位移量係遠小於斯托納激發所預測者 [12]。

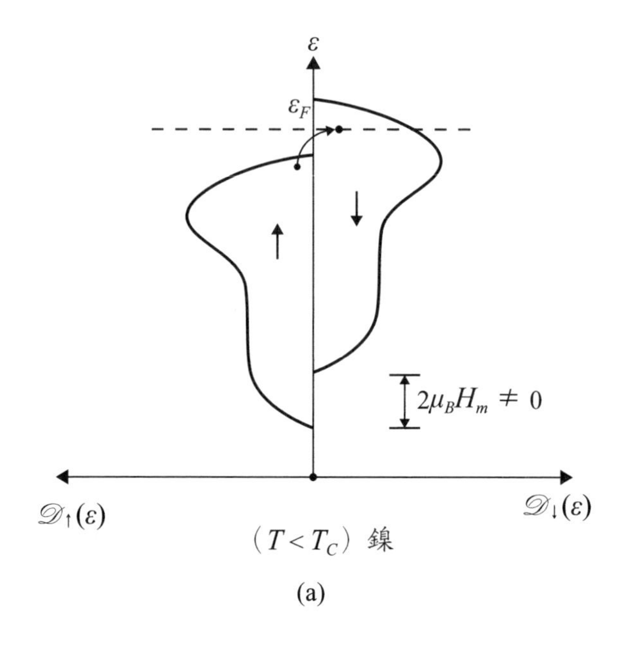
ε
ε_F
↑
↓
$2\mu_B H_m \neq 0$
$\mathscr{D}_\uparrow(\varepsilon)$
$\mathscr{D}_\downarrow(\varepsilon)$
（$T < T_C$）鎳

(a)

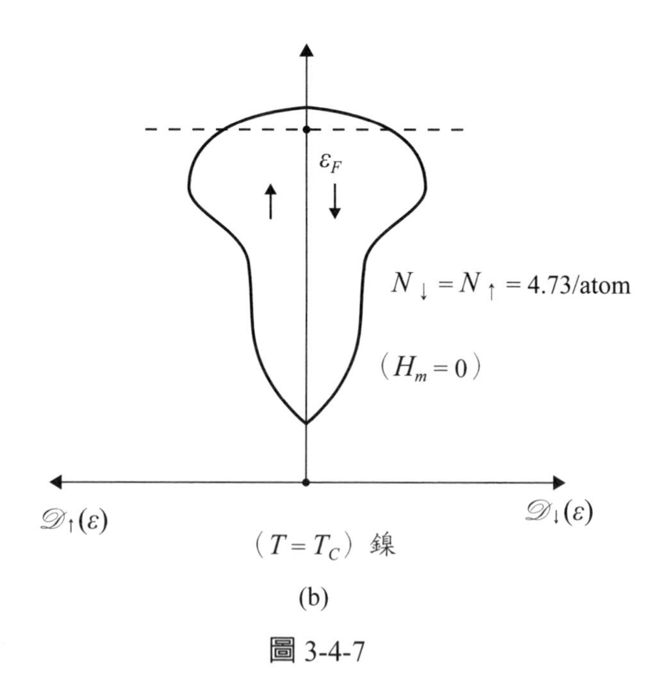
ε_F
↑
↓
$N_\downarrow = N_\uparrow = 4.73$/atom
（$H_m = 0$）
$\mathscr{D}_\uparrow(\varepsilon)$
$\mathscr{D}_\downarrow(\varepsilon)$
（$T = T_C$）鎳

(b)

圖 3-4-7

2. 以鎳為例，在 $T = T_C + 80℃ > T_C$，中子繞射實驗結果證明，除了自旋波（Spin wave）的確存在（後述），更顯示兩能帶在 T 時相對位移變小，但仍不為零 [13]，此與斯托納理論不符。唯證明了，較自旋波激發具更高能量之斯托納激發確實存在（即 $T < T_C$ 時，自旋波激發為主；$T \geq T_C$ 時，斯托納激發為主）。

3-4-4　自旋波

當溫度 $T \neq 0$ 時，自然地在鐵磁晶格中各個自旋向量組合無法再維持基態（即大家皆保持相互平行），由於 T 的上升，受熱的影響，某些磁化向量會開始不平行（包括反轉），因此，淨飽和磁化量（M_S）必隨 T 上升而下降。但「不平行」的路徑（或方式）有至少兩種可能：1. 前一節中，圖 3-4-7 提及的斯托納激發，及 2. 即將描述的自旋波（Spin wave or Magnon）激發。為求簡化討論，先以一維鐵磁為例。圖 3-4-8(a) 顯示經過斯托納激發後之（第一）激發組態，明顯地，若 $S = 1$ 則該激態與基態之能量差 $\delta E = 8J_{ex}$，如此之激發必然需較高的能量，而在 $T \to 0$ 時，熱能明顯是不足夠的（見表 2-8-1：$8J_{ex} \simeq 0.1$ eV 及 $k_BT(4K) = 0.3$ meV）。因此，將由第 2. 種方式來形成「不平行」。如圖 3-4-8(b) 所示，每個自旋向量基本上係接近彼此平行（z 方向），但在 xy 平面上，彼此維持逐步地相互偏轉，因此，形成如虛線連接具波長（λ_{sw}）之自旋波。通常在低溫下，自旋波為長波（$k = 2\pi/\lambda_{sw} \to 0$），這亦表示緊相鄰兩自旋間交換扭轉的能量很低（即 $\delta E \sim (1 - \cos\theta_{ij}) \to 0$）。故一般鐵磁體會先採自旋波激發方式降低 M_S。文獻 [8] 討論了在三維情況下，有關自旋波之計算，得結論：低溫下

$$\frac{\Delta M_s}{M_s(0)}=\frac{M_s(0)-M_s(T)}{M_s(0)} =\frac{0.0587a^3}{SQ}\left[\frac{k_BT}{D}\right]^{3/2} \tag{3-4-19}$$

其中 $Q = 1$、2、4（sc、bcc、fcc）a 為晶格常數，$D = 2J_{ex}Sa^2$ 為交換剛性（Exchange stiffness）。式（3-4-19）又被稱為布洛赫 $T^{3/2}$ 法則。它與低溫 M_S 實驗數據係大致吻合。近室溫，$D = 281$、500 及 364 meV(Å)^2（鐵、鈷及鎳）。D 值亦可由磁膜之鐵磁共振（FMR）實驗獲取。另外，遵循文獻 [8] 之討論，亦可得在低溫下自旋波激發之磁比熱 $C_M \propto T^{3/2}$。最後，有點意外的是，如照理論計算，以一維線及二維面之鐵磁體而言，其 k 趨近

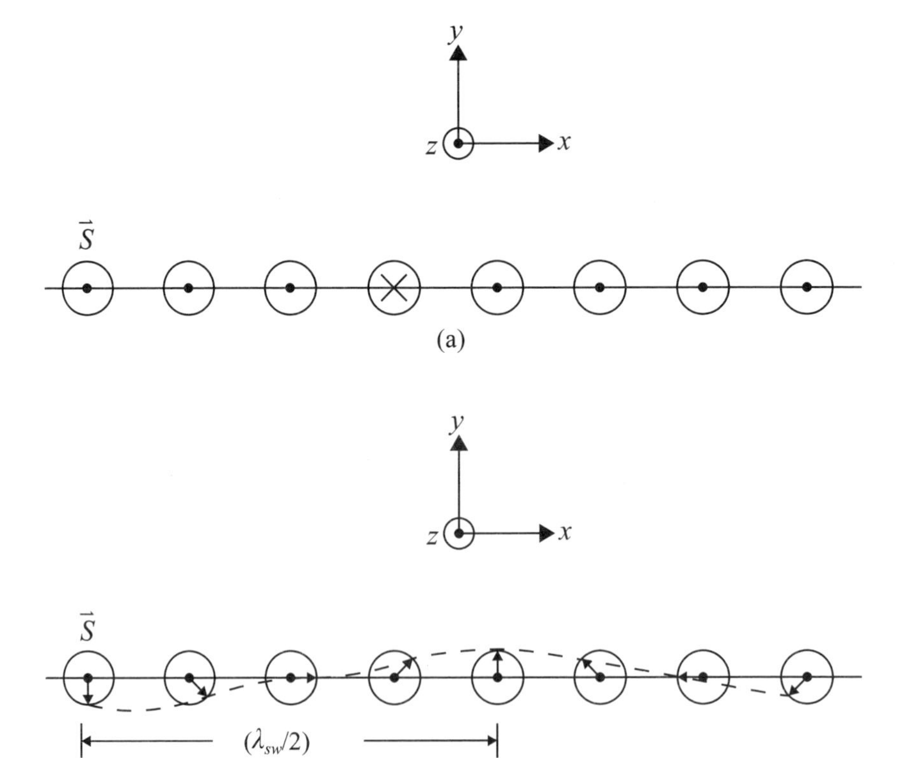

圖 3-4-8

於零時之自旋波（或磁振子）數（Number of magnons）太多，以致積分發散，代表即使 $T=0$，理論上，一維與二維鐵磁體 $M_S=0$（即其鐵磁性不存在）。唯實驗上似乎並非如此，表示實際上，在一維及二維鐵磁體內於 $k=0$ 時，存在即使是一個小的能隙（例如異方性能等）均可免除積分發散。故仍可維持一維及二維鐵磁體之 M_S，雖很小但不爲零。不過，有關二維膜磁死層（Magnetic dead layer）是否存在的議題仍有些爭議（或不確定）。

3-4-5　*sd* 交換作用

除了以上介紹有關集合鐵磁性機制（Collective ferromagnetism）外，Zener 又提出另一新的機制，稱之爲 *sd* 交換作用（*sd* exchange interaction）。簡言之，就是考慮由所有 *d* 電子形成侷限自旋（Localized spin; $\overrightarrow{S_d}$），而相鄰兩侷限自旋之間的作用係藉由（via）彼此間負責巡遊之 4*s* 電子之各別交換來完成，設 4*s* 電子之自旋爲 $\vec{S}$，因此 *sd* 交換作用（J_{sd}）表示爲：

$$E_{sd}=-2J_{sd}\vec{S}\cdot\overrightarrow{S_d} \tag{3-4-20}$$

當構成鐵磁性時，$J_{sd}>0$，故 $\vec{S}\,//\,\overrightarrow{S_d}$ 亦導至 $\vec{S}_{di}//\vec{S}_{dj}$（*i* 與 *j* 相鄰）。此外，如表2-8-1所示 J_{sd} 分同向性 J_{sd}^{I} 及異向性 J_{sd}^{A}，其大小（數量級）如表所載。

3-5　螺旋磁性

本節有關螺旋磁性的討論，主要針對稀土金屬或合金（Rare earth metals or alloys）。在稀土金屬中，其磁矩係由半塡滿具高度侷限性之 4*f* 電子所決定。其磁性結構非常複雜，不同溫度時，可以是順磁、鐵磁、反鐵磁，及螺旋磁。也就是說在稀土金屬中，兩原子間的磁性交換耦合是多樣性的（非僅爲固定的平行或反平行）。由於 4*f* 電子的半徑僅爲兩相鄰原子間距（Interatomic distance）的 10%，故要形成兩 4*f* 電子的（直接）海森堡交換（或兩者波函數的重疊）之可能性是極小的。因此稀土金屬之磁性係由以下介紹的非直接交換來完成的。

3-5-1 非直接RKKY交換

在稀土金屬中，6*s* 電子具巡遊性，代表一個 6*s* 電子可以從一個原子位置（Atomic site *A*）傳導（或巡遊）至另一個原子位置（Atomic site *B*）。現以位置 *A* 爲原點且一個 4*f* 磁矩位於原點，由於 6*s* 電子波函數特徵是在距離原點（$r = 0$）仍有一定程度之振幅，因此，該 6*s* 電子在原子 *A* 範圍內已被 4*f* 磁矩磁化（Polarized），且隨 6*s* 電子之傳輸而帶著其磁性與在位置 *B* 的 4*f* 磁矩作交換作用。如此藉由 6*s* 電子之傳導過程而完成之交換作用，基本上被稱爲非直接（*sf* 或 RKKY）交換（Indirect RKKY interaction）。詳細之 RKKY 模型於文獻 [14-16] 顯示，在原點之 4*f* 自旋（S_i）與在位置（*r*）之另一 4*f* 自旋（S_j）之 RKKY 作用漢密爾頓 H_{RKKY} 爲：

$$H_{RKKY} = S_i \cdot S_j\left[\frac{16J_{sf}\,m_e\,k_F}{(2\pi)^3(\hbar)^2}\right] \cdot F(2k_Fr)$$
$$F(2k_Fr) = \left[\frac{\cos(2k_Fr)}{(2k_Fr)^3} - \frac{\sin(2k_Fr)}{(2k_Fr)^4}\right] \qquad (3\text{-}5\text{-}1)$$

其中，點狀（Point-like）4*f* 自旋 $\vec{S}$ 與 6*s* 電子自旋（$\vec{s}$）之間的 RKKY 作用爲：

$$E_{RKKY} = -2J_{sf}\vec{S} \cdot \vec{s}\,\delta(\vec{r} - \vec{R}) \qquad (3\text{-}5\text{-}2)$$

δ 爲在 *R* 位置之 delta 函數。

明顯地，式（3-5-1）中之 $F(x)$ 函數爲具振盪特性者（Oscillatory function）因此，中心 4*f* 自旋與在不同位置另一 4*f* 自旋的 RKKY 作用

（H_{RKKY}）會因彼此距離（r）的不同而產生改變符號的情形（如文獻[8]圖17-16），說明 RKKY 作用是長距離的（Long range）且產生之效果是使（稀土）4f磁矩間呈平行與反平行間振盪式地交換排列。有下面幾種排列的可能，例如 1. 縱向振幅振盪；2. 耳輪平面螺旋振盪（Helix）；3. 錐體螺旋振盪（Cone），如圖 3-5-1 之 (a)、(b)、(c) 所示。舉例：重稀土（從釓至鈥）隨溫度（T）之磁性列於表 3-5-1。

此外，一般的通則是認為：1.RKKY 交換耦合作用弱於 3d 電子間之海森堡交換耦合作用，亦弱於 3d 氧化亞鐵磁體內之超交換（Super-exchange）耦合作用。2. 許多永磁及／或磁光材料係為稀土一過渡（RE-TM）之金屬間化合物（Intermetallics），LRE 代表輕稀土（由鈰 Ce 至銪 Eu），HRE 代表重稀土（由釓 Gd 至鐿 Yb），TM 為 3d 過渡元素（如鐵 Fe 或鈷 Co）。基於宏德法則，對輕稀土而言，由於未及 4f 之半滿，故其 $\vec{L}$ 反平行於 $\vec{S}$，即 $\vec{J}=\vec{L}-\vec{S}$。對重稀土而言，係超過 4f 之半滿，故其 $\vec{L}$ 平行於 $\vec{S}$，即 $\vec{J}=\vec{L}+\vec{S}$。由於 4f（稀土）自旋與 3d（過渡）自旋間之自旋一自旋作用使彼此永遠保持反平行，即反鐵磁耦合。加上稀土之 4f 磁矩 $\vec{\mu}_J$ 平行於 $\vec{J}$，過渡之 3d 磁矩 $\vec{\mu}_s$ 平行於 $\vec{S}_d$，因此如圖 3-5-2 所示，在 LRE-TM 化合物中其 $\vec{\mu}_J$ 係平行於 $\vec{\mu}_s$（即兩者為鐵磁耦合）；在 HRE-TM 化合物中其 $\vec{\mu}_J$ 係反平行於 $\vec{\mu}_s$（即兩者為反鐵磁耦合）。因此，前者多為永磁材料，後者則多為磁光材料。

3-6　亞鐵磁性

本節有關亞鐵磁性之討論，主要係針對磁體氧化物（Magnetic oxide）。特別，僅以磁鐵礦（Magnetite; Fe_3O_4）為代表。

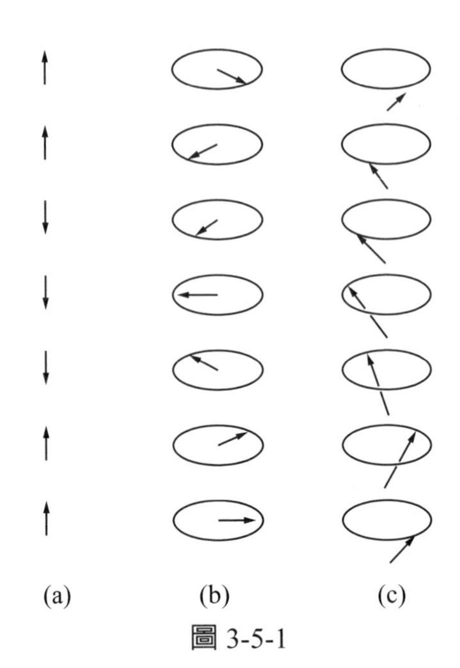

圖 3-5-1

表 3-5-1

（重）稀土元素	磁結構（相變溫度：T_C 及 T_1, T_2）
釓（Gd）	鐵磁 → 順磁（$T_C = 293K$）
鋱（Tb）	鐵磁 →（$T_1 = 220K$）結構 (b) →（$T_C = 230K$）順磁
鏑（Dy）	鐵磁 →（$T_1 = 85K$）結構 (b) →（$T_C = 179K$）順磁
鈥（Ho）	（旋磁）結構 (c) →（$T_2 = 20K$）結構 (b) →（$T_C = 132K$）順磁
鉺（Er）	（旋磁）結構 (c) →（$20 \leq T_2 \leq 53K$）結構 (b) →（$T_C = 85K$）順磁
銩（Tm）	（旋磁）結構 (a) →（$T_C = 58K$）順磁
鐿（Yb）	順磁

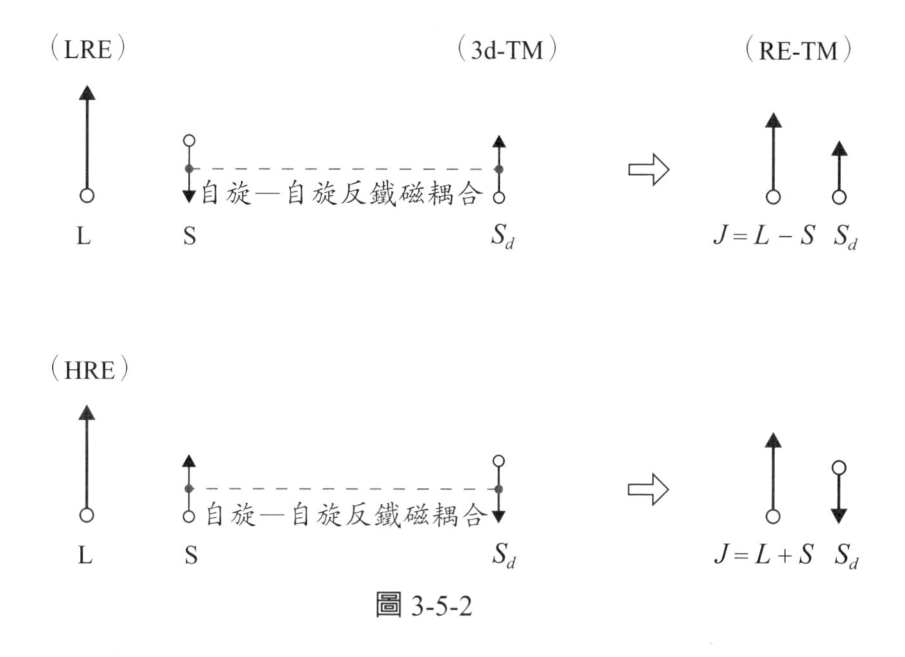

圖 3-5-2

3-6-1　Fe_3O_4（侷限模型）

第 3-1 至 3-5 節的討論中，有一相通性。即在考慮每一個中心原子的四周環境時，其與鄰近原子者（四周環境）是相同的。但對 Fe_3O_4 而言，則並非如此。Fe_3O_4 亦表示爲 $(FeO)(Fe_2O_3)$，即磁鐵礦中含（二價）Fe^{2+} 及（三價）Fe^{3+}，它們分別與（負二價）O^{2-} 鍵接。進一步分析顯示 Fe_3O_4 爲反尖晶石（Inverse spinel）結構，在此結構中有一半 Fe^{3+} 離子位於被 O^{2-} 包圍所形成四面體之 *A* 中心（Tetrahedral *A*-site），另一半 Fe^{3+} 離子與所有 Fe^{2+} 離子位於被 O^{2-} 包圍所形成八面體之 *B* 中心（Octahedral *B*-site），且 *A*-site 與 *B*-site 隔著 O^{2-} 離子而鍵接（如圖 3-6-1(a) 所示）。因此，第一，驗證了在 Fe_3O_4 磁鐵礦中有兩個完全不同的環境（即 *A*-site 與 *B*-site 之分）。第二，如圖 3-6-1(b) 所示，在 *A*-site 之 Fe^{3+} 與 *B*-site 之 Fe^{3+}（相同離子）係藉由超交換（Super-exchange）而令彼此自旋相互反平行，而在 *B*-site 之 Fe^{3+} 與 *B*-site 之 Fe^{2+}（相異離子）係藉由雙交換（Double

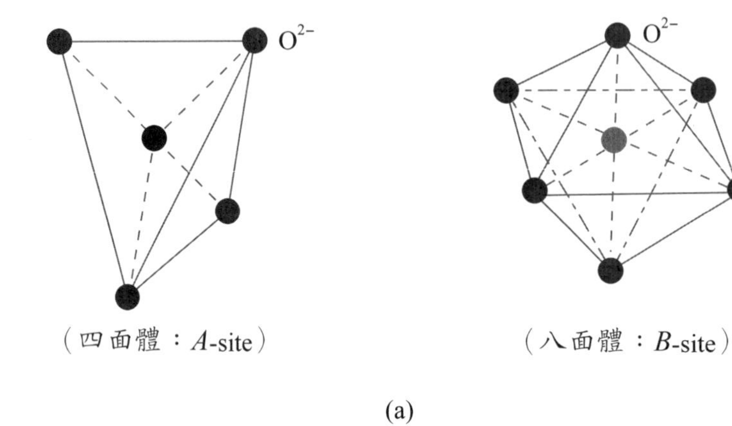
O2−
O2−
（四面體：A-site）
（八面體：B-site）

(a)

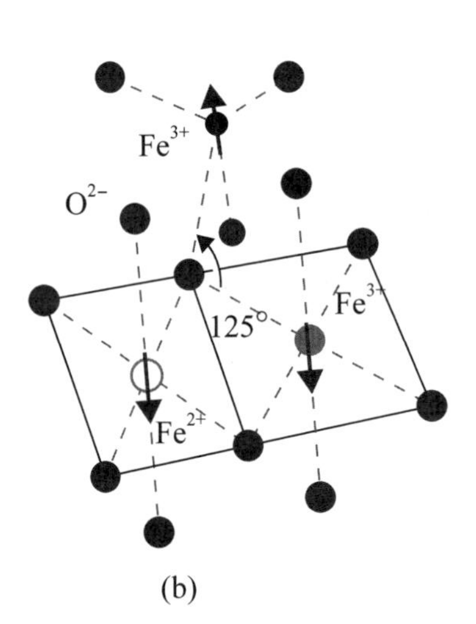
Fe3+
O2−
125°
Fe3+
Fe2+

(b)

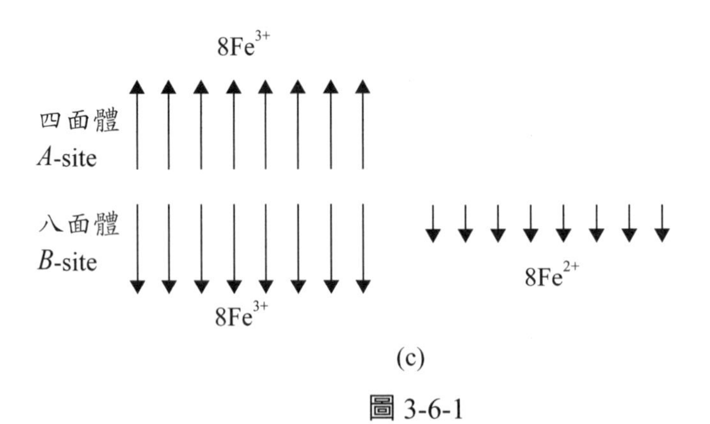
8Fe3+
四面體
A-site
八面體
B-site
8Fe3+
8Fe2+

(c)

圖 3-6-1

exchange）而令彼此自旋必須相互平行。簡單的示意圖如圖 3-6-1(c) 所示。注意，圖 3-6-1(b) 中 A-O-B 之鍵角（θ_{AB}）為 125°，且超交換正比於 cos θ_{AB}，故 $J_{AB} \propto \cos\theta_{AB} < 0$，即 A-B 間耦合為反鐵磁作用 [17]。第三，由宏德法則（第 2-6 節）可得 Fe^{3+} 之 $L = 0$，$S = 5/2$ 因此其磁矩為 $5\mu_B$。而由宏德法則及軌道角動量壓制（第 2-4 節），可得 Fe^{2+} 之 $L \simeq 0$，$S = 2$ 其磁矩為 $4\mu_B$。第四，按圖 3-6-1(c)，在 A-site 與 B-site 之 Fe^{3+} 之自旋彼此相反相互抵銷，故 Fe_3O_4 之淨磁矩為（剩餘）Fe^{2+} 之磁矩（$4\mu_B$）。實驗結果相符，顯示 Fe_3O_4 之磁矩為 $4.1\mu_B$。

3-6-2　Fe_3O_4（巡遊模型）

Fe_3O_4 不僅是人類最早發現與應用的磁體，而且亦是一種特殊的材料，它在低溫（$T \simeq 50$ K）時導電率（σ）僅為約 10^{-7} $(\Omega\text{cm})^{-1}$，且其 σ 會隨溫度（T）的升高而變大，因此在低溫 Fe_3O_4 絕不可能是金屬性，而是絕緣體（Insulator）。當溫度升至 $T \cong 122$K 時，發生金屬一絕緣體之相變（Metal-insulator transition），又稱為 Verwey 相變，其 σ 劇升約 100 倍（由 20 升至 2000 $(\Omega\text{cm})^{-1}$），因此，在 122K 以上 Fe_3O_4 之 σ 被認定有金屬性，但其 σ 對 T 圖仍與金屬特徵不同，故最後 Fe_3O_4 被稱之為半金屬磁體（Half metallic magnet）。經過理論上能帶的計算，發現其費米能階（ε_F）係落在自旋向下與自旋向上能帶間的交換能隙（Exchange gap）中，該能隙間隔約 3.5 eV，如圖 3-6-2 所示。故該向下之能帶呈全滿狀態，其導電率（$\sigma_\downarrow$）應十分地低，呈絕緣體（$\sigma_\downarrow = 0$）特徵。對自旋向上能帶而言，ε_F 落於 $e_{g\uparrow}$ 能帶頂部之上，$e_{g\uparrow}$ 與 $t_{2g\uparrow}$ 能帶間能隙間隔約 0.19 eV，相對地較小，故部分合理的解釋 Verwey 相變：即在 $T < T_v \simeq 122$ K（T_v 稱為 Verwey 相轉變溫度）時，0.19 eV 的能隙使 $\sigma_\uparrow \simeq 0$，Fe_3O_4 仍呈絕緣體特徵，但當 $T > T_v$ 時，部分電子可躍遷過 0.19 eV 之能隙，進入半滿之 $t_{2g\uparrow}$ 能帶，因此

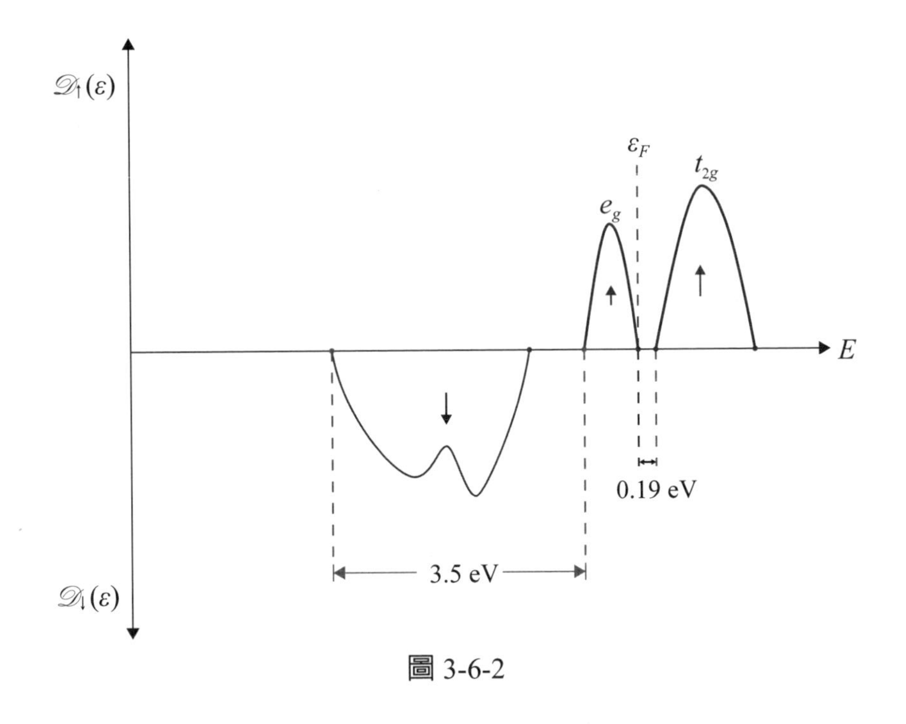

圖 3-6-2

$\sigma_{\uparrow} \neq 0$，此時 Fe_3O_4 呈半導電性特徵，注意 $k_BT_v \simeq 0.01$ eV。由於 Fe_3O_4 爲具半金屬性磁性，它可能在電子自旋器件（Spintronics device）中有應用之潛力。

3-6-3 亞鐵磁體：磁化量與溫度之關係

亞鐵磁體其磁性與溫度之關係與鐵磁體者相似，但又不完全相同。在居禮溫度以上（$T >> T_C$），亞鐵磁體亦呈順磁性且滿足居禮－魏斯定則，如圖 3-6-3(a) 所示，當 $T \simeq T_C$ 時，$1/\chi$ 對 T 圖呈向下（而非向上）彎曲。$T < T_C$ 時，$1/\chi$ 的反向延伸（虛線）交 T 軸於 θ_a，$\theta_a < 0$。由第 3-6-1 節知，基本上，亞鐵磁體含 A-site 與 B-site，且 site 與 site 間之交換作用可分爲：$J_{AA} > 0$，$J_{BB} > 0$，$J_{AB} < 0$ 且 $J_{AA} \neq J_{BB}$，設在 A-site 的離子分數爲 λ，在 B-site 爲 ν，則 $\lambda + \nu = 1$，在 A 晶格之磁化量 $M_A = \lambda M_a$，M_a 爲當 $\lambda =$

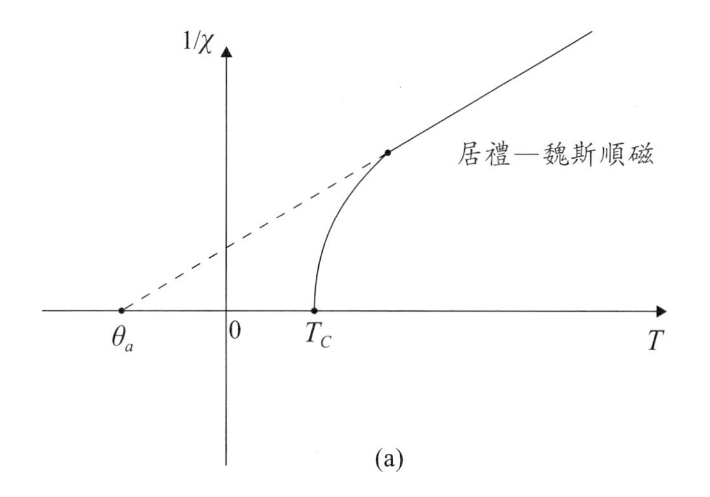
1/χ
居禮—魏斯順磁
θa
0
TC
T
(a)

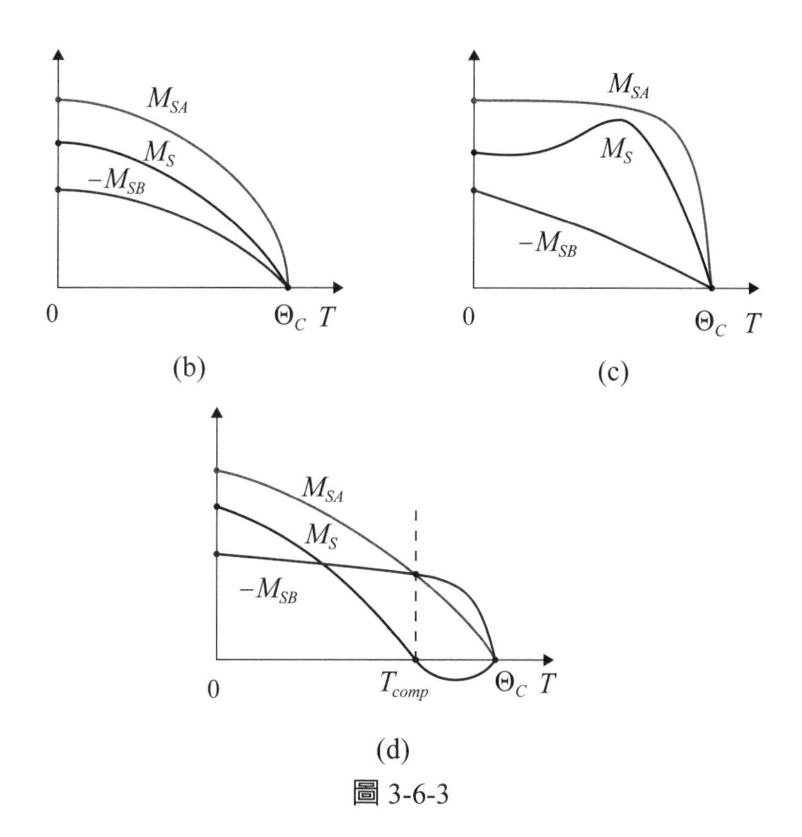
MSA
MS
−MSB
0
ΘC T
(b)
MSA
MS
−MSB
0
ΘC T
(c)
MSA
MS
−MSB
0
Tcomp
ΘC T
(d)

圖 3-6-3

1 時之 M_A，在 B 晶格之磁化量 $M_B = vM_b$，同理，M_b 為 $v = 1$ 時之 M_B，故該亞鐵磁體之 $M_S = \lambda M_a + vM_b$，且在兩分子場中，$H_{mA} = -J'_{AB}M_B + J_{AA}M_A$ 及 $H_{mB} = J_{BB}M_B - J'_{AB}M_A$，定義 $\alpha = (J_{AA}/J'_{AB}) > 0$，$\beta = (J_{BB}/J'_{AB}) > 0$，$J'_{AB} = -J_{AB} > 0$，$M_A > 0$，$M_B > 0$，在代入推導後可得 [1,18]，在 T_C 點以上，

$$\frac{1}{\chi} = \frac{T}{C} + \frac{1}{\chi_o} - \frac{b}{T - T_C} \qquad (3\text{-}6\text{-}1)$$

$$T_C = J'_{AB}\, C\lambda v[2 + \alpha + \beta]$$

其中 C 為居里常數，χ_o 及 b 亦為定值。式（3-6-1）作圖即以圖 3-6-3(a) 為代表。在 T_C 點以下，$M_A > 0$，$M_B > 0$，$|M_S| = |M_A| - |M_B|$，H_{mA} 及 H_{mB} 仍如前所示，將 H_{mA} 及 H_{mB} 分別代入式（3-4-12）之布里淵函數 $B_J(y)$：

$$\frac{M_{SA}(T)}{M_{SA}(0)} = B_J\left[\frac{\mu_H J'_{AB}(\alpha\lambda M_a - vM_b)}{k_B T}\right]$$
$$\frac{M_{SB}(T)}{M_{SB}(0)} = B_J\left[\frac{\mu_H J'_{AB}(\beta v M_b - \lambda M_a)}{k_B T}\right] \qquad (3\text{-}6\text{-}2)$$

其中 $\mu_H = g\mu_B J$。在各參數 $(\alpha, \beta, \gamma, v)$ 下同時解式（3-6-2）中之 $M_{SA}(T)$ 與 $M_{SB}(T)$，即可得 M_S 對 T 之關係，理論上，有六種可能性，現僅以圖示方式簡單地描述其中三種。（如圖 3-6-3(b) 至 (d)）。注意，在此兩晶格（A 與 B）必須具相同的居禮點（$T_C \equiv \Theta_C$），否則兩晶格中若 A 之 $M_{SA} = 0$，將無法反平行 $M_{SB} \neq 0$。圖 3-6-3(d) 中 T_{com} 稱為補償溫度（Compensation temperature），當 $T = T_{comp}$ 及 $T = \Theta_C$ 時，M_S 皆為零，當 $T_{comp} < T < \Theta_C$ 時，加場 H，其反應之 $\overrightarrow{M_S}$ 與 $T < T_{comp}$ 時，加場之 $\overrightarrow{M_S}$，兩者方向相反。該特性在磁光或磁熱記錄技術中常被利用。

3-7 反鐵磁性

本節有關反鐵磁性的討論，主要係針對磁體氧化物，以 MnO 爲代表。唯在此需提醒，金屬鉻（Cr）是少數在室溫下仍呈反鐵磁性之物質。

回到 MnO，由中子繞射知其晶格爲 *fcc* 之 NaCl 結構，在尼爾溫度（T_N）以上時，MnO 呈順磁性，在 T_N 以下，MnO 呈反鐵磁性。如文獻 [1] 圖 5.16 所示（適於 $T < T_N$）其磁單位胞（Magnetic unit cell）8 倍於化學單位胞（Chemical unit cell），即前者的晶格常數爲後者的兩倍。在 (111) 平面上相反平行之兩組自旋交互存在。由該圖可知 Mn-O-Mn 沿 {100}（包括 [100]、[010] 等）方向之鍵角 $\theta_{AB} = 180°$，由第 3-6-1 節討論之超交換特性，知 $J_{AB} \propto \cos\theta_{AB} = -1$，代表 O^{2-} 兩側兩 Mn^{2+} 之自旋爲反鐵磁耦合（即彼此爲反平行排列）。至於（舉例）若最相鄰兩 Mn^{2+}，其中沿 (1/2)[001] 方向 Mn-O 鍵與沿 (1/2)[100] 方向 O-Mn 鍵之夾角 $\theta_{AB} = 90°$，故 $J_{AB} = 0$，代表該兩 Mn^{2+} 自旋間無交換耦合作用。因此，就磁性晶格而言，亦可如第 3-6 節所述，分成 A 與 B 兩個獨立晶格，其中 $J_{AA} > 0$（次鄰居），$J_{BB} > 0$，$J_{AB} < 0$（最近鄰），不同的是，$J_{AA} = J_{BB} < |J_{AB}|$。同樣利用分子場論，可推得下列結果：

$$\frac{1}{\chi} = \frac{T - \Theta_A}{C} \tag{3-7-1}$$

$$\chi_{\max} = \frac{C}{T_N - \Theta_A} = -\frac{1}{J_{AB}}$$

三維條件下，式（3-7-1）作圖如圖 3-7-1(a) 所示，其中 $\chi_{//}$ 與 $\chi_{\perp}$ 爲外加場平行與垂直自旋軸時之磁化係數，當 $T \to 0$ 時，$\chi_{//} \to \infty$，$\chi_{\perp} \to \chi_{\max}$。表 3-9-2 顯示 MnO 之 T_N = 122 K，漸近居禮溫度（Asymptotic Curie temperature; Θ_A）爲 −610 K，且 $\Theta_A / T_N = (J_{AA} + J_{AB}) / (J_{AA} - J_{AB}) < 0$。

至於具 *bcc* 結構之金屬鉻，其 T_N = 312 K。在 T_N 附近，其電阻率

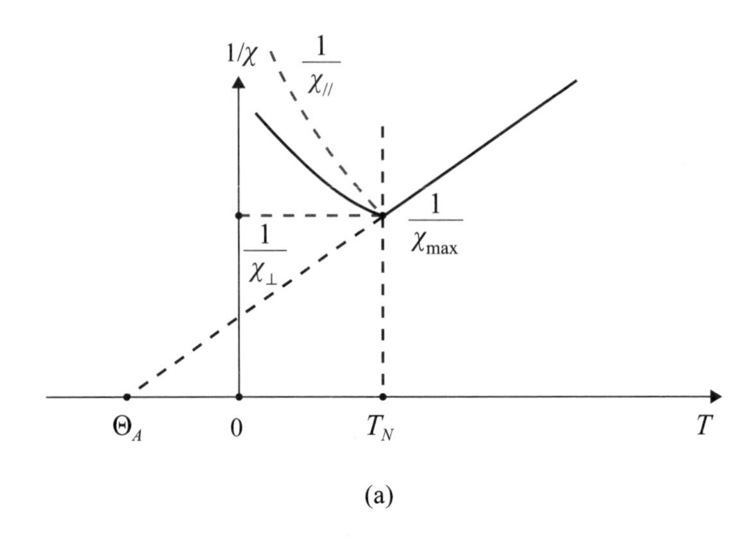

(a)

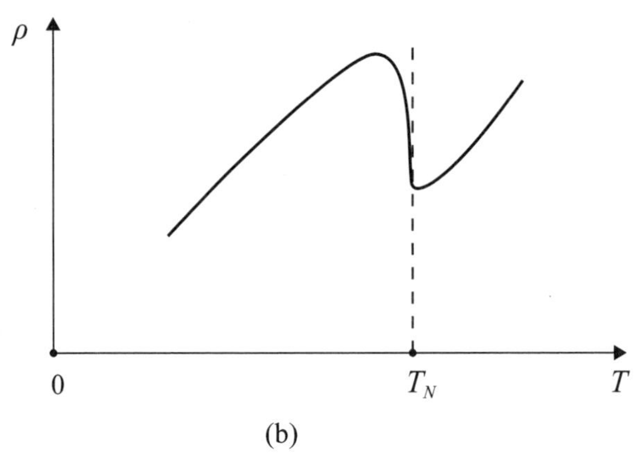

(b)

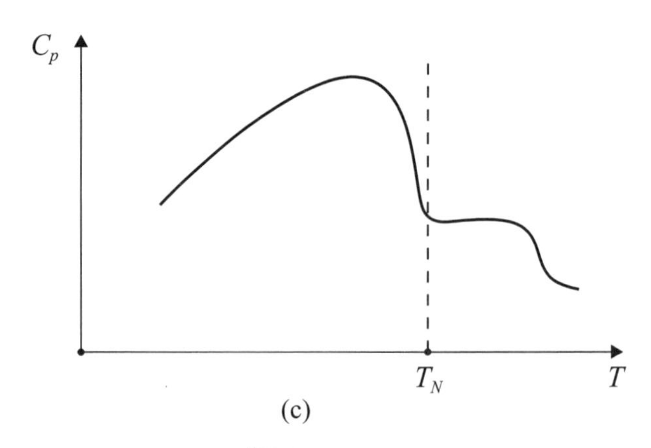

(c)

圖 3-7-1

（Electrical resistivity; ρ）與比熱（Specific heat; C_p）呈現特殊的能隙特徵（Gap-type behavior）如圖 3-7-1(b) 及 (c) 所示。這些特徵與一般物質在相轉變溫度附近 ρ 與 C_p 的表現截然不同。

在應用方面，反鐵磁膜常被鍍於軟磁膜之上（或之下），以便對該軟磁膜層產生一交換偏壓場（Exchange bias field），其作用係釘扎住該軟磁層而產生自旋閥（Spin valve）之效果。

3-8　超順磁性

第 3-4 至 3-7 節所討論之磁性包括：鐵磁性、亞鐵磁性、螺旋磁性及反鐵磁性等，都是以塊材（Bulk form）或不是很薄的膜材（Thin-film form）爲對象樣品。當樣品的尺寸在縮小時，例如構成較薄的磁膜，奈米線（Nano-wire）或奈米顆粒（Nano-particle）時，其原本塊材時的磁性，將會因爲熱擾動而受到嚴重的影響，亦即呈現超順磁現象。實驗上，所謂超順磁的表徵有二：1. 在量測所得磁滯曲線上，殘磁量（B_r 或 M_r）爲零，頑磁力（H_C）亦爲零，即該曲線通過座標原點；2. 在不同溫度（T）所量磁滯曲線以 M 對 H/T 方式繪圖，它們會重疊在一起。明顯地，在磁性表徵方面超順磁與順磁有下列的不同。如圖 3-8-1(a)，對超順磁體而言，它可以在同一溫度下，以較低的外場（H）達飽和（Saturation）；但對順磁體而言，就必須以較高的 H 來完成飽和。另外一個針對超順磁現象的定義爲：當相對時間 $t < 0$，在外加場（H）作用下，該具磁單軸向異性顆粒聚合體之磁化量爲 M_i（如圖 3-8-1(b)），當 $t = 0$ 時，突然將 H 降爲零，則該聚合體之 M_r 開始逐漸由 $M_{ro} = M_i$ 下降至 M_{rt}，其下降的原因係由於熱擾動（k_BT）使該磁粒之磁化量在平行與反平行磁單易軸（Magnetic uniaxial easy-axis; EA）方向來回翻轉，也就是說，滿足條件：$KV \leq k_BT$，其中 K

爲磁粒之單軸易方向能，V 爲單一磁粒之體積，因此，按波茲曼統計，下降速率（dM/dt）應正比於 $\exp[-KV/k_BT]$。以數學式表示爲：

$$-\frac{dM_r}{dt}=f_o M_r e^{-KV/k_BT}=\frac{M_r}{\tau} \tag{3-8-1}$$

其中 $f_o=10^9$ Hz 爲頻率因子（Frequency factor），τ 爲鬆弛時間（Relaxation time）。將式（3-8-1）由 $t=0$ 至 $t=t$ 作積分得：

$$\begin{aligned} M_{rt} &= M_{ro} e^{-(t/\tau)} \\ \tau^{-1} &= f_o e^{-(KV/k_BT)} \end{aligned} \tag{3-8-2}$$

故如圖 3-8-1(b)，$t \geq 0$ 後，M_r 係以指數方式下降（Exponentially decay）。現定義臨界下降曲線爲線②，其滿足條件：當 $t=\tau=100$ 秒時，$M_{rt}/M_o=(1/e)$。若實驗結果是走虛線①，則認定該磁粒呈正常的鐵磁性，若實驗結果走虛線③，則認定該磁粒呈超順磁性。至於爲何選擇 100 秒係因爲實驗設備的量測時間（Time constant）多爲該數量級。於是，由式（3-8-2）可得臨界條件爲：

$$\tau^{-1}=0.01=10^9 e^{-(KV_p/k_BT)} \tag{3-8-3}$$

V_p 爲定義下之顆粒臨界體積。因此，簡化得：

$$V_p=\frac{25k_BT}{K} \tag{3-8-4}$$

此外，$V_p \propto (D_P)^3$，其中 D_P 爲顆粒之粒徑或尺寸。舉例，球形之鈷奈米顆粒，在室溫（T = 300 K）時，其理論 D_P 爲 7.6 nm。其他磁體之 D_P 值則列於表 3-9-3 中。式（3-8-4）係在已知定溫 T 及 K 情況下，推算 V_p 或 D_P。我們亦可在已知體積（V）及 K 情況下，以公式：

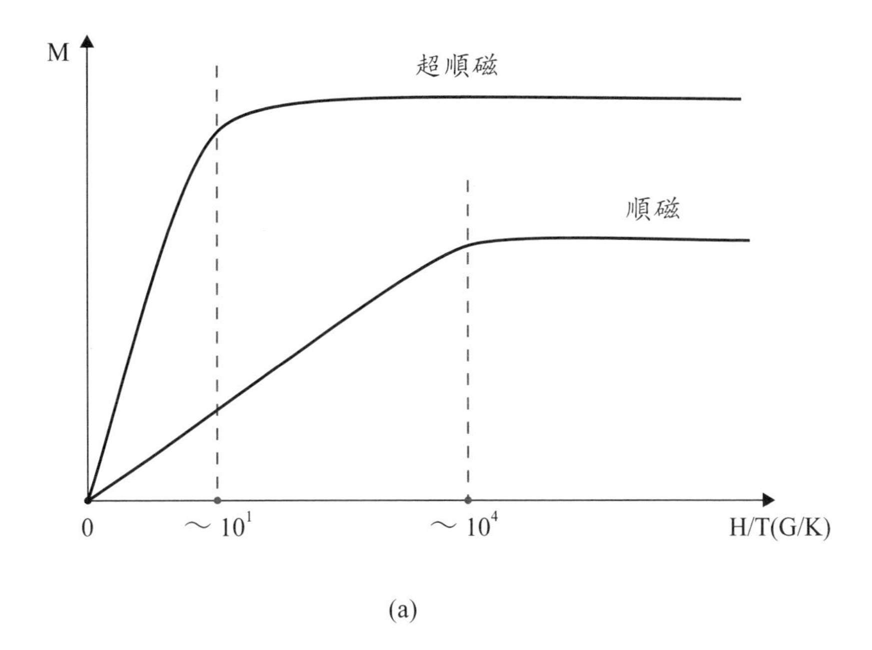

(a)

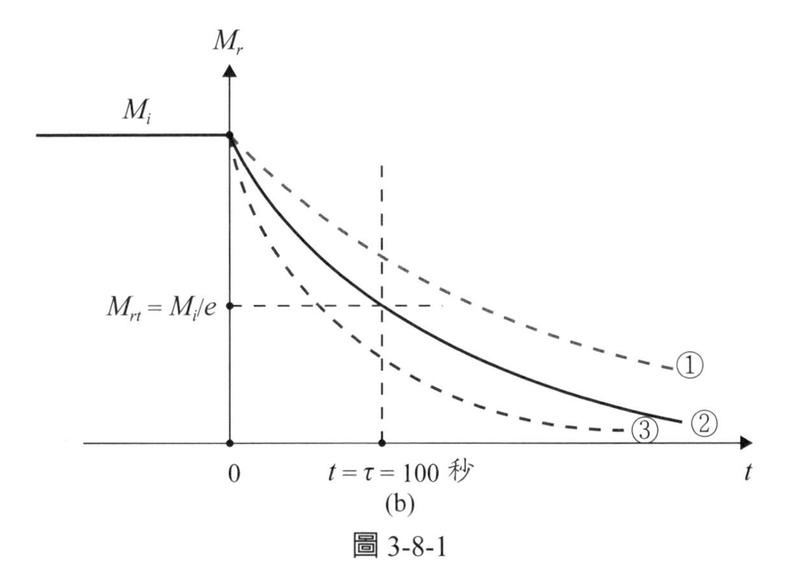

(b)

圖 3-8-1

$$T_B = \frac{KV}{25k_B} \qquad (3\text{-}8\text{-}5)$$

推算該磁奈米顆粒之封阻溫度（Blocking temperature; T_B）。綜上，對前者推算〔式（3-8-4）〕而言，當 $D \leq D_P$ 時，磁粒具超順磁性，$D > D_P$ 具鐵磁等性質。對後者推算〔式（3-8-5）〕而言，當 $T < T_B$ 時，磁粒具鐵磁等性質，$T \geq T_B$ 具超順磁性。

附註中將討論超順磁對磁記錄的影響。

3-9 附註

1. 表 3-9-1 列舉一些常見鐵磁（及／或亞鐵磁）體之居禮溫度（T_C）及在室溫時之飽和磁化量（$4\pi M_S$）。

表 3-9-1

鐵磁（亞鐵磁）體	$4\pi M_S$（室溫）（T）	T_C（℃）
鐵（Fe）	2.15	770
鈷（Co）	1.79	1087
鎳（Ni）	0.62	354
釓（Gd）	0	20
Terfenol-D	1.00	380
Galfenol (19 at %Ga)	1.68	712
$Nd_2Fe_{14}B$	1.30	312
Alnico-5	1.20	850
$SmCo_5$	0.90	720
Sm_2Co_{17}	1.00	810
Barium Ferrite	0.40	450
2705X（非晶）	1.00	530（外插）
2605SA1（非晶）	1.56	395

鐵磁（亞鐵磁）體	$4\pi M_S$（室溫）（T）	T_C（°C）
2826MB（非晶）	0.88	353
VAC 6030（非晶）	0.80	350
VAC 6025（非晶）	0.55	250
78 Permalloy 鎳78高導磁合金（坡莫合金）	1.08	600
Permendur (FeCo)	2.24	980
Fe_3O_4	0.60	577
LSMO ($La_{0.7}Sr_{0.3}MnO_3$)	0.46	350

2. 表 3-9-2 則列舉一些常見反鐵磁體之尼爾溫度（T_N）及漸近居禮溫度（Asymptotic Curie temperature; Θ_A）。

表 3-9-2

反鐵磁體	T_N（K）	Θ_A（K）
鉻（Cr）	312	
$Ir_{20}Mn_{80}$	520	
MnO	122	−610
FeO	198	−570
CoO	293	−280
NiO	523	−3000
α-Fe_2O_3	950	−2000
Cr_2O_3	307	−1070
α-Mn	95～100	
FeS	613	−857
α-MnS	154	−465
Mn-Te	323	−690
BFO ($BiFeO_3$)	653	

3. 現行磁記錄（Magnetic recording）技術爲達極高的容量（Area density）均採垂直磁記錄（Perpendicular recording）方式，即硬碟上磁媒體記錄層之磁化量必須是垂直於盤面。以二進制代碼（Binary code）：「0」位元爲向上之磁化量，則「1」位元爲向下之磁化量（如圖 3-9-1 所示）。每個位元區（Bit zone）如圖 3-9-1 之放大區域，圖中含約 N_B 個晶粒，每顆晶粒保持單軸易方性與單磁區（Single domain）。若以容量爲 1 Tb/in^2 計算，每個位元之平面尺寸約爲 25×25 (nm)^2。加上膜厚約 10 nm，則每位元之體積（V_B）約爲 6.25×10^3 (nm)^3。由於多晶膜中各晶粒的指向非完全一致，導致每顆晶粒在磁翻轉時亦不一致行動，遂產生雜訊（Noise）。理論上該雜訊應反比於 N_B，故 N_B 愈多愈好。算式：$N_B = V_B/D^3$，D 爲晶粒尺寸；即 D 愈小愈好。但由第 3-8 節的討論，得知爲避免超順磁（不穩定）的發生，D 不可以小於 D_P。由式（3-8-4）知在室溫時，D_P = 7.6 nm（鈷），故對鈷媒體，N_B 上限爲 14。明顯地，爲了追求更大的容量（> 1 Tb/in^2），超順磁的問題勢必更糟，爲解決此一瓶頸，由式（3-8-4）不是降溫就是增大 K 值，以便進一步降低 D_P。將溫度降至室

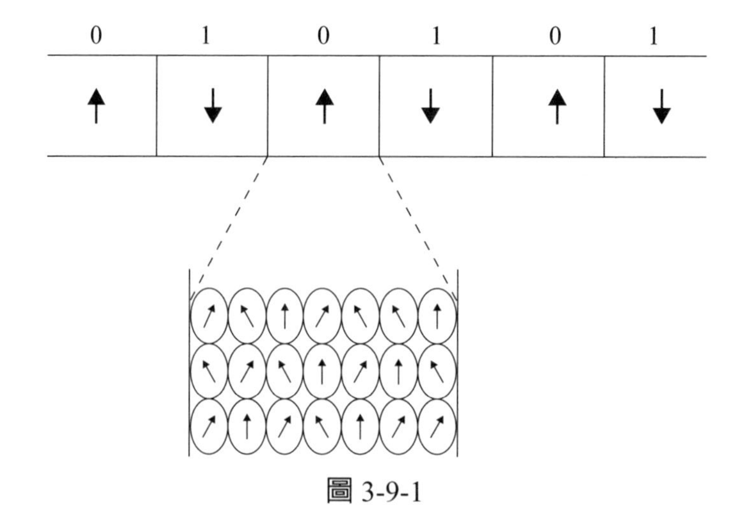

圖 3-9-1

溫下，經濟上是不划算的，故剩下一途爲選用具高 K 值之「硬」磁材。表 3-9-3 中列舉了一些鐵磁體材料之 D_P 值。

既然每顆晶粒爲單磁區，可進一步討論晶粒尺寸對磁翻轉的關係。首先，一般討論對顆粒尺寸（D_p'）與晶粒尺寸（D_p）的區分是模糊的，大致上 $D_p' \geq D_p$。假設每晶粒之磁化量（$\overrightarrow{M_S}$）與 z 方向易軸之夾角爲 θ，當於 $-z$ 方向施加一外場（H），則其翻轉情形可由下列推導知曉。就該系統其總位能（E）應寫爲：

$$E = V[K\sin^2\theta + M_S H\cos\theta] \quad (3\text{-}9\text{-}1)$$

s

表 3-9-3

（顆粒）磁體	D_S（實驗）（nm）	D'_P（nm）	D_P（nm）
鐵（bcc）	15～20（@T = 76 K）	8.5	6.4
鈷（hcp）	38（@T = 76 K） 60（室溫）	10.1	7.6
CoPt ($L1_0$)	610（室溫）	3.6	2.7
Co_3Pt (hcp)	210（室溫）	4.8	3.6
FePd ($L1_0$)	200（室溫）	5.0	3.8
FePt ($L1_0$)	340（室溫）	2.8～3.3	2.3
MnAl	710（室溫）	5.1	3.8
$Fe_{14}Nd_2B$	230（室溫）	3.7	2.8
$SmCo_5$	710～960（室溫）	2.5	1.9

註：D'_P（顆粒尺寸）：$D'_P \simeq (60k_BT/K)^{1/3} \simeq 1.3D_P$；$D_P$ 爲超順磁臨界尺寸
D_P（晶粒尺寸）：$D_P = (25k_BT/K)^{1/3}$
D_S（實驗）> D_S（理論）：D_S 爲單磁區臨界尺寸

該方程式有兩零力矩（$\tau = -\partial E/\partial\theta = 0$）解：(1) 當 $\cos\theta = HM_S/(2K)$ 時，$E = E_{max}$，與當 $\sin\theta = 0$ 時，$E = E_{min}$。如文獻 [1] 圖 9.37 在 $H = 0$ 情形下，M_S（↑，即 $\theta = 0°$）翻轉至 M_S（↓，即 $\theta = 180°$），必須先克服能障（Energy barrier，$\Delta E = E_{max} - E_{min}$）。已知當 $V = V_p$ 時，翻轉場（或頑磁力）$H_C = 0$（超順磁的定義），且 $\Delta E = KV_p$；當於最大單磁區磁體（$V \leq V_S = (D_S)^3$）時，$H_C = 2K/M_S$ 且 $\Delta E = 0$；當 $V_p \leq V \leq V_S$（即 $D_P \leq D \leq D_S$）時，$\Delta E = KV[1 - (H_C M_S)/(2K)]^2 = 25k_B T = KV_p$，因此

$$H_C = H_C^o\left[1 - \left(\frac{V_P}{V}\right)^{1/2}\right] = H_C^o\left[1 - \left(\frac{D_P}{D}\right)^{3/2}\right] \quad (3\text{-}9\text{-}2)$$

其中 $H_C^o = 2K/M_S$。

表 3-9-3 中之 D_S（實驗）與 D_S（理論）值略有不同，因爲 D_S（理論）值係由下列公式（基於單一的一個顆粒）作計算，而實驗上，係就一簇聚（Cluster）顆粒作量測，於是顆粒與顆粒間的作用力（包括交換或偶極作用）會降低彼此間之磁靜能，因此，D_S（實驗）可能大於亦可能小於 D_S（理論）。理由見圖（3-9-2）

計算最大單磁區粒徑之公式如下[17]：

$$D_S\text{（理論）} = \frac{9\sigma_w}{2(4\pi M_S)^2} \quad \text{（強磁異方性，CGS）}$$
$$D_S\text{（理論）} = \left\{\frac{9A}{(4\pi M_S)^2}\left[\ln\left(\frac{2D_S}{a_0}\right) - 1\right]\right\}^{1/2} \quad \text{（弱磁異方性，CGS）} \quad (3\text{-}9\text{-}3)$$

其中 $\sigma_w \propto \sqrt{AK}$ 爲磁壁能，a_0 爲晶格常數。對鐵而言 D_S（理論）應以弱磁異方性條件之公式計算，得 D_S^{Fe}（理論）= 25 nm。另外，式（3-9-3）中 D_S（理論）係以 0 K 之數據爲準。故當溫度（T）升高時，計算出之 D_S（理論）應變小。

總結前述討論，H_C 與 D 之關係圖大致如圖 3-9-2 所示。曲線②與②′兩部分：(1)$H_C \propto D^6$ 代表顆粒間交換作用力的效果（詳見下一章）；(2) $H_C \sim 1/D$ 代表顆粒之表面層效應。在 D_S（理論）與 D_S（實驗）之間，線①與線②′交叉，說明 D_S（實驗）可以大於亦可以小於 D_S（理論）。

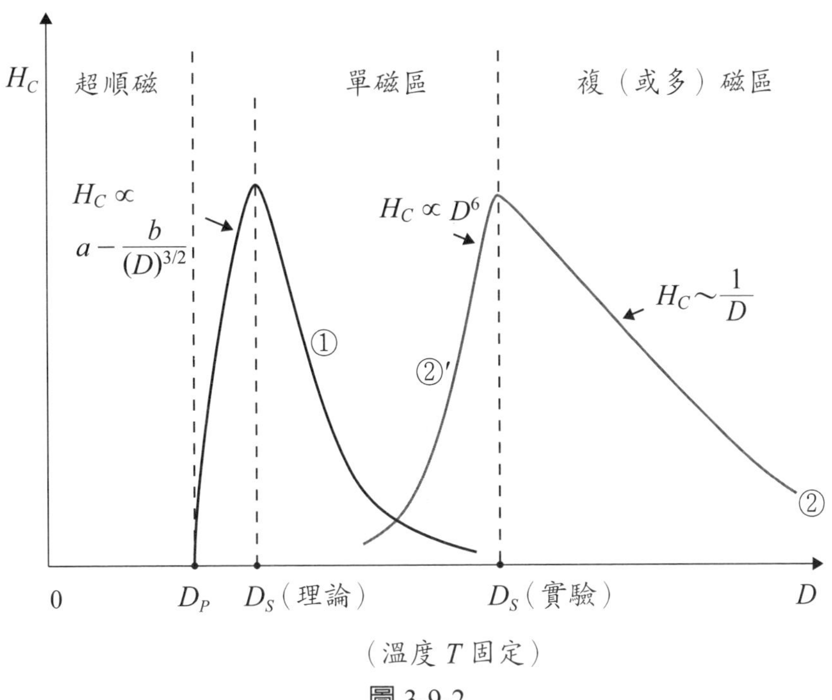
H_C
超順磁
單磁區
複（或多）磁區
$H_C \propto a - \frac{b}{(D)^{3/2}}$
$H_C \propto D^6$
$H_C \sim \frac{1}{D}$
①
②′
②
0
D_P
D_S（理論）
D_S（實驗）
D
（溫度 T 固定）

圖 3-9-2

第四章　磁異方性

4-1　磁異方性之起源

當沒有外加場於鐵磁（或亞鐵磁等）磁體上時，其磁化量會平行於某些軸（Axis）稱為易軸（Easy axis）。相對的，亦有所謂難軸（Hard axis）。當外加場不為零，且不平行於易軸，磁化量開始轉動，其下降的柴曼能會被因偏離易軸而增加的磁異方性能（Magnetic anisotropy）抵銷。

一般而言，常見的磁異方性有下列三類：1. 磁晶異方性（Magneto crystalline anisotropy）；2. 磁彈異方性（Magneto-elastic anisotropy）；3. 感應磁異方性（Induced anisotropy）。在此，僅討論第一類。

磁晶異方性的起源，依文獻 [17] 有兩種：1. 源於磁體內之自旋一軌道作用（ξ_{SO}）；2. 源於磁體晶格之晶體場（Crystal field; D）。前者代表自旋（$\vec{S}$）係耦合於軌道（$\vec{L}$），後者代表軌道（$\vec{L}$）受晶格之影響。故當我們將具有晶體對稱性的相鄰兩原子之磁能（E_w）以勒讓德多項式（Legendre polynomials）展開：

$$E_w = E_{ex} + \ell_A(r)\left(\cos^2\phi - \frac{1}{3}\right) + q_A(r)\left(\cos^4\phi - \left(\frac{6}{7}\right)\cos^2\phi + \frac{3}{35}\right) + \cdots \quad (4\text{-}1\text{-}1)$$

其中 r 為兩原子之間距，ϕ 為磁矩（或磁化量）與兩原子間鍵之夾角，E_{ex} 為等方性（Isotropic）之交換作用。假若 E_A 是源於第 1-2 節所述之磁偶極作用（Dipolar interaction），則明顯地，在將 $\theta_1 = \theta_2 = \phi$，$\mu_1 = \mu_2 = \mu$ 代入式（4-1-1）後，得 $\ell_A(r) = -[3\mu^2/r^3]$。該結果看似合理，但由單軸磁易方性或磁致伸縮（Magnetostriction）數據顯示，該 ℓ_A 的大小數量級小了 10^2 至 10^3 倍。因此，一般認為磁異方性仍是源於前面所提兩個起源機制的綜合作用（Combined effects），即：

$$\ell_A \propto a\,\xi_{SO}(\vec{S}\cdot\vec{L}) + b\left[\frac{f_L(r)}{r^{(L+1)}}\right] \tag{4-1-2}$$

$f_L(r)$ 代表軌道 $\vec{L}$ 如何受晶格場對稱性的影響。簡言之，當自旋（或磁化量）旋轉時，因機制 (1) 自旋一軌道作用，而牽引軌道隨之旋轉。而軌道的旋轉又回頭導致相鄰兩原子間波函數重疊情形的改變，表示庫倫（或交換）作用亦因此改變，即機制 (2) 中晶格場對軌道之作用，綜合起來完成式（4-1-2）。一般而言，4f 稀土磁體其波函數 $\vec{L}$ 不被壓制（且不受鄰居影響），式（4-1-2）中 $b \simeq 0$，即機制 (1) 較爲主要。3d 過渡磁體其波函數 $\vec{L}$ 易被壓制（且易受鄰居影響），式（4-1-2）中 $a \simeq 0$，即機制 (2) 較爲主要 [19]。唯最後仍需強調一切應以式（4-1-2）爲依歸，a 或 b 近於零，並不代表它們完全等於零。

4-2　磁異方性

4-2-1　單軸磁異方性

在（鐵）磁體中會出現一類單軸磁異方性（Uniaxial magnetic anisotropy）現象，即具備僅單一的易軸。舉例：包括 1.*hcp* 鈷之 C 晶軸（c-axis）；2. 反磁致伸縮（正值）之單張應力軸（Uniaxial tension axis）；3. *fct* FePd 形變之 C 晶軸；4. 由有序配對（Pair-ordering）產生之感應對稱軸。茲以 1. 例爲代表，從現象學（Phenomenologically）或對稱性展開：

$$\begin{aligned} E_A &= K_u \sin^2\delta + K'_u \sin^4\delta + \cdots \\ &\simeq K_u \sin^2\delta \end{aligned} \tag{4-2-1}$$

其中 δ 爲磁化量與易軸之夾角（注意，單軸有兩方向，因 $\sin^2\delta$ 故不論正向或反向結果皆相同）。在室溫，鈷的 K_u 值為 4.1×10^5 J/m^3。

4-2-2　立方晶體之磁異方性

立方晶體結構包括：1. 簡單立方（Simple cubic; *sc*）；2. 體心立方（Body Centered cubic; *bcc*）；3. 面心立方（Face centered cubic; *fcc*）。由立方對稱性可得：

$$E_A = K_1(\alpha_1^2\alpha_2^2 + \alpha_2^2\alpha_3^2 + \alpha_1^2\alpha_2^2) + K_2(\alpha_1\alpha_2\alpha_3)^2 + \cdots \qquad (4\text{-}2\text{-}2)$$

其中 $\alpha_1\alpha_2\alpha_3$ 為磁化量與立方體三個晶軸方向（[100]、[010] 及 [001]）之方向餘弦（Direction cosines）。在室溫，鐵的參數為 K_1 = 4.8×10^4 J/m^3，鎳的參數為 $K_1 = -4.5\times10^3$ J/m^3。因 *bcc* 鐵的 $K_1 > 0$，其易軸為包括 [100] 等 6 個方向，*fcc* 鎳的 $K_1 < 0$，其易軸為包括 [111] 等 8 個方向。

4-3　力矩磁力計

由於（鐵）磁體磁異方性乃角度之函數，例如式（4-2-1）中之 δ 或式（4-2-2）中之 $\alpha_1\alpha_2\alpha_3$。因此當磁體在與單軸不同方向的強磁場作用下，其所受力矩（τ）：

$$\tau = -\frac{dE_A}{d\delta} \qquad (4\text{-}3\text{-}1)$$

而力矩磁力計（Torque magnetometer）即基於該式而建立。有關力矩磁力計裝置可見於文獻 [1] 之圖 7.12。該裝置為一歸零檢測器（Null detector）。以磁單軸易方性磁體而言，$\tau = -K_u\sin(2\delta)$。因此，其 τ 對 δ 圖應如圖 4-3-1 所示之線①（周期為 π，平行易軸時 $\tau = 0$，平行難軸時 τ 亦為零，$\delta = \pi/4$ 時 $\tau = -K_u$）。必須注意一點圖 4-3-1(a) 之線①「幾乎」為理想圖，也就是說必須在先決條件，強磁場下方可達成。所謂強磁場即指其強度（$H = H_S$）需大於異方磁場（Anisotropy field; $H_K = (2K_u)/M_S$）。然而，通常對一未知之（鐵）磁體，事先並不知曉 H_S 究竟會有多大，因此，必須不斷邊試邊改變 H，再試才能確定得正確結果（或圖形）。經驗上，當 $H < H_A$ 時，τ 對 δ 圖會被扭曲的情形如圖 4-3-1(a) 之線②至④。在無法滿足 $H > H_A$ 條件時，有一變通辦法；以每一②、③等線之極值的絕對值爲 $\overline{K_u}$ 經驗公式表示：$\overline{K_u} = K_u[1 - (m_A/H)]$，因此，只要將 $\overline{K_u}$ 對 $(1/H)$ 作圖並外延，如圖 4-3-1(b) 所示，即可求出該磁單軸磁體之 K_u 值。在此，需注意的是以上討論乃以磁單軸第一項（K_u）爲本，若針對立方體磁晶異方性及 / 或磁單軸第二項（K'_u）不可忽略時，τ 對轉角之圖係複雜而難解的。故在使用力矩磁力計時需非常小心確定其爲正確結果。

此外，對磁單軸（鐵）磁體而言，亦可利用振動式磁力計（Vibration magneto-meter; VSM）測其難軸之磁滯曲線（Hard-axis magnetic hysteresis loop）方式了解該磁單軸異方性。由簡易推導得該理想難軸磁滯曲線應如圖 4-3-1(c)。曲線下之斜線面積即 $K_u = (1/2)M_S H_K$。

4-4 溫度與磁異方性之關係

將先以磁單軸之 *hcp* 鈷爲例。前述已知在室溫時鈷之 $K_u > 0$，故其垂直於基面（Basal plane）之 C 軸即爲易軸。當溫度（T）爲 473 K ≃ $T_C/3 < T <$ 599 K 時，$K_u < 0$，$K'_u > 0$ 且 $K'_u > |K_u|$，此時 K_u 與 K'_u 競爭，故易軸逐漸偏離 C 軸而倒向基面。當 $T >$ 599 K 時，$K_u < 0$，$K'_u > 0$ 但 $K'_u << |K_u|$，故易軸完成轉動，完全躺在基面內。在低溫（即 $0 < T/T_C < 0.5$），$K_u(T)$ 滿足下列關係：

$$\frac{K_u(T)}{K_u(0)} = \left[\frac{M_S(T)}{M_S(0)}\right]^3 \left[1 - 3\left(\frac{T}{T_C}\right)\right] \qquad (4\text{-}4\text{-}1)$$

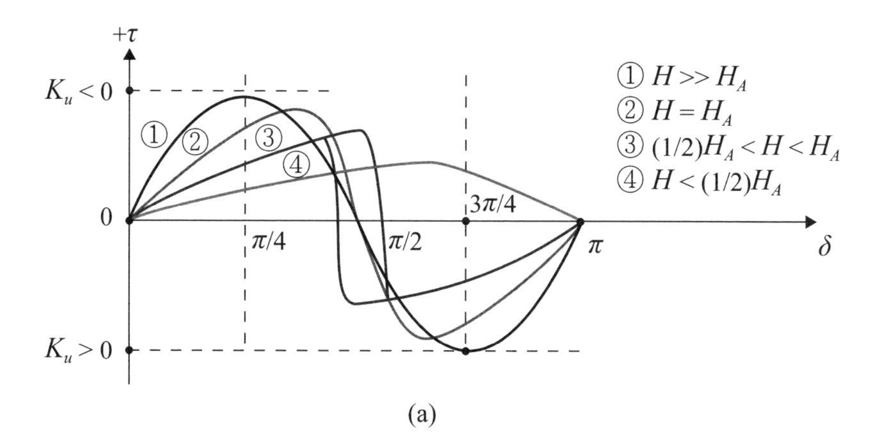

+τ
$K_u < 0$
$K_u > 0$
0
① $H >> H_A$
② $H = H_A$
③ $(1/2)H_A < H < H_A$
④ $H < (1/2)H_A$
π/4
π/2
3π/4
π
δ

(a)

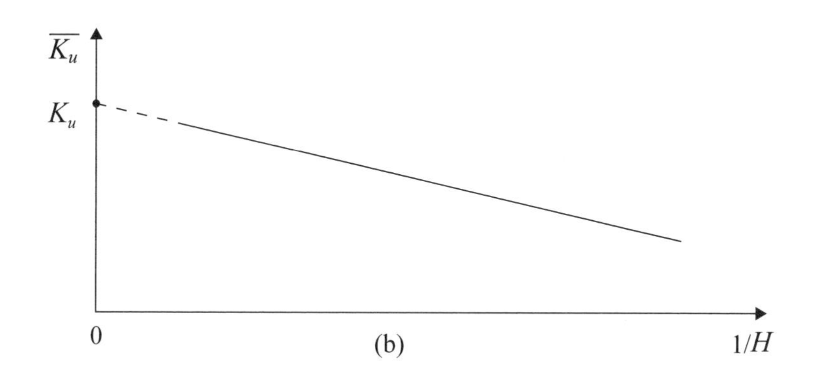

$\overline{K_u}$
K_u
0
1/H

(b)

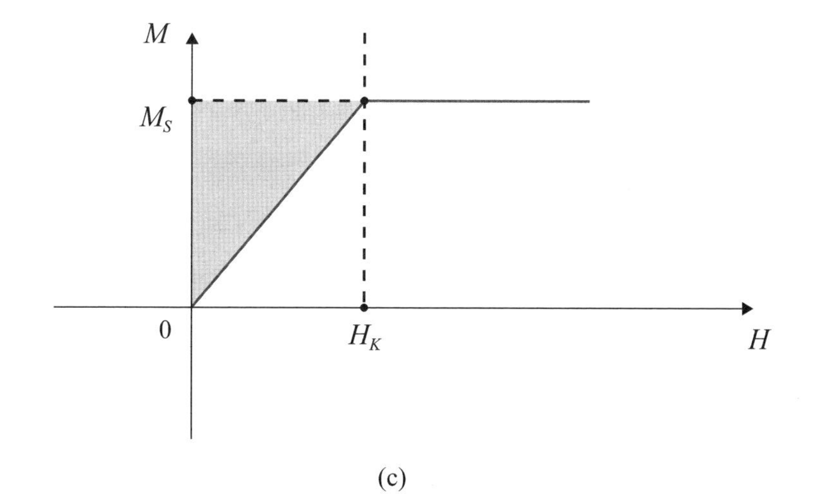

M
M_S
0
H_K
H

(c)

圖 4-3-1

$K_u(0)$ 與 $M_S(0)$ 分別爲在零度 K 時之磁異向能及飽和和磁化量。式（4-4-1）代表 K_u 隨溫度 T 上升而下降的速度遠快於 M_S。

文獻 [18] 另外推導了立方體磁異方性磁體，例如鐵之 K_1 與溫度之關係。茲將其結論陳列於下，在 $0 < T/T_C \le 1$ 範圍：

$$\frac{K_1(T)}{K_1(0)} = \left[\frac{M_S(T)}{M_S(0)}\right]^{10} \quad (4\text{-}4\text{-}2)$$

表示 $K_1(T)$ 下降的速度更快。而對鎳而言，在 $0 < T/T_C \le 1$ 範圍：

$$\frac{K_1(T)}{K_1(0)} = \left[\frac{M_S(T)}{M_S(0)}\right]^{10}\left[1 - 1.74\left(\frac{T}{T_C}\right)\right] \quad (4\text{-}4\text{-}3)$$

4-5 磁異方性與晶粒大小之關係

第 4-2 至 4-5 節所探討之磁異方性皆以具大尺寸晶粒（Crystal grains; D）之（鐵）磁體爲主。例如一般多（或複）晶塊材磁體，其 D 值多在 0.5 至 500 微米（Micron）之間。故只考慮晶界（Grain boundary）影響，顯示 $K \propto (1/D)$。但當（鐵）磁體爲磁膜及／或奈米顆粒時，其 D 值範圍約在 10 至 100 奈米（Nano-meter），則每個晶粒隨機的指向（Randomly oriented）和晶粒與晶粒間的交換作用，將重新決定 K 與 D 之關係。首先，假設 K_{eff} 是由 D_{eff} 區域中 N 個隨機向晶粒所導致之平均磁異方性。每個晶粒尺寸爲 D，磁異方能爲 K_1。於是按隨機統計，$K_{eff} = K_1/\sqrt{N}$，而 D_{eff} 區域係以下列方式決定：由於晶粒間的交換作用（Exchange interaction）使得原本在每晶粒中隨 K_1 指向之磁化量由隨機指向轉趨大致一致的指向，其涵蓋區域尺寸爲 D_{eff}，即在該區域中含 $N = (D_{eff}/D)^3$ 個晶粒，且 K_1 在經過 N 次平均後降爲（D_{eff} 區內之平均異方能）K_{eff}。故：

$$K_{eff}=\frac{K_1}{\sqrt{N}}=K_1\left[\frac{D}{D_{eff}}\right]^{3/2} \qquad (4\text{-}5\text{-}1)$$

而作爲（鐵）磁體本徵之交換長度（Exchange length; ℓ_{ex}）定義爲：

$$\ell_{ex}^{o}\equiv\sqrt{\frac{A}{K_1}} \qquad (4\text{-}5\text{-}2)$$

代表（鐵）磁體內交換剛性（Exchange stiffness; A）爲分子與作爲分母 K_1 的競爭後所覆蓋的區域前已述，當 D 大時，K_1 主導，故 $\ell_{ex}^{o}=\delta_w/\pi$，其 δ_w 爲布洛赫磁壁寬（Bloch wall thickness）；當 D 小時，A 主導，故式（4-5-2）中之 K_1 被 K_{eff} 取代，因此：

$$\ell_{ex}^{eff}=\sqrt{\frac{A}{K_{eff}}}\equiv D_{eff} \qquad (4\text{-}5\text{-}3)$$

由式（4-5-1）、（4-5-2）及（4-5-3）：[19]

$$K_{eff}=K_1^4\left[\frac{D^6}{A^3}\right]=K_1\left[\frac{D}{\ell_{ex}^{o}}\right]^6 \qquad (4\text{-}5\text{-}4)$$

綜上，結論是當 $10 < D < 100$ nm（即 D 小時），K 隨 D^6 改變，當 $0.5 < D < 500\ \mu$m（即 D 大時），K 隨 $1/D$ 改變（$\ell_{ex}^{eff}=D_{eff}>\ell_{ex}^{o}$）。前者爲在 $Co_{78}Fe_{11}B_{11}$ 膜中其 $D \approxeq 22.4$ nm，$\ell_{ex}^{o}\simeq 35$ nm，滿足式（4-5-3）及（4-5-4）。進一步，$H_C \propto H_K = 2K/M_S$（磁單軸）因此 H_C 與 D 之關係如圖 3-9-2 ②′曲線（$H_C \propto D^6$）。至於後者則是 H_C 與 D 之關係圖，正如圖 3-9-2 中曲線②（$H_C \propto (1/D)$）。

4-6　附註

1. 第 4-1 節討論中提及對 $4f$ 稀土磁體而言，其磁異方性起源爲機制 (1)，即以自旋一軌道作用爲主。文獻 [20] 記載了，以總角動量 J 爲好量子

數的根函數 ψ_J，則晶格場（H_{cry}）被視爲擾動，經計算得

$$D_{cry} = \langle \psi_J^* | H_{cry} | \psi_J \rangle \propto \alpha_J \langle r^\ell \rangle L_\ell(\cos\phi) \qquad (4\text{-}6\text{-}1)$$

其中 α_J 爲史地文斯因子（Stevens factor），r 爲波函數軌道半徑，L_ℓ 爲勒讓德多項式。另外，文獻 [20] 亦證明當 $4f$ 波函數呈長橢球（Prolate spheriod）或長柱狀，$\alpha_J > 0$；當 $4f$ 波函數呈扁橢球體（Oblate spheriod）或扁圓狀，$\alpha_J < 0$；當 $4f$ 波函數呈圓球狀（Spherical），$\alpha_J = 0$。$4f^0$(La)、$4f^7$(Gd) 及 $4f^{14}$(Lu) 時波函數爲圓球狀，故 $\alpha_J = 0$，在 $4f^3$（Nd）與 $4f^4$(Pm) 之間 α_J 由負至正（變號）。在 $4f^5$(Sm) 與 $4f^8$(Tb) 之間，α_J 由正至負，在 $4f^{11}$(Er) 與 $4f^{12}$（Tm）之間再由負轉至正，最後 α_J 回到零。

2. 第 4-1 節提及之感應磁異方性，係有關實驗上的下列三種手段而產生之磁異方現象。(1) 將鐵磁體加溫至居禮點附近（或以下），同時，施加一外在磁場（h）並於爐冷時續施加場，該手段又稱爲場熱處理（Field annealing）；(2) 在鍍鐵膜時，施加一外在磁場（h）；(3) 將鐵磁體加溫，並進行熱軋（Hot rolling）。(1) 與 (2) 之手段與原理類同，在高溫熱處理環境下，鐵磁體內之鐵磁原子會作熱擴散（Diffusion）運動，由於有外加場的導向，使得如二元鐵鎳合金中之 Fe-Fe、Ni-Ni 與 Fe-Ni 配對（Pairs）呈不平衡（Unbalanced）的分布，最後，該鐵磁體的易軸會平行於 h 之方向。因此，感應生成磁異方性（K_{iA}）。需注意三點：① K_{iA} 之大小與 h 強度無關；②必須採二元（或多元）鐵磁合金，該機制方爲有效，若爲單元鐵磁體，$K_{iA} = 0$；③若爲二元鐵磁體（如鐵鎳），K_{iA} 在 $Fe_{50}Ni_{50}$ 時最大。我們稱上述機制爲方向性配對有序效應（Directionally pair-ordering effect）。(1) 與 (3) 之手段雖不盡相同，但原理類同。

最後，實驗上另發現一相關之有趣現象：當把鐵磁體加熱後，不論外加在磁場（h）與否，冷卻後該鐵磁體之頑磁力（Coercivity; H_C）將有如

下述改變：(1) 在有 h 時，鐵磁體之磁區變大且整齊地平行於 h 排列，故在易軸方向（$H_E // h$）之 H_C 可能變小；(2) 在無 h 時，鐵磁體之磁區仍紊亂，且因局部（或每一磁區內）之 H_d 扮演著「局部」h 之作用，再加上各 H_d 並不同向，導致 ΔK_{iA} 加大（ΔK_{iA} 爲 K_{iA} 隨各局部區域改變而產生之變化），因此，H_C 會變大。

第五章　鐵（或亞鐵）磁體之磁化與退磁

5-1　去磁效應

去磁效應（Demagnetizing effect）乃所有鐵（或亞鐵）磁體必有之磁性現象。簡言之，當一鐵磁體從消磁狀態（即「外觀」磁化量，Apparent magnetization; $M = 0$）開始。經外加磁場（External magnetic field; H_E）使 M 朝 H 方向增加，由於此時 $M \neq 0$，遂於鐵磁體對應邊界兩側分別產生 N 與 S 磁極〔如圖 5-1-1(a)〕。從第 1-1 節（或圖 1-1-1），於鐵磁體內部會產生一對抗磁化之去磁場〔Demagnetizing field; H_d，如圖 5-1-1(a)〕，即 H_d 與 M（或 H_E）方向相反，且 H_d 之大小係由磁體之形狀決定，與磁體之尺寸大小無關。現如果該磁體之形狀為一橢圓球體〔Ellipsoid，如圖 5-1-1(b)〕，則可利用數學上的邊界條件（Boundary-value problem）來解該自身反饋問題，最後，得一簡單結果：

$$H_d = N_d M \text{（CGS）} \tag{5-1-1}$$

此外，N_d 稱為去磁因子（Demagnetizing factor），原本應是一張量（Tensor），但在此簡化作為純量處理（H_d 與 M 均視為純量）。需再強調，唯有在對稱中心（Symmetrical center）即橢圓球體之原點，N_d 方有數學式可表達之正解，否則於其他位置 N_d 只能有數值解（Numerical solution）。因此，按橢圓球體之對稱，N_d 張量矩陣沿 a、b、c 三軸之對角線量（Diagonal elements）分別為 N_{da}、N_{db} 及 N_{dc}，它們是十分複雜的 b/a 及 c/a 函數 [21]。唯一較簡單的另一結果是：

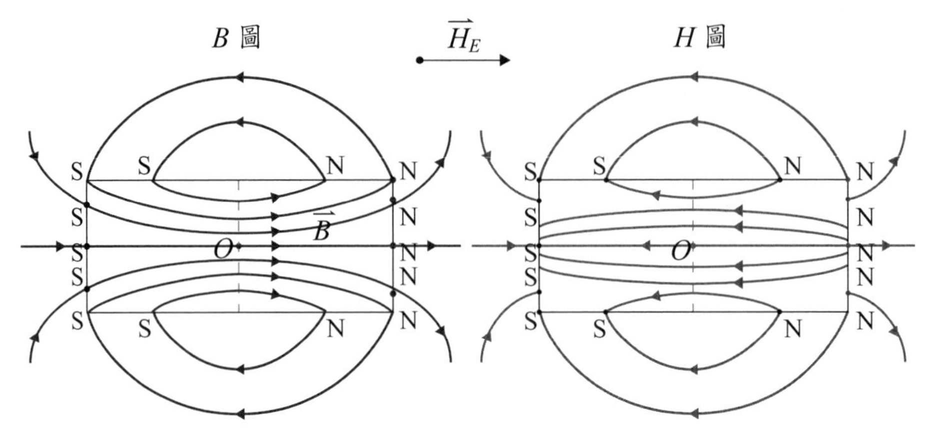

在外部：$\overrightarrow{B}=\overrightarrow{H}$

在內部原點 O 處：$\overrightarrow{H}=\overrightarrow{H_d}$；$\overrightarrow{H_d}//-\overrightarrow{B}$ 及 $\overrightarrow{B}\approx\overrightarrow{M}$；$\overrightarrow{H_i}//\overrightarrow{B}$

(a)

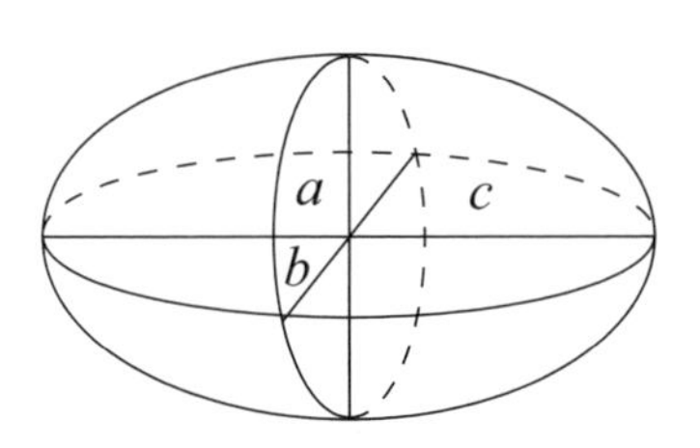

一般橢圓球體（$a\neq b\neq c$）

(b)

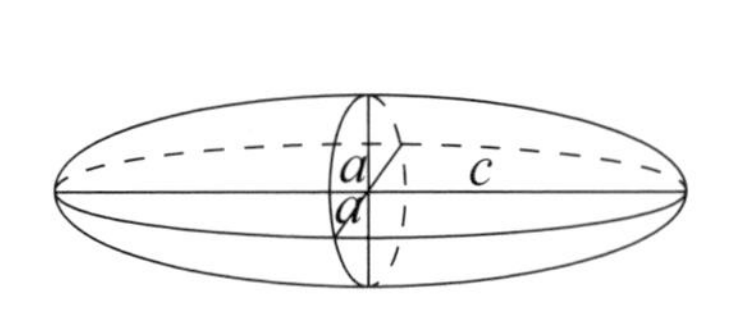

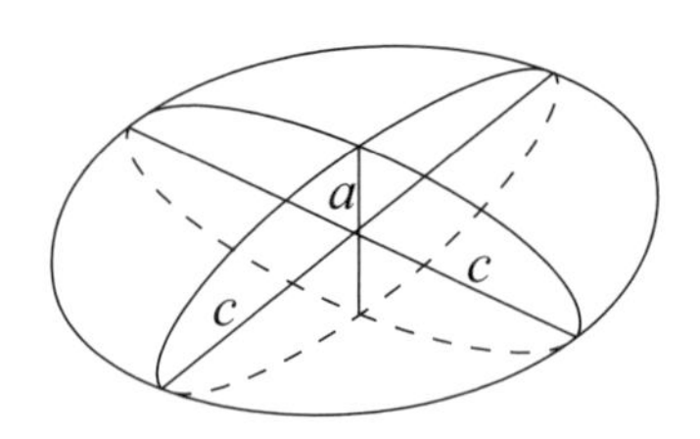

長橢球體（$c>>a=b$）　　扁橢球體（$c=b>>a$）

(c)

圖 5-1-1

$$N_{da} + N_{db} + N_{dc} = 4\pi \qquad (5\text{-}1\text{-}2)$$

而在鐵磁體內眞正推動磁化（Magnetizing）之有效內場（Internal magnetic field; H_i）可表示為：

$$H_i = H_E - H_d \qquad (5\text{-}1\text{-}3)$$

故必須 $H_E > H_d$（或 $H_i > 0$）才有可能朝其（外在）方向磁化。如圖 5-1-1(a) 所示，磁感量（Magnetic induction; B）因 $B = H + 4\pi M$，故 B 線爲封閉連續曲線，H 線爲不連續曲線，在鐵磁體外部，$B = H$（B 與 H 同向），在鐵磁體內部 $H = H_d$，$B = \mu H_i$（B 與 H_d 反向，但與 H_i 同向），μ 爲磁導係數。自然以上式（5-1-1）至（5-1-3）之討論，仍基於一簡化之先決條件，即鐵磁體內之磁化量 M 乃均勻（Uniform）地分布。如考慮非均勻（Non-uniform）的磁區（Magnetic domain）因素，則問題就更複雜。

另外，由於實驗上我們很難弄出一個橢圓球體樣品，但又必須知道 N_{da}、N_{db}、N_{dc} 各因子，因此，我們可以將鐵磁樣品形成下述四種形態：1. 圓球體，2. 長橢球體，3. 扁橢球體及 4. 長方體薄板。

1. 圓球體：按其三軸（或三維）對稱性，確定 $N_{da} = N_{db} = N_{dc}$，故由式（5-1-2）得 $N_{da} = N_{db} = N_{dc} = 4\pi/3$。（CGS）

2. 長橢球體：如圖 5-1-1(c) 所示，該體特徵爲 $c >> a = b$，其三個軸方向之去磁因子分別表示爲：

$$N_{dc} = \frac{4\pi}{k^2 - 1}\left\{\frac{k}{(k^2-1)^{1/2}}\ln\left[k + (k^2-1)^{1/2}\right] - 1\right\} \qquad (5\text{-}1\text{-}4)$$

$$N_{da} = N_{db} = 2\pi\left[1 - \left(\frac{N_{dc}}{4\pi}\right)\right] \qquad \text{(CGS)}$$

$k = (c/a)$。當 $k >> 1$ 時〔即近似呈圓柱體（Rod）〕，$N_{dc} \simeq (4\pi/k^2)[\ln(2k) - 1]$。

3. 扁橢球體：如圖 5-1-1(c) 所示，該體特徵為 $c = b >> a$，其三個軸方向之去磁因子分別表示為：

$$N_{db} = N_{dc} = 2\pi\left\{\frac{k^2}{(k^2-1)^{3/2}}\sin^{-1}\left[\frac{(k^2-1)^{1/2}}{k}\right] - \frac{1}{k_2-1}\right\} \tag{5-1-5}$$

$$N_{da} = 4\pi\left[1-\left(\frac{N_{dc}}{2\pi}\right)\right] \quad \text{(CGS)}$$

$k = (c/a)$。當 $k >> 1$ 時〔即近似呈圓盤體（Disc）〕，$N_{da} \simeq 4\pi[1-(\pi/2k) + (2/k^2)]$。

4. 長方體薄板：該體呈長方體狀，可以薄膜（Thin film）或薄帶（Ribbon）作為代表，其特徵為長（L）≳ 寬（w）>> 厚（t）。則相關之去磁因子可表示為：

$$N_{dL} = \pi^2\left(\frac{t}{L}\right)\left[1-\frac{L-w}{4L}-\frac{3}{16}\left(\frac{L-w}{L}\right)^2\right]$$

$$N_{dw} = \pi^2\left(\frac{t}{L}\right)\left[1+\frac{5(L-w)}{4L}+\frac{21}{16}\left(\frac{L-w}{L}\right)^2\right] \tag{5-1-6}$$

$$N_{dt} = 4\pi\left[1-\left(\frac{\pi}{2}\right)\left(\frac{t}{L}\right)\right] \simeq 4\pi$$

以上有關各去磁因子的討論概以外加場 H_E 係沿著鐵磁體各軸對稱方向者。若 H_E 偏離軸方向，我們可以下列簡例作為示範，如圖 5-1-2 所示，H_E 與橢圓體長軸（a）之夾角為 θ，且 H_E 在長軸與短軸（b）形成之平面內。則各磁性分量可表示為：$M_{sx} = M_s\cos\theta$，$M_{sy} = M_s\sin\theta$，$H_{dx} = N_x M_{sx}$ 及 $H_{dy} = N_y M_{sy}$。因此，由定義：$H_d = [(H_{dx})^2 + (H_{dy})^2]^{1/2} \equiv N_d M_s$，可得：

$$N_d = \sqrt{(N_x\cos\theta)^2 + (N_y\sin\theta)^2}$$

$$\tan\phi = \frac{H_{dy}}{H_{dx}} = \left(\frac{N_y}{N_x}\right)\tan\theta \tag{5-1-7}$$

明顯地，由於 $N_y \neq N_x$，ϕ 將不等於 θ，表示在圓心，H_d 的方向不是（或偏離）外加場 H_E 之反方向。更明確地以圖 5-1-2 爲例，$N_y > N_x$，故 $\phi > \theta$。

其次，簡述一種量測鐵磁體內場（H_i）的方法，這是一項相當困難的工作。如圖 5-1-3 所示，有一平直面之鐵磁體（Specimen），其長度遠大於感應元件（Flat coil 或 Hall probe）之尺寸，現將感應元件貼近地置於鐵磁體之正中央〔即將 Flat coil（如圖示）水平置放或將 Hall probe 之感應元件面（如圖示）垂直置放〕。由於在鐵磁體正中央，基本上無任何磁極存在的可能，故 $\nabla \times \vec{H} = 0$，因此鐵磁體表面下之 H_i 等於鐵磁體表面上之可量測 H。於是，由 $H_d = H_E - H_i$ 即可得鐵磁體內之去磁場強度。唯，此處仍需注意一條件，即上述的討論需限於 $H_E > H_S$，H_S 爲飽和場。此時，鐵磁體內部的磁場是均勻一致（或無分表面與內部）的，否則所量測到之 H 只能代表近表面之 H_d。另外，常用方法中，亦可以 Chattock 線圈作爲感應元件。

在鐵磁體被磁化過程（Magnetizing processes）中，依前述討論，H_i 與 H_E 之關係圖爲圖 5-1-4 之實線。從另一角度，H_i 與 H_E 之關係可由下列推論釐清：由 $H_i = H_E - N_dM$ 及 $B = H_i + 4\pi M$ 得 $H_i = H_E - (B - H_E)[(4\pi/N_d) - 1]$。按定義：外觀磁導率（Apparent permealility; $\mu_{app} \equiv B/H_E$）及實際磁導率（True permealility; $\mu_{true} \equiv B/H_i$）可得結論：

$$\frac{1}{\mu_{true}} = \frac{1}{\mu_{app}} - \frac{N_d}{4\pi} \tag{5-1-8}$$

因此，欲準確量出鐵磁體之 μ_{true} 所使用之樣品需爲環形體（Toroid，其 $N_d = 0$）。若樣品爲長方體時，N_d 必須儘量小，特別對那些 μ_{true} 較大之鐵磁體必須滿足該假設。

有關 H_d 需要說明一點如下，前述對 H_d 之描述或計算均以在圓心（或

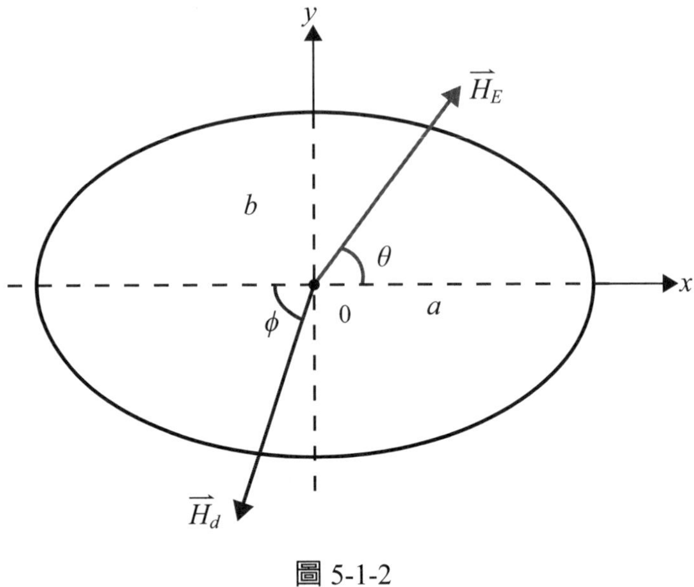

圖 5-1-2

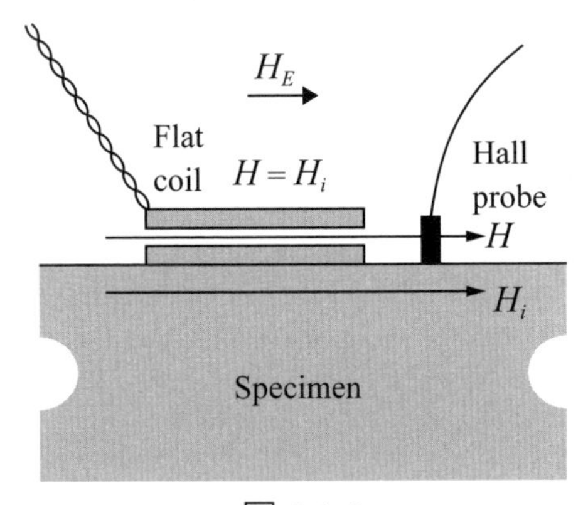

圖 5-1-3

對稱中心）爲準。若所處位置向鐵磁體沿長邊之兩側移，則一般而言，將會像圖 5-1-5 所示，近兩側之 H_{dx} 均會變大（H_{dx} 對 y 軸對稱）。特別是如在塊材（Bulk）情形，H_d 於每個角落（Corners）及邊條會變大而發散；在膜材（Film）情形，H_d 於每個角落及邊條發散速度更快。這也就是爲

什麼當加 H_E 時，鐵磁體中心區之反向磁區易被先移除，但於角落或邊條處之反向磁區仍可能存在，必須將 H_E 增至很大（$H \geq H_S$）時，才有可能使整個鐵磁體呈單磁區（Single domain）的飽和狀態。同理，將 H_E 由 H_S 降低，首先在角落或邊線處有反向磁區生成（Nucleated），再隨 H_E 繼續降低，而向內擴張至中心區。

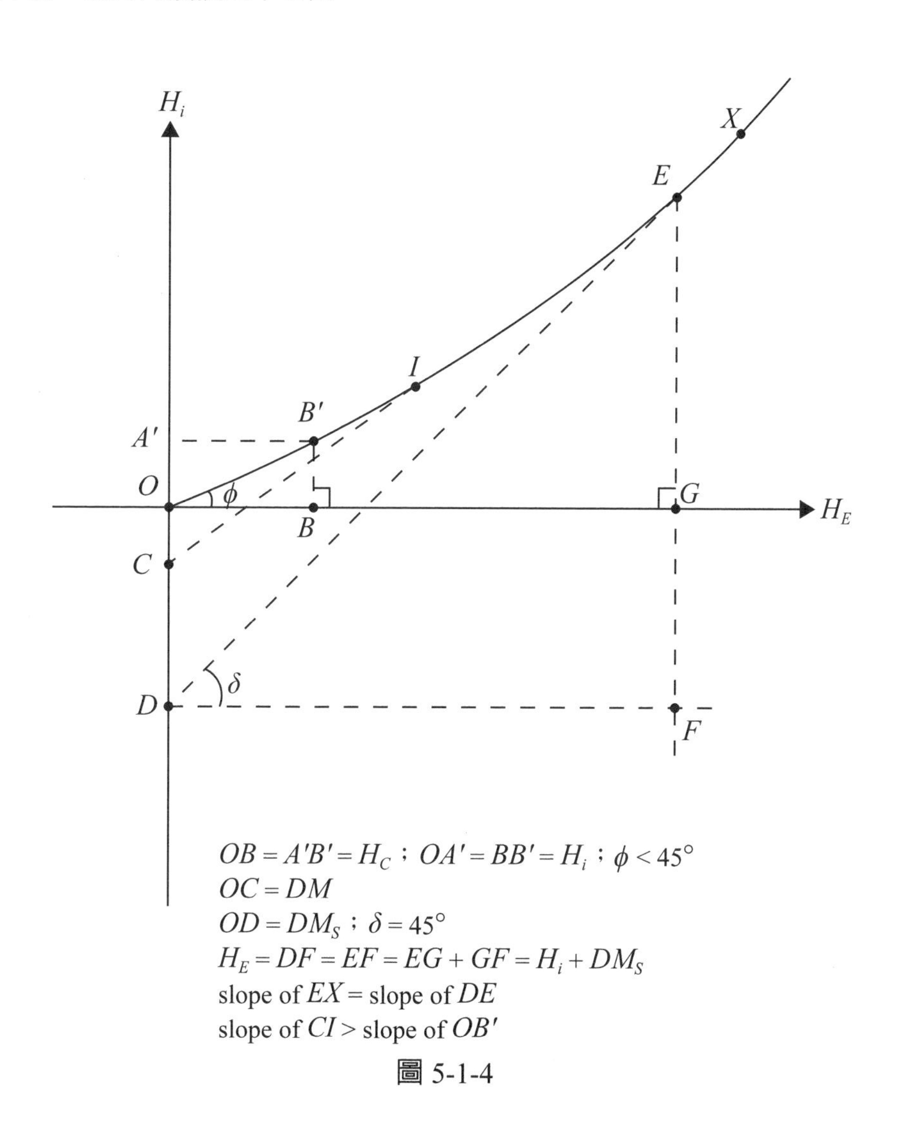

圖 5-1-4

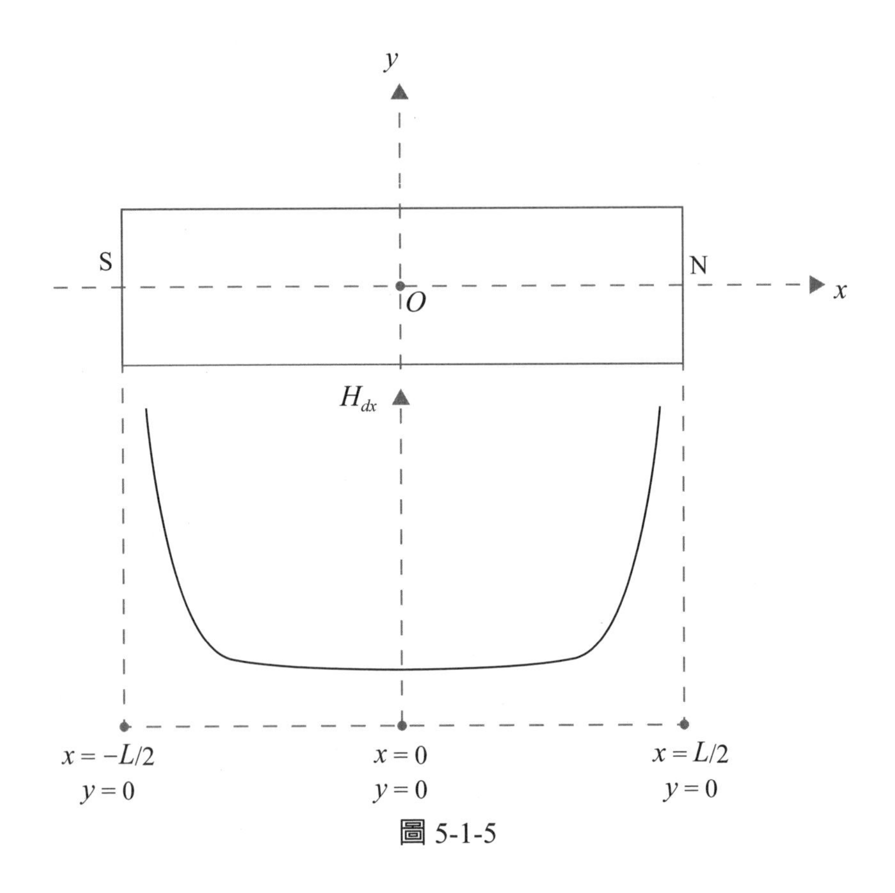

圖 5-1-5

5-2 磁力線

於第一章我們曾提及與磁力線概念相關的磁通量（ϕ），它代表在截面積內所包圍的磁力線數，在本節的後段，討論磁路時，將有詳細的討論。在此首先我們有興趣的是當磁力線（Flux line）在跨過鐵磁體邊界時，它是如何變化的。而所謂鐵磁體邊界又可依其性質分爲兩類（或區）：1. 垂直邊界區（或簡稱 A 區）；2. 平行邊界區（簡稱 B 區）。

1. A 區：概指圖 5-2-1 中長方形鐵磁體由角落①至角落②，及由角落③至角落④的邊界區。A 區表面特徵爲具有磁極（N 或 S 極），但不具有表面電流（即表面電流密度 $K = 0$）。若該電磁體之磁導率爲 μ_1，磁力線經由 A 邊界區轉入空氣，後者之磁導率爲 $\mu_2 = 1$，明顯地，$\mu_1 >> \mu_2$。如圖 5-2-2(a) 中角度 θ_1 與 θ_2 可由下列關係定義：$\cot\theta_1 = (B_{1\perp})/(B_{1//})$ 及 $\cot\theta_2 = (B_{2\perp})/(B_{2//})$，即 θ_1 與 θ_2 分別爲入射與出射磁力線與 A 區法線之夾角，// 代表平行 A 區界面，⊥代表垂直 A 區界面。因此，$(\tan\theta_1)/(\tan\theta_2) = [(B_{2\perp})/(B_{1\perp})]/[(B_{2//})/(B_{1//})]$。由 A 區邊界條件：$\nabla\cdot\vec{B} = 0$ 及 $\nabla\times\vec{H} = \vec{K} = 0$，得知：$B_{1\perp} = B_{2\perp}$ 及 $H_{1//} = H_{2//}$，再經由定義：$B_{1//} = \mu_1 H_{1//}$ 及 $B_{2//} = \mu_2 H_{2//}$ 得關係式，

$$\frac{\tan\theta_1}{\tan\theta_2} = \frac{\mu_1}{\mu_2} > 0 \tag{5-2-1}$$

該式稱爲切線法則（Tangent rule）。由於 $\mu_1 >> \mu_2 = 1$，故 $\theta_1 > \theta_2 > 0$〔如圖 5-2-2(a)〕。於此需注意兩點，首先，切線法則僅適用於 A 區邊界，其次，由於鐵磁體內 $M_1 = M_{1\perp} \neq 0$（即磁力線幾乎垂直入射），而於空氣中 $M_2 = 0$，故雖然 $B_{1\perp} = B_{2\perp}$ 但 $M_1 \neq M_2$。因此，於入射點（X 處）會產生一表面 N 極，其強度 $m_x = \vec{M}_1 \cdot \vec{n} > 0$，當然另一面之 A 區所對應之出射點（Y 處）會產生一表面 S 極，其強度 $m_y = -m_x$。

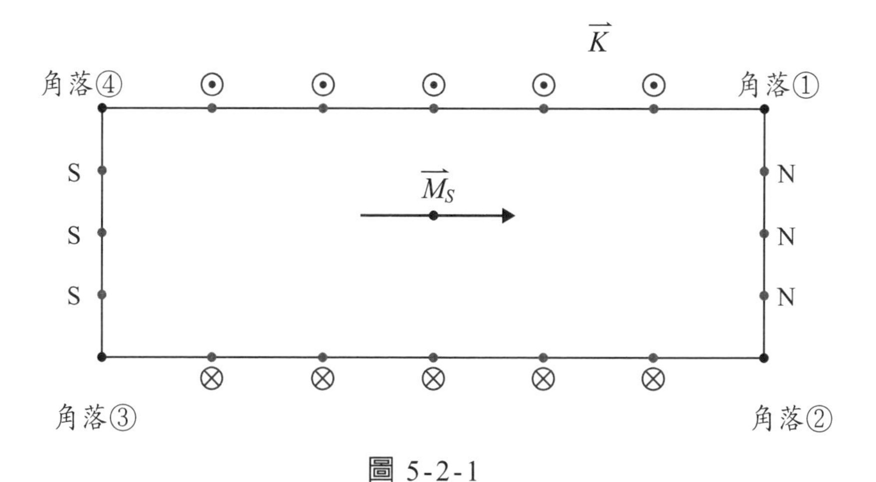

圖 5-2-1

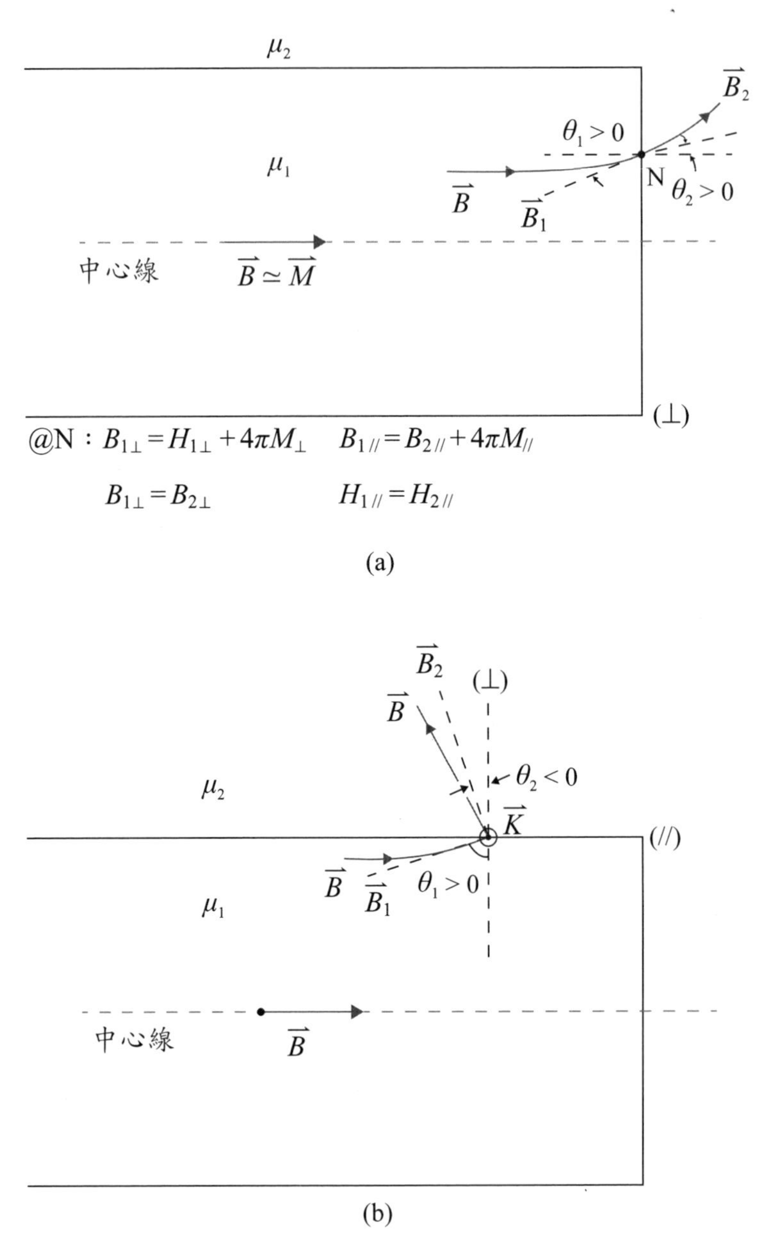
μ_2
$\vec{B}_2$
$\theta_1 > 0$
μ_1
$\vec{B}$
$\vec{B}_1$
N
$\theta_2 > 0$
中心線
$\vec{B} \simeq \vec{M}$
(⊥)
@N：$B_{1\perp} = H_{1\perp} + 4\pi M_{\perp}$　$B_{1//} = B_{2//} + 4\pi M_{//}$
$B_{1\perp} = B_{2\perp}$　$H_{1//} = H_{2//}$
(a)
$\vec{B}_2$
(⊥)
$\vec{B}$
$\theta_2 < 0$
μ_2
$\vec{K}$
(//)
$\vec{B}$
$\vec{B}_1$
$\theta_1 > 0$
μ_1
中心線
$\vec{B}$
(b)

圖 5-2-2

2. B 區：概指圖 5-2-1 中長方形鐵磁體由角落①至角落④及由角落②至角落③的邊界區，B 區表面特徵爲不具任何磁極，但具有表面電流（即 $K \neq 0$）。如圖 5-2-1 所示 $K = i/\ell_o$，i 爲電流強度，ℓ_o 爲單位長度。進一步說明：此處之 i 與第二章中所指關乎磁性起源於之 i 意義相同，且由於磁力線大致平行於 B 區面，故 B 區面上無任何磁極。在此情況下，切線法則（因邊界條件的不同）需要修正如下：仍然 $B_{1\perp} = B_{2\perp}$，但 $H_{1//} = H_{2//} + K = H_{2//} + i/\ell_o$，其中 $H_{1//} > 0$（向右），$H_{2//} < 0$（向左），且 $K > |H_{2//}|$，因此，得下列（修正）關係式：

$$\frac{\tan\theta_1}{\tan\theta_2} = \frac{\mu_1}{\mu_2}\left[1 + \frac{K}{H_{2//}}\right] < 0 \qquad (5\text{-}2\text{-}2)$$

如圖 5-2-2(b) 所示，$\theta_1 > 0$，$\theta_2 < 0$ 及（因 $\mu_1 >> \mu_2$）$|\theta_2| < \theta_1$。

自然，此處所謂 A 與 B 區之畫分係於理想狀態，如圖 5-2-1。而實際情形應如圖 5-2-3 所示，由於邊界（角落）的影響，磁力線的彎轉導致 N（或 S）極會由 A 區小範圍地擴至 B 區。因此有所謂 N 與 S 極間的等效

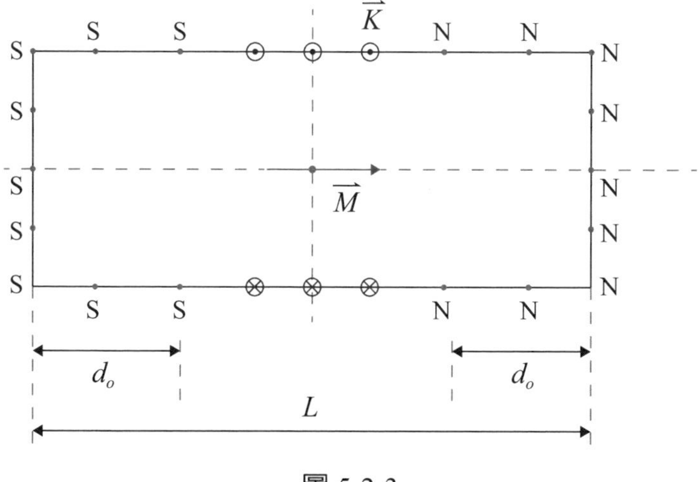

圖 5-2-3

距離 $L_m = L - 2d_o < L$，其中 d_o 的定義爲最「深入」B 區之 N（或 S）極與 A 區之垂直距離。

茲就切線（或修正切線）法則，可舉以下例證。

首先，如圖 5-2-4 有兩鐵磁體（X 及 Y），其幾何尺寸相同，但 $\mu_x < \mu_y$，將兩鐵磁分別置於空氣（$\mu_0 = 1$）中，於 A 區（較近中心線），$\theta_{2x} = \theta_{2y} \simeq 0°$，由切線法則知 $\theta_{1x} > \theta_{2x}$ 及 $\theta_{1y} > \theta_{2y}$，而由 $(\mu_y)/(\mu_x) \simeq [\tan\theta_{1y}]/[\tan\theta_{1x}] > 1$，表示 $\theta_{1y} > \theta_{1x}$，即對 x 鐵磁體而言，其磁力線出射（或離開）A 區時，出射向前（或向右）集中之情形較爲顯著，對 Y 鐵磁體而言，其出射之磁力線將較向中心線兩側分散，如圖 5-2-5 實例所示，圖中 Alnico 5 爲 Y 鐵磁體（$\mu_y = 3.5$），BOF（鋇亞鐵磁體）爲 X 鐵磁體（$\mu_X = 1.1$）。明顯地，對前者而言，其 B 區上之 N 極向中段靠近，而對後者而言，其 B 區上之 N 極仍集中於角落，因此，$L_{my} < L_{mx}$。

其次，第二實例係有關電磁鐵之磁極面（Pole face），通常可分爲兩類，一類是如圖 5-2-6(a) 角落直角呈圓柱形狀（Flat face），另一類如圖 5-2-6(b) 爲削去直角呈錐柱形狀（Tapered face）。由於兩組磁極面係對稱存在的，用於 A 區之切線法則，隨兩磁極面間距（Gap; ℓ_g）的縮近，而逐漸不適用。取之於角落處的磁力線分布情形與 N 和 S 極分別向角落集中的結果爲如圖 5-2-6(a) 所示，在間距區（Gap zone）中①磁力線較疏但均勻，在間距區外②磁力線向外擴張。如圖 5-2-6(b) 所示，在間距區中③磁力線（向內擠壓）較密但不均勻，在間距區外④磁力線亦向外擴張。故如果 ℓ_g 相同，輸入電磁鐵之功率亦相同，錐柱磁極面在間距區內之磁場較強於圓柱磁極面者，但前者之均勻區亦較小。

最後，再將一 μ 大於 1 之鐵磁體置於均勻的飽和場 $H_E = H_S$ 中，則其淨場 H 之分布（內部及外部）如圖 5-2-7(c) 所示。

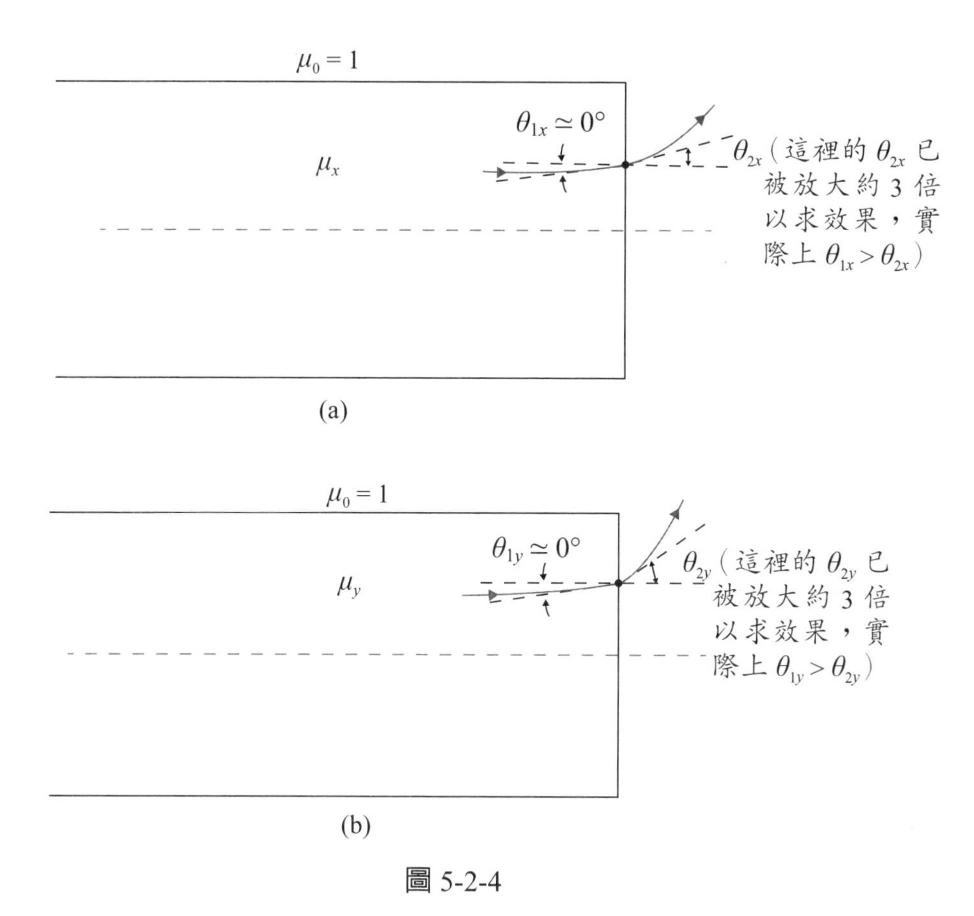

$\mu_0 = 1$
$\theta_{1x} \simeq 0°$
μ_x
θ_{2x}（這裡的 θ_{2x} 已被放大約 3 倍以求效果，實際上 $\theta_{1x} > \theta_{2x}$）
(a)
$\mu_0 = 1$
$\theta_{1y} \simeq 0°$
μ_y
θ_{2y}（這裡的 θ_{2y} 已被放大約 3 倍以求效果，實際上 $\theta_{1y} > \theta_{2y}$）
(b)

圖 5-2-4

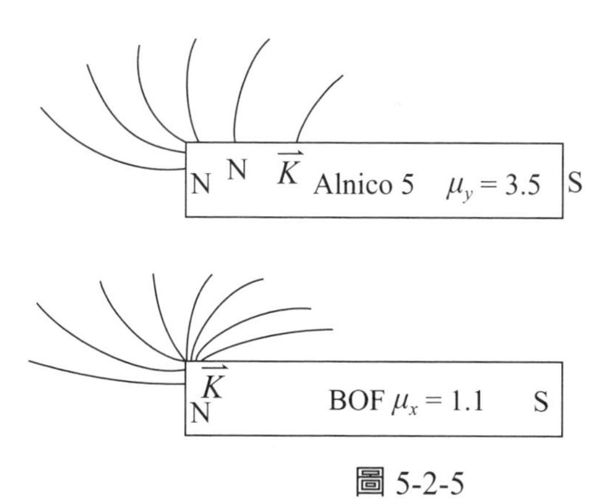

N N $\vec{K}$ Alnico 5 $\mu_y = 3.5$ S
$\vec{K}$ N BOF $\mu_x = 1.1$ S

圖 5-2-5

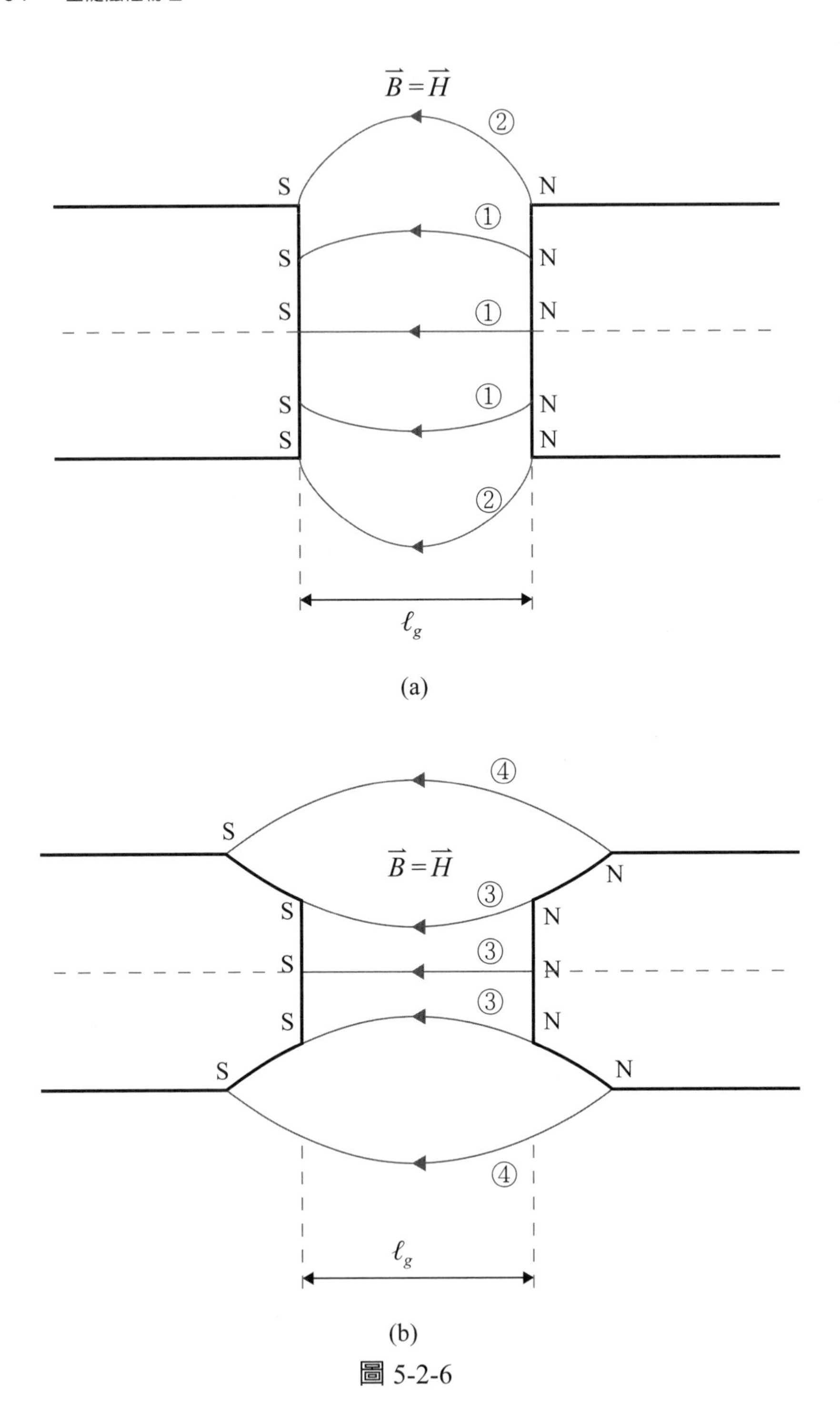

$\vec{B}=\vec{H}$
②
S
N
①
S
N
S
①
N
S
①
N
S
N
②
ℓ_g
(a)
④
S
$\vec{B}=\vec{H}$
N
③
S
N
S
③
N
S
③
N
S
N
④
ℓ_g
(b)

圖 5-2-6

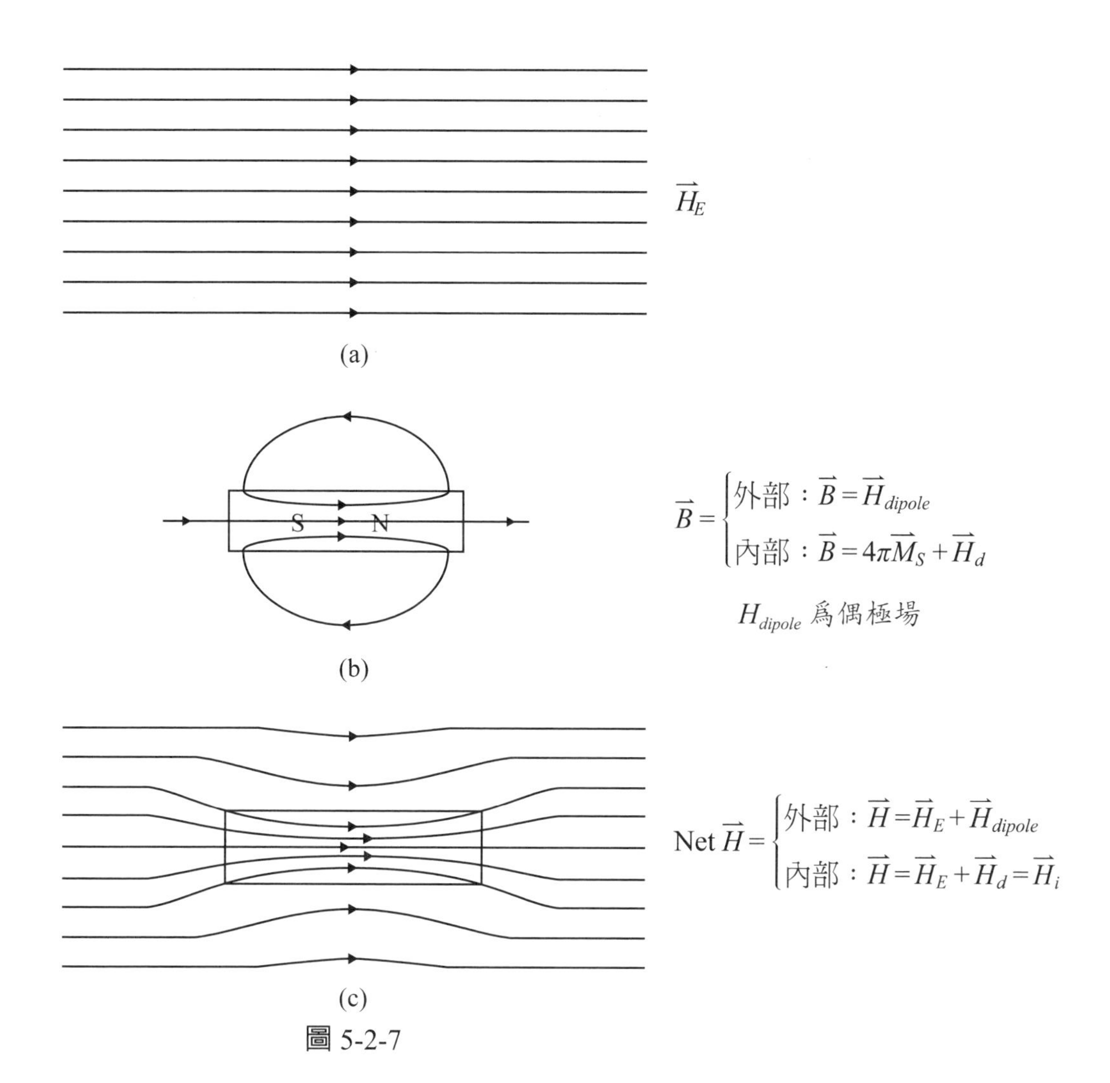

圖 5-2-7

5-3　磁路

由磁通量 ϕ 的定義：$\phi=\vec{B}\cdot\vec{a}$，a 爲與 B 線（或磁力線）之截面積，正巧與電流量 i 的定義：$i=\vec{j}\cdot\vec{a}$，$\vec{j}$ 爲電流密度等效果，於是，按照前面的關係以及等效的歐姆定則：$V=iR$（電路）及 $mmf=ni=\phi R_m$〔磁路

（Magnetic circuit）〕，我們可以訂出表 5-3-1。其中 mmf 為磁通勢，A 為截面積，N 為繞鐵磁體線圈之總匝數，i 為電流。按第 5-2 節的討論可得：$F_m = Ni = H_E L$，H_E 為驅動之磁場。當 μ 小時，L 為鐵磁體全長；當 μ 大時，$L \simeq L_m$。一般討論時，為簡化仍視 L 為鐵磁體全長。

表 5-3-1

磁路		電路	
物理量	符號	物理量	符號
磁通量（Flux）	ϕ	電流（Current）	i
磁動勢（mmf）	$F_m = Ni$	電動勢（emf）	V
磁阻（Reluctance）	$R_m = \ell/(\mu A)$	電阻（Resistance）	$R = \ell/(\sigma A)$
磁導（Permeance）	$P = 1/R_m$	電導（Conductance）	$G = 1/R$
磁導係數（Permeability）	μ	電導率（Conductivity）	σ
磁阻率（Reluctivity）	$1/\mu$	電阻率（Electro-resistivity）	$\rho = 1/\sigma$
$\phi = \dfrac{Ni}{R_m}$		$i = \dfrac{V}{R}$	

此外，所謂電路可分為串聯（Series）及並聯（Parallel）電路，同理，磁路亦可作如此畫分，唯需注意的是：在電路中電流不會流離導體，但在磁路中磁通可以「流」離鐵磁體〔即所謂漏磁（Flux leakage）〕。因此，對磁路而言，並無所謂眞正的斷路（因為磁通 ϕ 或磁感量 B 一定要形成一封閉曲線）。故磁路有 1. 閉路〔圖 5-3-1(a)〕與 2. 開路〔圖 5-3-1(b)〕。

例 1

上述磁路 2. 即為電磁鐵之磁路，係為軟磁鐵心（長 ℓ_m）磁路與空氣間隙（Gap，長 ℓ_g）磁路作串聯。整個磁路長為 $\ell = \ell_m + \ell_g$〔如圖 5-3-

1(b)〕。前者磁阻為 $[(\ell-\ell_g)/(\mu A_m)]$，後者磁阻為 $\ell_g/(\mu_0 A_g)$，$\mu_0=1$。假設在空氣間隙區無任何漏磁（即 $A_m=A_g=A$），則串聯磁路顯示：

$$H_i=\frac{B}{\mu}=\frac{\phi}{\mu A}=\frac{Ni}{\mu A\left[\frac{\ell-\ell_g}{\mu A}+\frac{\ell_g}{A}\right]} \tag{5-3-1}$$

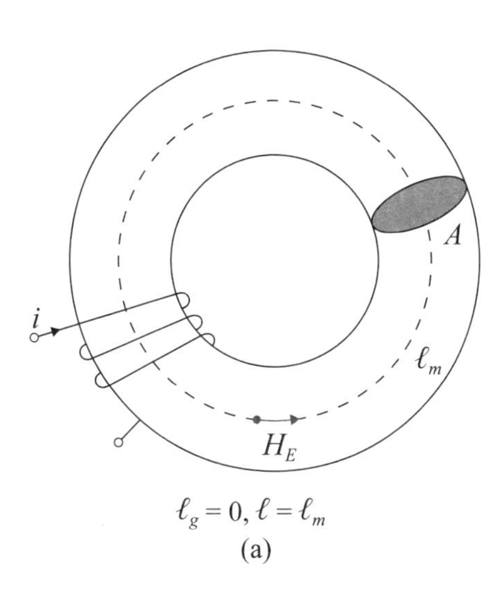

$\ell_g=0, \ell=\ell_m$

(a)

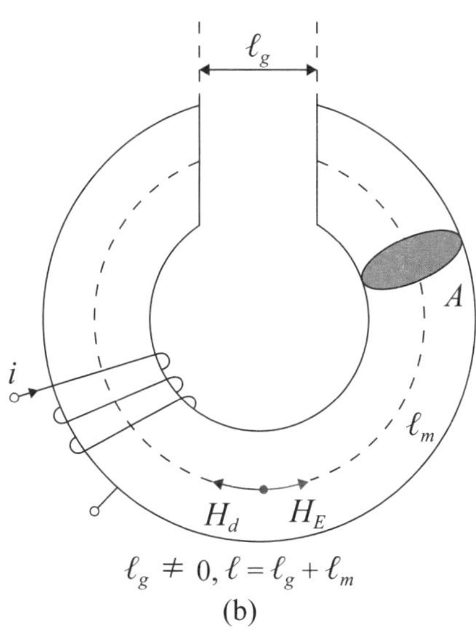

$\ell_g\neq 0, \ell=\ell_g+\ell_m$

(b)

圖 5-3-1

其中，$Ni = H_E\ell$，展開式（5-3-1）並代入 $M/H = (\mu - 1) = \chi$ 得：

$$\begin{aligned} H_i &= H_E - (\ell_g/\ell)M \\ &= H_E - H_d \\ &= H_E - N_d M \end{aligned} \tag{5-3-2}$$

對磁路 1. $\ell_g = 0$，$N_d = 0$，對磁路 2. $\ell_g \neq 0$，$N_d = (\ell_g/\ell)$。若磁路 2. 在空氣間隙區有漏磁，其磁路之漏磁磁導爲 P_ℓ，則依照先並聯，再串聯，式（5-3-1）改寫爲：

$$\phi = \frac{Ni}{\left(\frac{\ell - \ell_g}{\mu A}\right) + \left(\frac{\ell_g}{A + \ell_g P_\ell}\right)} \tag{5-3-3}$$

例 2

圖 5-3-2(a) 代表一永久磁體（Permanent magnet）呈開路狀態，依安培右手定則，及無漏磁情況下：

$$\overrightarrow{H_g} \cdot \overrightarrow{\ell_g} + \overrightarrow{H_m} \cdot \overrightarrow{\ell_m} = 0 \tag{5-3-4}$$

$$\phi = \overrightarrow{B_g} \cdot \overrightarrow{A} = \overrightarrow{H_g} \cdot \overrightarrow{A} = \overrightarrow{B_m} \cdot \overrightarrow{A} \tag{5-3-5}$$

將兩式相乘得：

$$-(H_g)^2 V_g = (B_m H_m) V_m \tag{5-3-6}$$

其中 $V_g = \ell_g A$ 及 $V_m = \ell_m A$（V_m 爲永久磁體之體積）。式（5-3-6）中 $B_m > 0$，$H_m = H_d < 0$。因此，式（5-3-6）的結論是，若要以最小（或最省）之永久磁體（即 V_m 最小），但仍能提供空氣間隙區內相同之磁場（H_g），則必須將該永久磁體之 $|BH|$ 乘積達最大，如圖 5-3-2(b) 中該

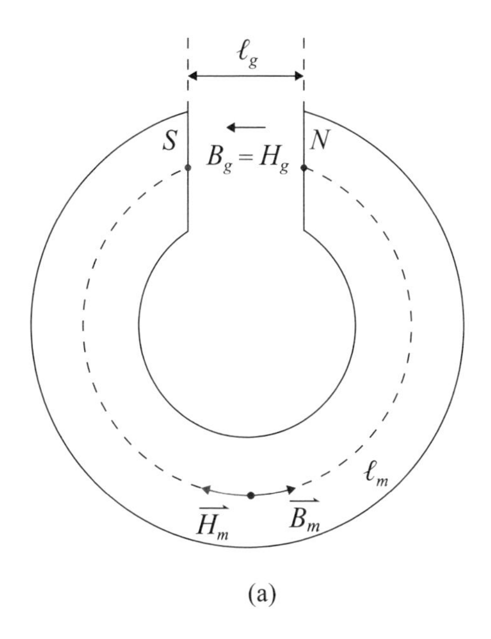

(a)

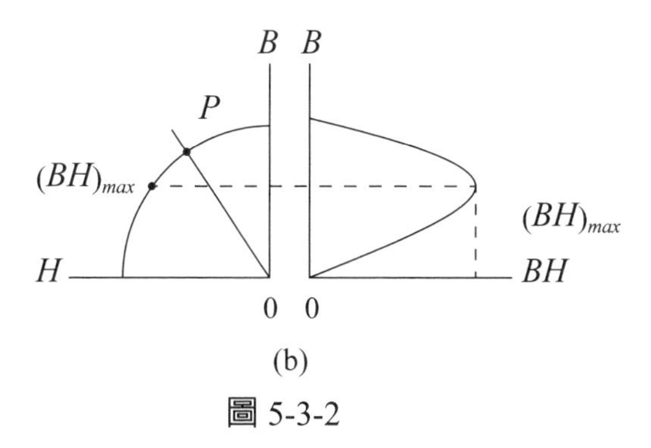

(b)

圖 5-3-2

永久磁體之去磁曲線（Demagnetizing curive）所示。若將兩式相除得：

$$\frac{B_m}{H_m} = -\frac{\ell_m}{\ell_g} < 0 \tag{5-3-7}$$

由式（5-3-2）知 $N_d = \ell_g/\ell$，故式（5-3-7）亦可寫爲：

$$\frac{B_m}{H_m} = -\frac{1-N_d}{N_d} = 1 - \frac{1}{N_d} \tag{5-3-8}$$

式（5-3-7）或（5-3-8）表示於圖 5-3-2(b) 中，即為由永久磁體之尺寸或 N_d 值所決定的負載線（Load line）OP。故設計者需將圖 5-3-2(b) 中 P 之位置調整至 $(BH)_{max}$ 點，如此方可（依前討論）完成由最少的磁材達成相同的對外磁場。此外，由磁路關係及式（5-3-4）得：

$$\phi = H_g A = B_m A = -H_m\left(\frac{\ell_m A}{\ell_g}\right) = -(H_m \ell_m) P_g \qquad (5\text{-}3\text{-}9)$$

即無電流（$i=0$）的情況下：

$$\frac{B_m}{H_m} = -\left(\frac{\ell_m}{A}\right) P_g \qquad (5\text{-}3\text{-}10)$$

其中 P_g 為空氣間隙區之磁導。現若將 C 型環之磁路變為一柱狀永久磁體（Bar magnet），式（5-3-10）中之 $P_g = \sqrt{\pi S}$，其中 S 為包圍柱狀單面磁極之有效球面積即 $S = 4\pi r^2$ 及 $R_g = 1/P_g = 1/(2\pi r)$，其中 r 為球半徑，而式（5-3-9）中之 ℓ_m 被 L_m 取代（通常 $L_m \cong 0.7L$，L 為柱狀體之長）。

例 3

如圖 5-3-3(a) 所示，理想的去磁（$4\pi M$ 對 H）曲線，如虛線 abc，該曲線所表示重要的一點是：在 M 對 H 圖的第二象限內，$4\pi M$ 不會因 $|H|$ 之增加而變大，即在 $B + |H| = 4\pi M$ 的條件下，若要 $4\pi M$ 保持水平（或不變），理想的去磁（B 對 H）曲線應為圖 5-3-3(a) 中之直線①，其特徵是直線斜率為 +1，$B_r = H_C$（或 $B_r = |H_C|$）。由之後的討論顯示圖 5-3-3(a) 中 $|H_C^i| > |H_C|$。而圖 5-3-3(b) 中直線②情形，其特徵是 $|H_C| > B_r$，應無法成立，因其 $4\pi M$ 會因 $|H|$ 之增加而變大，違反鐵磁性原則。回到理想的去磁（B 對 H）曲線，圖 5-3-3(a) 其內含（Inscribed）長方形面

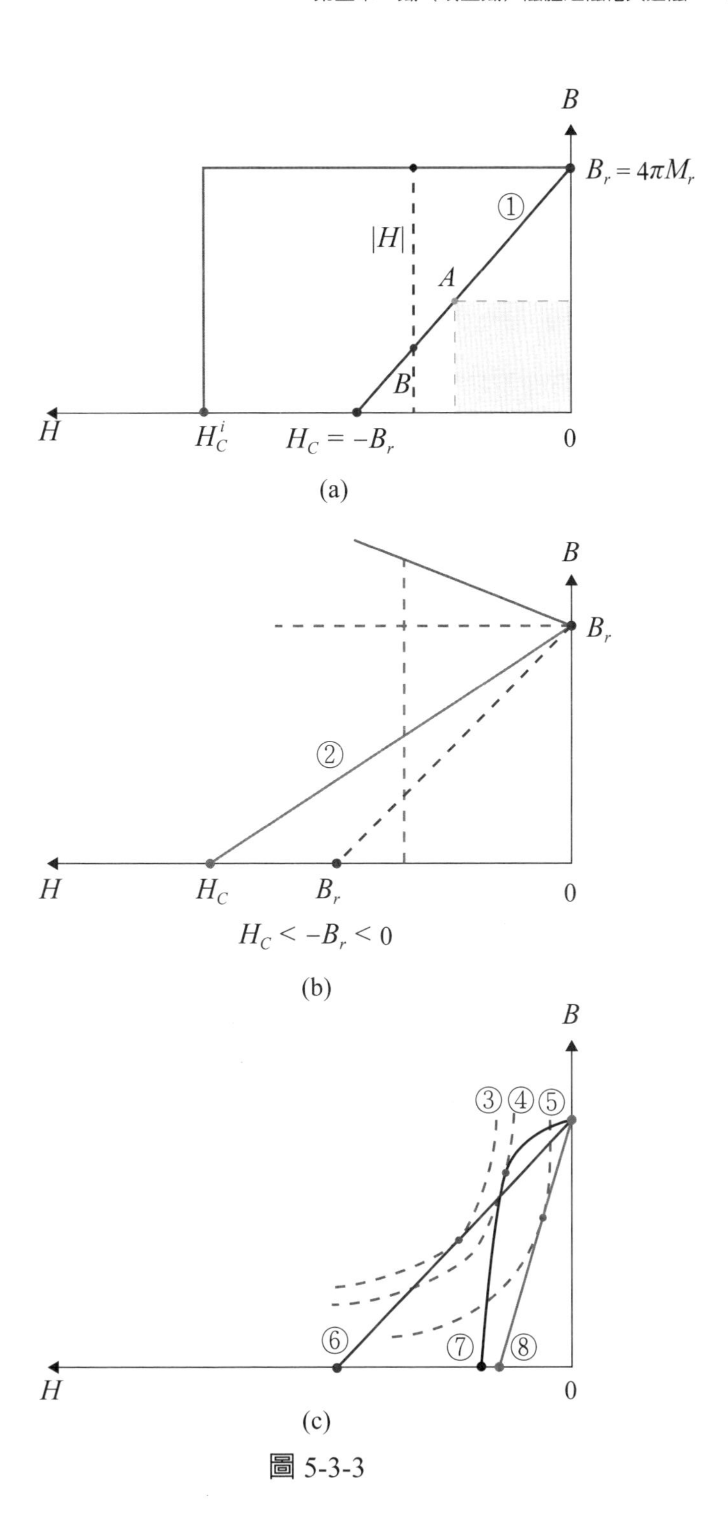

圖 5-3-3

積代表線上各點對應之（BH）乘積，由對稱性知曉當處於中心點（A 點）時，其 $(BH)_{max}$ 之理想值最大：$(BH)^{i}_{max} = (1/4)B_rH_C = (1/4)(B_r)^2$，同時圖 5-3-3(c) 中之虛線代表（$BH$ = 定值）之曲線群：由代號③至⑤，(BH) 值逐漸降低。因此，$(1/4)(B_r)^2$ 應是該永久鐵磁體最理想（或最大）值，不論作任何（熱等）處理，樣品實際之 $(BH)_{max}$ 值恆小於其 $(1/4)(B_r)^2$ 值。例如圖 5-3-3(c) 中具異方性與同方性之鋇亞鐵磁體之示意圖分別如⑦與⑧曲線。此外，在一些實際情況中，永久鐵磁體之 $(BH)_{max}$ 與該磁體之包裝分數（Packing factor）或相對密度（即實際密度 / 理想密度）有關，若 $f < 0.5$，則 $B_r > H_C > (B_r)/2$，$(BH)_{max} = (1/4)(fB_r)^2$；若 $f > 0.5$，則 $H_C < (B_r)/2$，$(BH)_{max} = (B_r/4)^2(4f - 3f^2 - 1)$。

例 4

圖 5-3-4(a) 顯示一系統，包括永久鐵磁體（M）及可移（開）之銜鐵（Armature; K），F 代表欲將銜鐵移開距 x 距離所需之外力。因此，該力所作之功（W）可表示爲：$W = -(1/2)(\phi \cdot F_m)$。若整個磁路之 ϕ 假設不變（即無漏磁），則 $\phi = F_mP_g$，P_g 爲兩個空氣間隙區之總磁導（串聯），進一步推導得：

$$F = -\frac{dW}{dx} = \left(\frac{1}{2}\right)\left(\frac{\phi}{P_g}\right)^2\frac{dP_g}{dx} = \left(\frac{1}{2}\right)(F_m)^2\frac{dP_g}{dx} \qquad (5\text{-}3\text{-}11)$$

設空氣之 $\mu_0 = 1$，則：

$$P_g = 2\left(\frac{A}{x}\right) \qquad (5\text{-}3\text{-}12)$$

結合式（5-3-11）及（5-3-12）得：

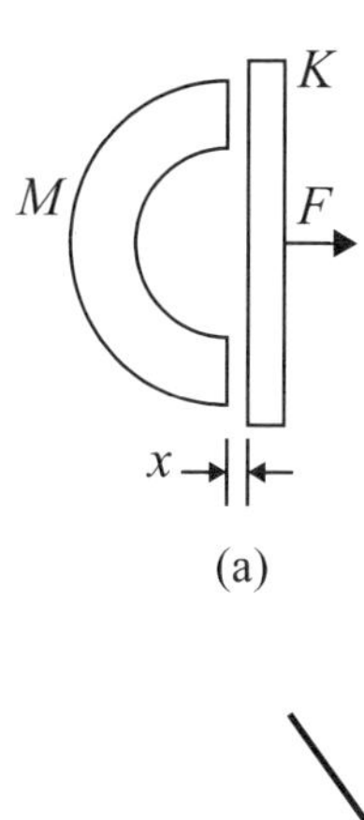

(a)

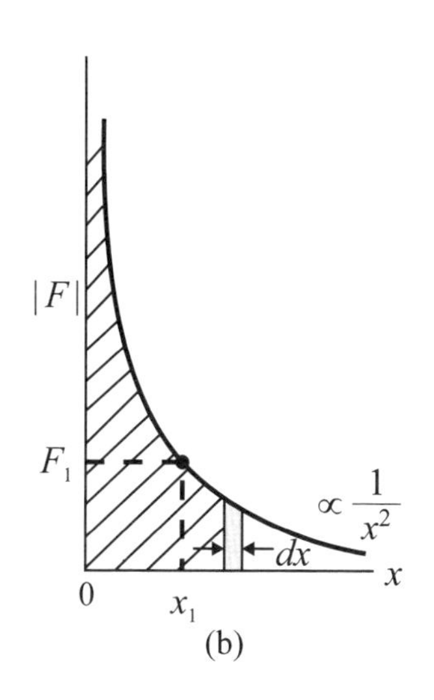

(b)

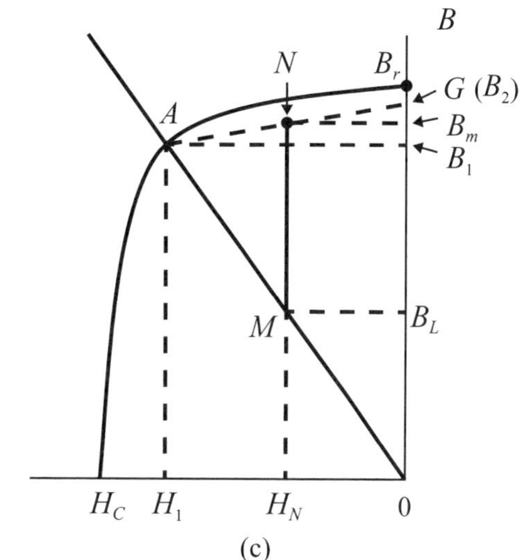

(c)

圖 5-3-4

$$|F| = (F_m)^2\left(\frac{A}{x^2}\right) \qquad （5\text{-}3\text{-}13）$$

其中 $F_m = HL_m =$ 定値。基於式（5-3-13），將 $|F|$ 對 x 之示意圖列舉於圖 5-3-4(b)。當將銜鐵由 $x = 0$ 移至 $x = x_1$ 時之總輸入功爲圖 5-3-4(b) 中斜線面積。而該能量係轉變爲如圖 5-3-4(c) 中 OAG 面積之等效磁能積〔即當把銜鐵從 $x = x_1$ 位置移至與永磁體（M）接合（$x = 0$）〕，該永磁體之工作狀態從去磁曲線之 A 點沿回復曲線或直線（Recoil line）至 G 點，可以證明在回復線上，唯有當處於其中點（N）（即 $H_N = (1/2)$

H_1）時，最大有用回復能 $(E_{rec})_{MAX}$ 爲長方形 MNB_mB_L 之面積，即：

$$\begin{aligned}(E_{rec})_{MAX} &= \left(\frac{1}{4}\right)[B_1H_1 + \mu_{rec}(H_1)^2] \\ &= \frac{1}{2}\left[\frac{1}{2}B_2H_1\right] \qquad (5\text{-}3\text{-}14) \\ &= \frac{1}{2}（三角形\ OAG\ 面積） \\ &= 長方形\ MNB_mB_L\ 面積\end{aligned}$$

由式（5-3-14）知，$(E_{rec})_{MAX}$ 隨 A 點座標點 (B_1, H_1) 變化，故在實例中，多選擇（或調整）A 點位置使處於 $(BH)_{max}$ 點或其略下方，可使 $(E_{rec})_{MAX}$ 達極值 $(E_{rec})_{MAX}$。若設 A 點即爲最大磁能 $(BH)_{max}$ 點，則式（5-3-14）中 $(B_1/H_1) \simeq (B_r/H_C)$，故：

$$(E_{rec})_{MAX} = \frac{(BH)_{max}}{4}\left[1 + \mu_{rec}\left(\frac{H_C}{B_r}\right)\right] \qquad (5\text{-}3\text{-}15)$$

其中 μ_{rec} 爲回復線之斜率。對理想永久磁鐵體而言，$B_r = H_C$ 及 $\mu_{rec} = 1$，

$$(E_{rec})_{MAX} = \left(\frac{1}{2}\right)(BH)_{max} \qquad (5\text{-}3\text{-}16)$$

即永磁體在動態下工作時，磁能的利用只有靜態時 $(BH)_{max}$ 的一半，或更少（非理想者）。

例 5

圓柱鐵磁體之磁路：該柱體半徑爲 r，長度爲 L，則根據第 5-3 節說明知其 N-S 極間的總磁導：$P_g = \sqrt{\pi S}$，其中 S 爲該柱之總表面積，故 $2S = 2\pi r^2 + 2\pi rL$，即 $S = \pi r(r + L)$，同時由式（5-3-8）及式（5-3-10）得：

$$\frac{B_m}{H_m}=-\left(\frac{L_m}{A}\right)P_g=-\frac{1-N_d}{N_d} \qquad (5\text{-}3\text{-}17)$$

其中 $A=\pi r^2$，$L_m=0.7L$，於是得圓柱鐵磁體沿軸方向之去磁因子 N_d 爲：

$$N_d=\frac{r^2}{r^2+(0.7L_m)[r(r+L)]^{1/2}} \qquad (5\text{-}3\text{-}18)$$

式（5-3-18）顯示如預期粗短柱之 N_d 大於細長柱之 N_d，因此，若兩圓柱鐵磁體（1 及 2）之體積相同，且 $L_1 > L_2$ 及 $r_1 < r_2$（體 1 爲細長，體 2 爲粗短）。在磁體內沿軸方向 $B_{iz} = 4\pi M - H = (4\pi - N_d)M$，而在磁體外 $B_{oz} = B_{iz} = H_{oz}$（空氣 $\mu_0 = 1$），故在軸方向，磁體 1 外之磁場 H_{1z} 大於磁體 2 外之磁場 H_{2z}。

5-4　磁滯曲線

5-4-1　簡介

原則上，同一鐵磁體可具有兩種磁滯曲線，一爲 B-H 曲線，另一爲 M-H 曲線。$B = H + 4\pi M$ 作爲 B 與 M 之間的轉換，如圖 5-4-1 所示，其中 M_S 爲飽和磁化量（Saturation magnetization），M_r 爲殘磁化量（M-remanence），B_r 爲殘磁感量（B-remanence），$4\pi M_r = B_r$（CGS），H_{Ci} 爲內徵頑磁力（Intrinsic coercivity），即定義爲將該磁體之 M 由正翻轉至負或相反所需最小磁場之絕對值，H_C 爲磁感頑磁力（Inductive coercivity），如圖所示 H_{Ci} 恆大於 H_C。一般而言，$H_C \leq 10$ Oe 時稱爲軟磁（Soft magnet），$H_C \geq 10^3$Oe 時稱爲硬磁（Hard magnet）。故在軟磁情況，由於 H_C 很小，$H_{Ci} \simeq H_C$；在硬磁情況下，則是 $H_{Ci} - H_C$ 差距愈大

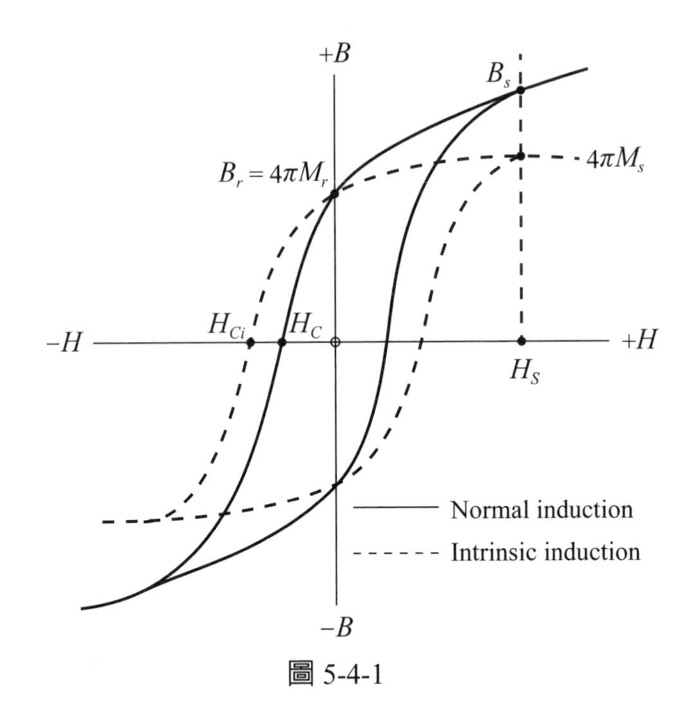
+B
B_s
$B_r = 4\pi M_r$
$4\pi M_s$
H_{Ci}
H_C
−H
+H
H_S
Normal induction
Intrinsic induction
−B

圖 5-4-1

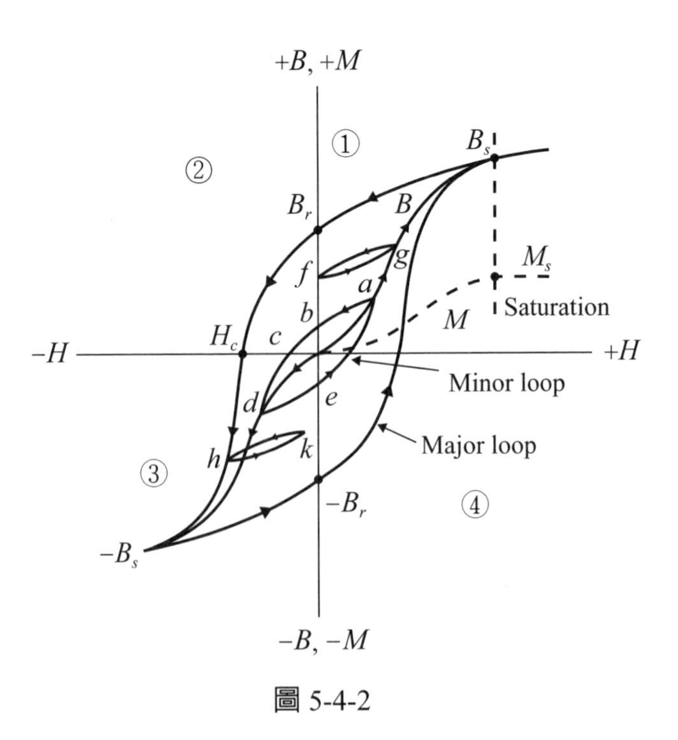
+B, +M
①
②
B_s
B_r
B
g
f
a
M_s
b
Saturation
M
H_c
c
−H
+H
Minor loop
d
e
Major loop
h
k
③
$-B_r$
④
$-B_s$
−B, −M

圖 5-4-2

愈好。此外，實驗上，為確認該磁滯曲線為正確且唯一則外加場（H）必須遠大於飽和場（H_S）。在此情況下，所得磁滯曲線又稱為主環（Major loop）。在主環內部（Interior）及／或主環上任一點，若小於 H_S 時就將 H 回頭的磁滯曲線（如圖 5-4-2 所示）稱為次環（Minor loop）。對每一鐵磁體，主環為唯一，而次環（例如 *fg*, *abcde* 及 *hk* 等）可以是無數，*hk* 次環亦可稱為回復曲線（Recoil curve）。

5-4-2　消磁

所謂消磁（Demagnetizing）即將鐵磁體的磁性狀態由著磁（$M \neq 0$）改變為當外場（H）為零時，其磁性狀態亦為零（$M = 0$）。消磁的方式可分為四種：1. 由居禮點降溫且無任何外場干擾；2. 在主環上任一點的回復分岔〔Return branches，如圖 5-4-3(a) 所示〕；3. 首先定義非磁滯態（Anhysteresis state），它是將磁性由一組合之固定場（H_0）與緩慢減振幅之交流場（H_{ac}）於 $H_{ac} = 0$ 所導致之最終狀態〔如圖 5-4-3(b) 所示之 A〕。將不同偏壓場 H_0 連接不同之 A 態所形成之虛線稱為非磁滯曲線（Anhysteresis curve）；4. 為 3. 之特例，即將 H_{ac} 振幅由大於 H_s 降至零，且 H_0 一直保持零。再將各次環之尖端點連接形成所謂起始曲線（Initial magnetization or virgin curve）。注意以上四種方法雖最終均可導致消磁（$H = 0$ 及 $M = 0$）狀態，但在熱力學（Thermodynamic）平衡上並不一定是相同的最低能量。例如方法 3. 及 4. 雖均為不斷將鐵磁化之前的磁性歷史或記憶（Magnetic history or memory）藉由減幅 H_{ac} 移除，但方法 3. 所導致之消磁態係在無釘扎位勢（Non-pinning-well potential）情況，而方法 4. 所導致之消磁態係恆在釘扎位勢（Pinning-well potential）情況。

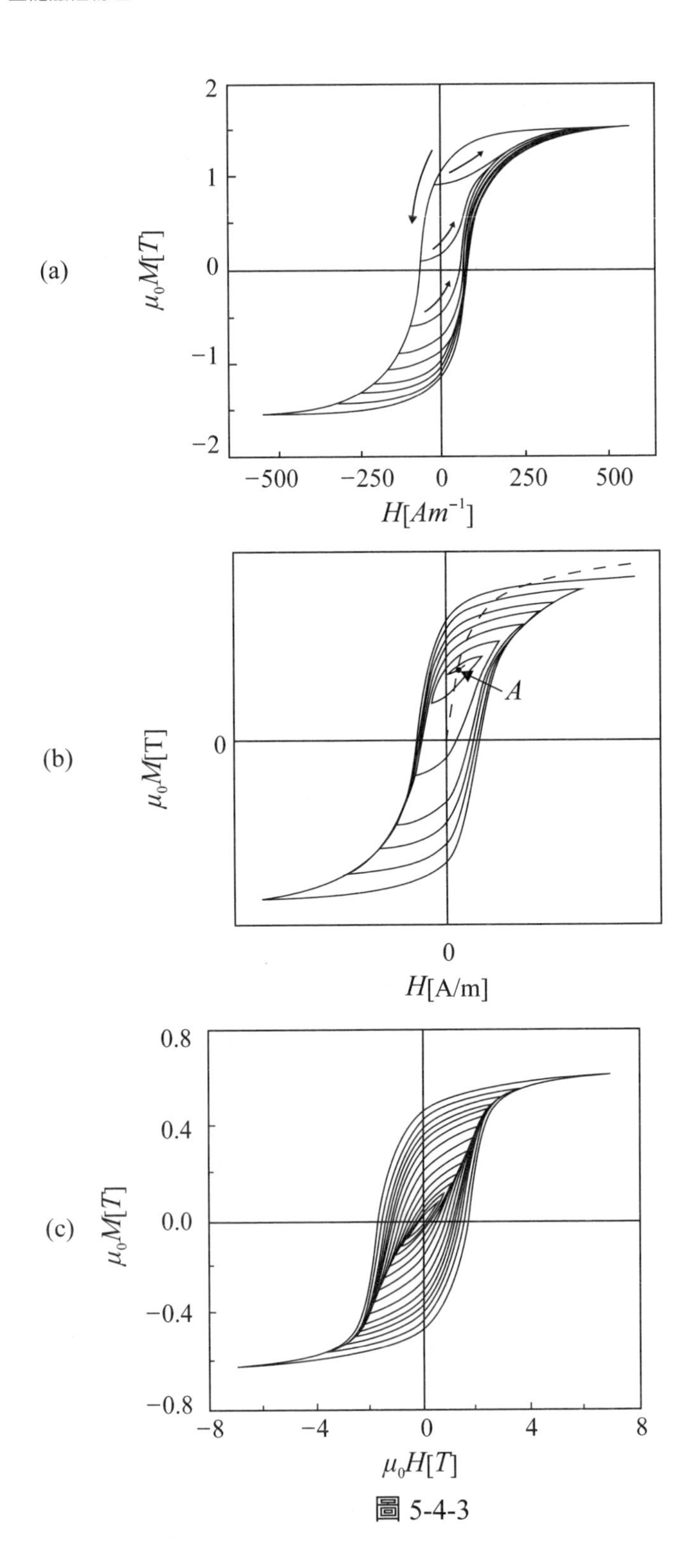
(a)
2
1
0
−1
−2
$\mu_0 M[T]$
−500
−250
0
250
500
$H[Am^{-1}]$
(b)
0
$\mu_0 M$[T]
A
0
H[A/m]
(c)
0.8
0.4
0.0
−0.4
−0.8
$\mu_0 M[T]$
−8
−4
0
4
8
$\mu_0 H[T]$

圖 5-4-3

5-4-3　起始曲線

由方法 4. 所形成之消磁態開始增加外場（H），如圖 5-4-4(a) 所示，所得之曲線稱爲起始曲線。由前節所述，在起始曲線 ab 段上，磁牆（Magnetic domain wall）在釘扎位勢中沿外場方向作起始位移，以簡單的拋物線釘扎勢井（Parabolic pinning well）如圖 5-4-4(b) 所示，其中 σ_W 爲磁牆能，S 爲磁牆截面積，則磁牆之釘扎場（Pinning field; H_P）或磁牆矯磁力（H_{CW}）可定義爲：

$$H_{CW}=\frac{1}{2M_S}\left(\frac{d\sigma_W}{dx}\right)_{x=x_C} \tag{5-4-1}$$

其中 $x = x_C = x_{max}$ 爲當磁牆將被脫離勢井（Depinning）時之最大位移（如圖 5-4-4(b)）故磁牆之位勢可表示爲：

$$S\sigma_W=\begin{cases} Cx^2 & |x|\le x_C \\ 0 & |x|>x_C \end{cases} \tag{5-4-2}$$

若以條帶形磁區（Stripe domain）爲模型，則當磁牆因外加場 H 而作之位移 x 時，則依圖 5-4-4(c) 應可得下列關係式：

$$\langle M\rangle=\left(\frac{2x}{a}\right)M_S \tag{5-4-3}$$

其中〈M〉爲場 H 時之磁化量，a 爲在零場時，磁區之寬度〔Domain width，如圖 5-4-4(c)〕。式（5-4-1）與（5-4-3）結合得：

$$\langle M\rangle=\left(\frac{2x_C M_S}{H_{CW}a}\right)H \tag{5-4-4}$$

因此，該鐵磁體之起始磁化係數（Initial susceptibility; χ_i）爲：

$$\chi_i=\lim_{H\to 0}\frac{d\langle M\rangle}{dH}=\frac{2x_C M_S}{H_{CW}a} \tag{5-4-5}$$

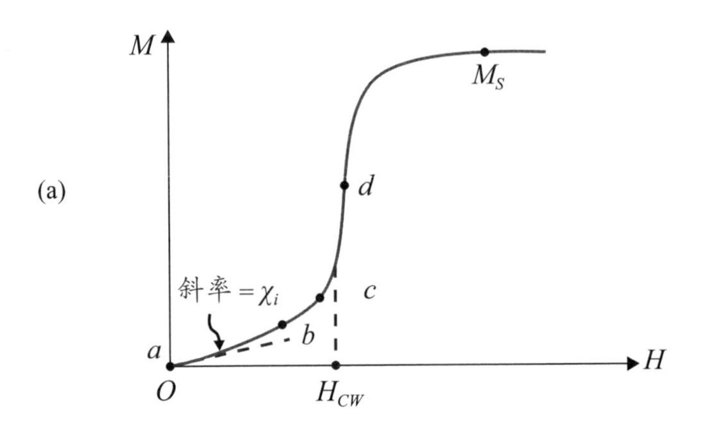
(a)
M
M_S
d
c
斜率 $=\chi_i$
b
a
H
O
H_{CW}

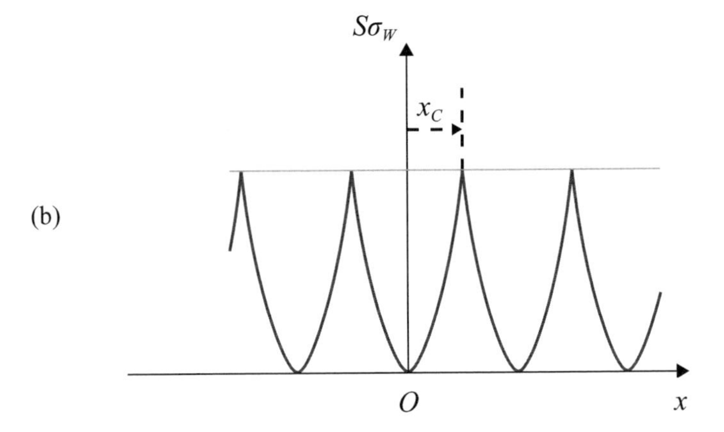
(b)
$S\sigma_W$
x_C
O
x

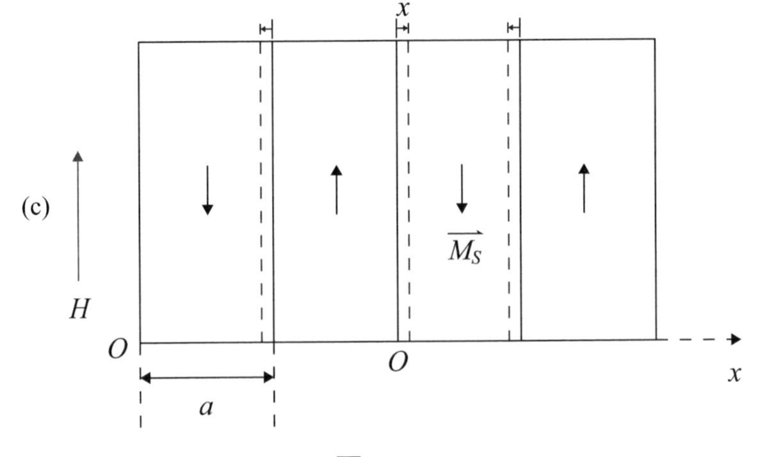
(c)
x
$\overrightarrow{M_S}$
H
O
O
x
a

圖 5-4-4

如圖 5-4-4(a) 所示（由於 $\chi_i >> 1$，故 $\mu_i \simeq \chi_i$）。由於勢井尺寸 x_C、a 及 M_S 均為定值，通常 $\chi_i H_{CW} \simeq \mu_i H_{CW} =$ 定值（即 χ_i 與 H_{CW} 呈反比）。另外，在圖 5-4-4(a) 中的起始曲線 cd 段（即急遽上升段），磁牆被視為已脫離勢井，故在線性模型的近似下，其上升段 ab 虛線之反向外延可得 H_{CW}。將大部分鐵磁體之 χ_i（或 μ_i）與 H_{CW} 數據作整理，可發現 $x_C \simeq 1\ \mu$m，代表由缺陷〔如受磁彈應力（Magneto-elastic stresses）或非磁之夾雜物（Non-magnetic inclusions）造成的有效尺寸範圍〕。

若沿起始曲線，我們可以定義 χ 為 dM/dH（即該曲線上每點之切線斜率）將 χ（或 μ）對 H 作圖，其圖形大致如圖 5-4-5 所示，其中 μ_i 為起始磁導係數，μ_{max} 為最大磁導係數，而當 $H \geq H_S$ 時，$\mu \rightarrow \mu_{HF} \simeq 1$。在進入主環後，其反向之結核場（Nucleation field; H_N）為 $H_N \simeq H_C \geq H_{CW}$，即一旦結核則反向磁區會馬上迅速藉由磁牆運動由 $-M_S$ 翻轉至 $+M_S$（圖 5-4-6）。

另一類起始曲線如圖 5-4-7 所示，即非磁滯曲線，代表磁牆在該鐵磁體之晶粒（Grain）中幾乎不被釘扎而自由移動，因此可瞬間達飽和，但在進入主環後，要產生反向結合之 H_N 較大（或不容易），因為 $H_N >> H_{CW}$。

實驗上，基於各瑞利環（Rayleigh loops）之尖端點連接而形成之曲線稱為起始曲線。如圖 5-4-8 之虛線部分，即將交流變化之 B-H 磁滯環由 $H_{ac} = 0$ 逐漸加至 $H_{ac} \neq 0$，且其強度遠小於 H_{CW} 或 H_C。

另外一項有關 μ_i 的實驗，稱為霍普金森效應（Hopkison effect），其內容為從第 5-4-3 節討論得 $\mu_i \sim \chi_i \propto M_S/H_{CW}$，而 H_{CW} 的定義為式（5-4-1），因此 $\mu_i \propto (M_S)^2/\sigma_W \propto M_S/\sqrt{K_u}$，其中 $\sigma_W = 4\sqrt{AK_u}$ 及 $\sqrt{A} \propto M_S$。由於當接近居禮溫度（T_C）時，M_S 趨近於零的速度大大地緩過 K_u 趨近於零的速度，即式（4-4-1）至式（4-4-3）所表示者，得結論為 μ_i 在趨近於 T_C 時，會出現一極大值如圖 5-4-9，稱為霍普金森效應。

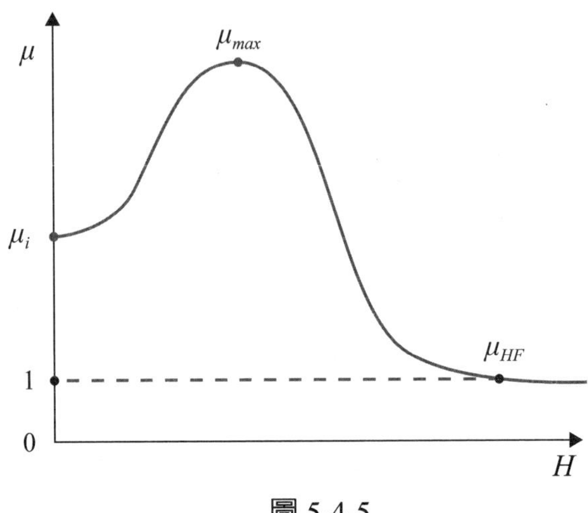

圖 5-4-5

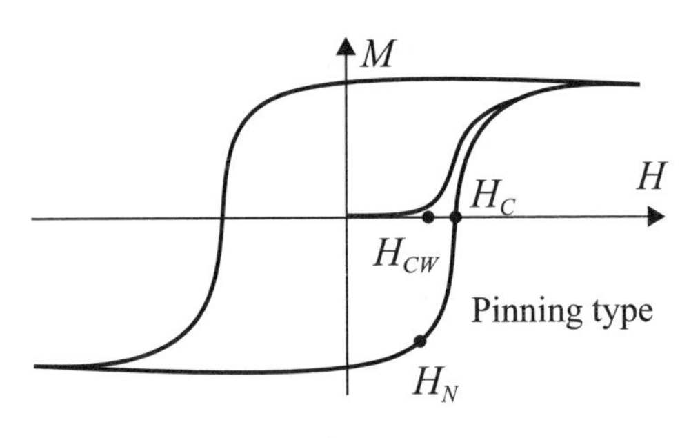

圖 5-4-6

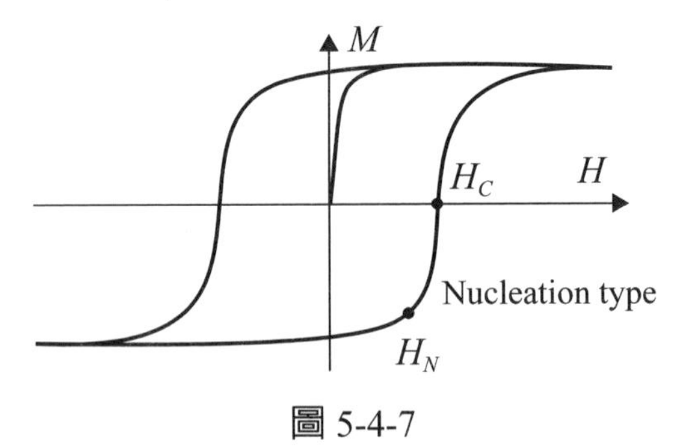

圖 5-4-7

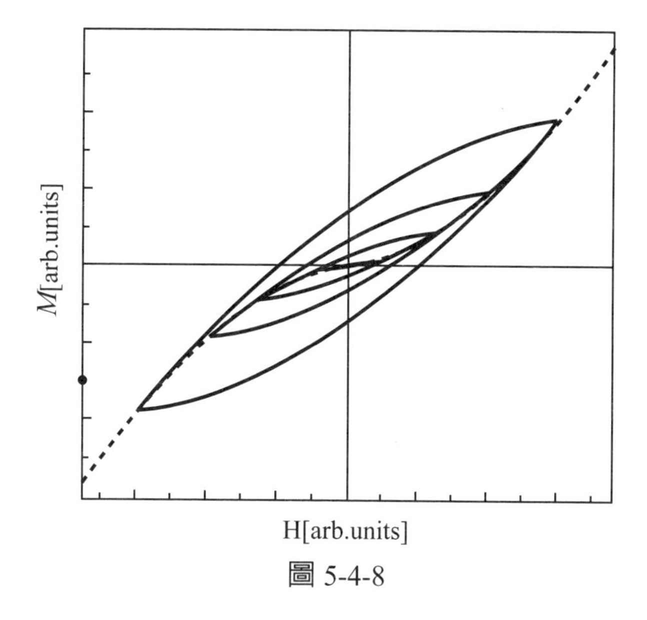

圖 5-4-8

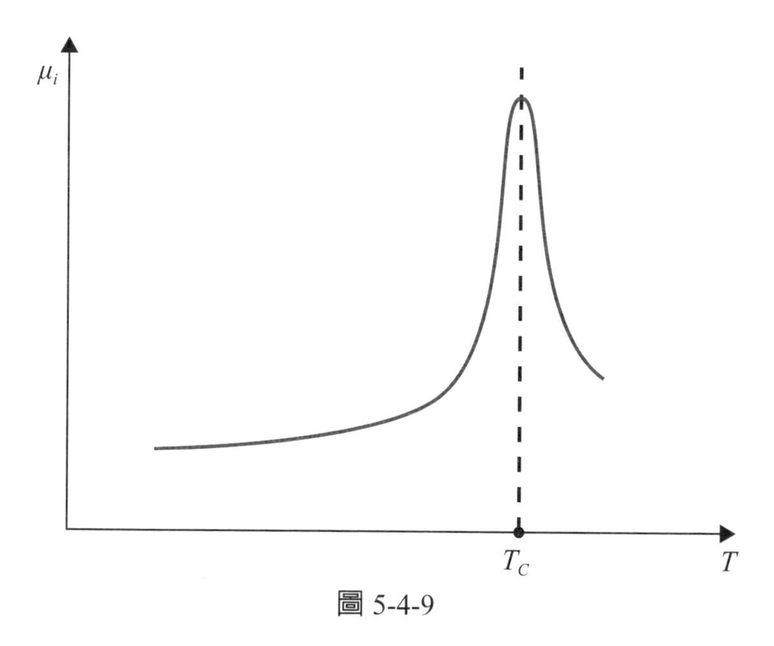

圖 5-4-9

另一實驗爲巴克豪森實驗（Barkhausen test）。一般已知磁滯 *M-H* 曲線係如圖 5-4-10(a) 所示，該曲線因 *B* 係正比於磁通 ϕ，而 ϕ 爲一積分訊號，故 *B-H* 圖原則上係平滑（或平整），在 *H* 區間的 *XY* 段，磁化量較快地由負轉向正或反之亦然。特別是在 (a) 圖上畫圈處，即 H_C 附近，將之放大即見到原看似平滑連續之曲線實爲呈不連續多次跳躍狀，且若單次跳躍愈劇烈則對應之 *MH* 圖愈陡直。圖 5-4-10(b) 爲 *dM*/*dH* 對 *H* 作圖係代表微分訊號圖，故 *H* 在從 *X* 至 *Y* 的區段內 *dM*/*dH* 呈多批次的噪音峰（Noise peaks），且隨之 *H* 接近 H_C，該峰值逐漸變強（或高）。在 *X* 至 *Y* 區段以外，峰值減弱，當 $|H| >> H_S$ 則幾乎無峰值，故圖 5-4-10 代表從 *X* 至 *Y* 的

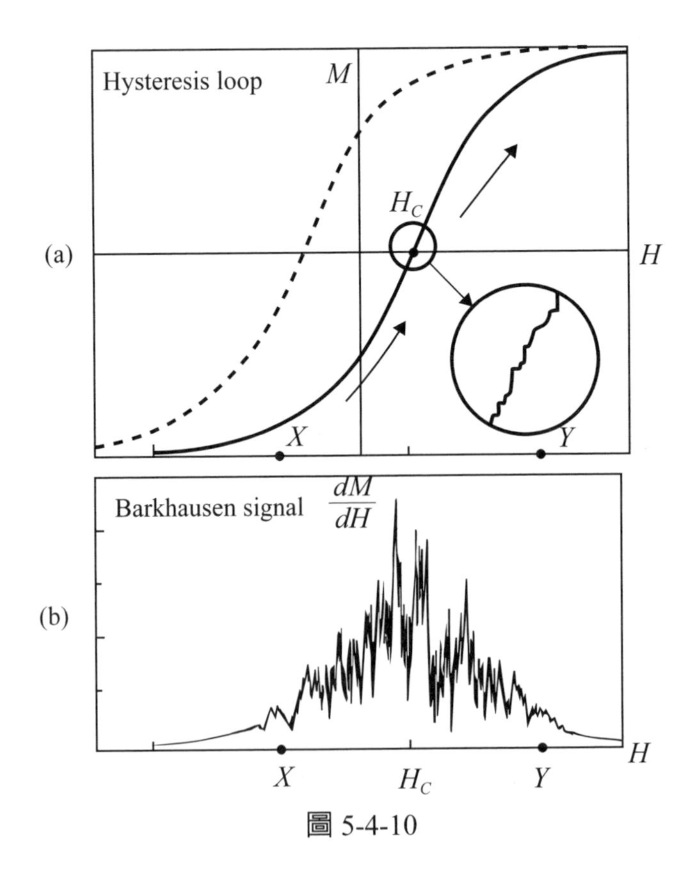

圖 5-4-10

磁化過程主要係由磁牆的移動（Domain-wall displacement）完成，在 H_C 附近磁牆移動量最猛，過了 H_C 則移動量減弱，從 Y 至 H_S 則磁化過程係由磁區或磁化量的轉動（Domain rotation）完成，該實驗也間接證明在鐵磁體內會有磁區（或磁壁）與釘扎場的存在。

5-4-4　磁單軸之易軸與難軸曲線

一、易軸在樣品面內

如圖 5-4-11(a) 所示，外加場 H 平行於易軸且在樣品面內，其磁化過程如前述主要藉由磁牆位移來完成，故其 M-H 磁滯曲線如圖 5-4-11(a) 呈細長狀態之易軸曲線特徵：H_C 相對較小，且該曲線在 H_C 附近近乎垂直 H 軸，方正比（Squareness ratio; SQR）接近於 1，方正比 $SQR \equiv M_r/M_S$。如圖 5-4-11(b) 所示，外加場 H 垂直易軸（或平行難軸）且仍在樣品面內，其磁化過程則主要藉由磁區（或磁化量）的轉動逐漸完成。理論上，當 H 等於異方場（H_K）時，轉動過程結束（M_S 被完全轉至平行於 H）。如圖 5-4-11(b)，$H_K = (2K_u)/M_S$，其中 K_u 爲磁單軸之異方性能，SQR 與 H_C 則幾乎爲零。

二、易軸垂直於樣品面

當 H 平行於易軸時，第一類之 M-H 磁滯曲線會如圖 5-4-12(a) 所示，唯 H_C 變成相對較大，故曲線呈低寬狀，SQR 則接近 1。其反向結核場 H_N 處於第二及四象限（即 $\overrightarrow{H_N}$ 反平行於 $\overrightarrow{M_S}$）$H_N \sim H_C = (2\alpha K_u)/M_S - N_{eff}M_S$，其中 α 爲晶粒取向參數，N_{eff} 爲晶粒有效去磁因子。第二類之 M-H 磁滯曲線則如圖 5-4-12(b) 所示，特徵爲 H_N 處於第一及三象限（即 $\overrightarrow{H_N}$ 係平行於 $\overrightarrow{M_S}$），當 H 由 H_S 降至 H_N，首先反向磁泡（Magnetic bubble domain）出現，繼續降低 H 則各磁泡伸展形成帶狀磁區。由於帶狀磁區其垂直向上與向下磁區所占的體積約相同，故當 $H = 0$ 時，$M_r \simeq 0$，$H_C \simeq 0$，如圖 5-4-12(b)。

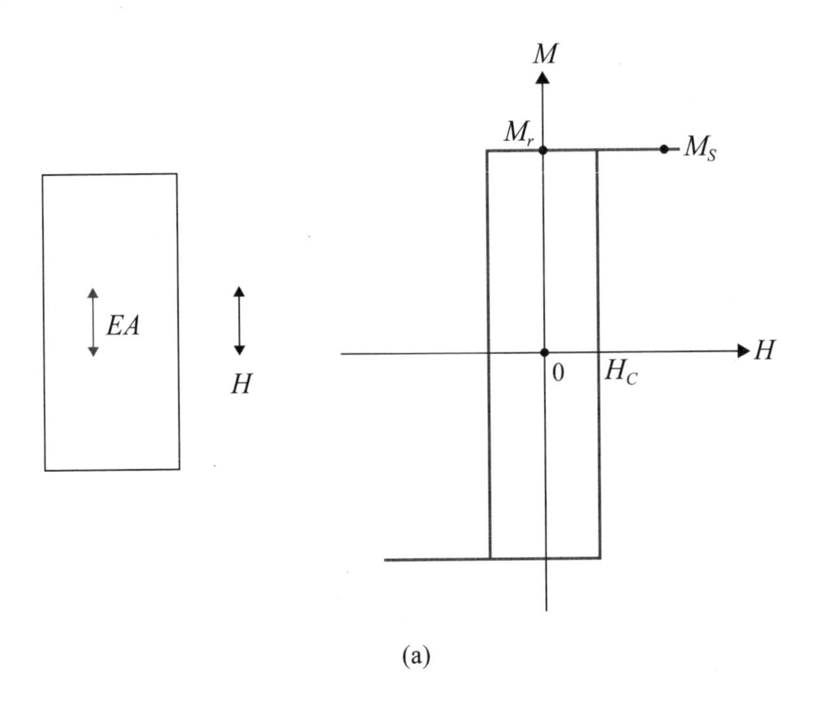

(a)

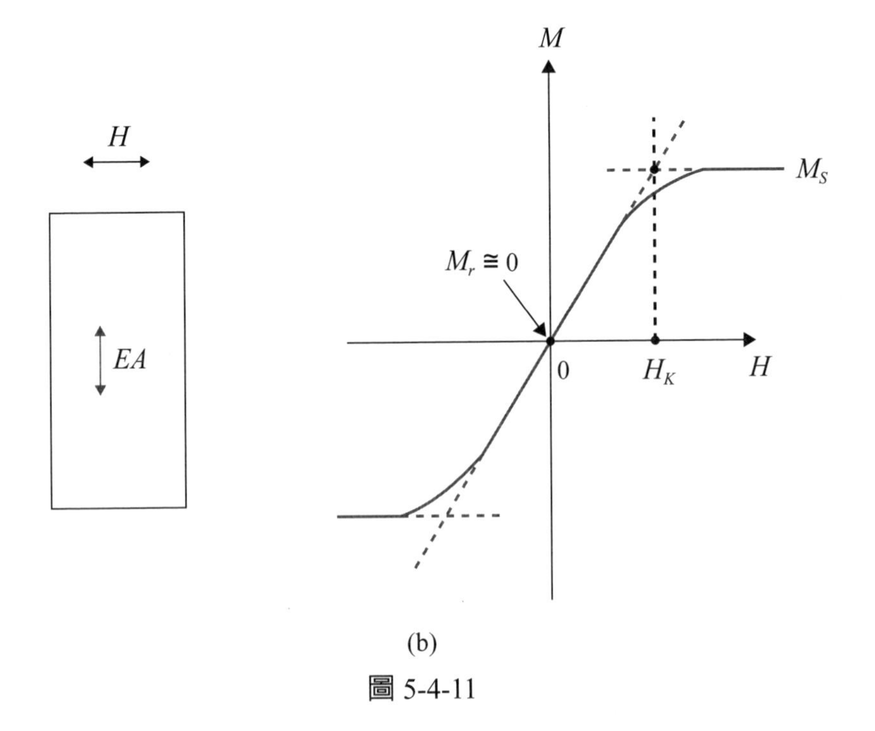

(b)

圖 5-4-11

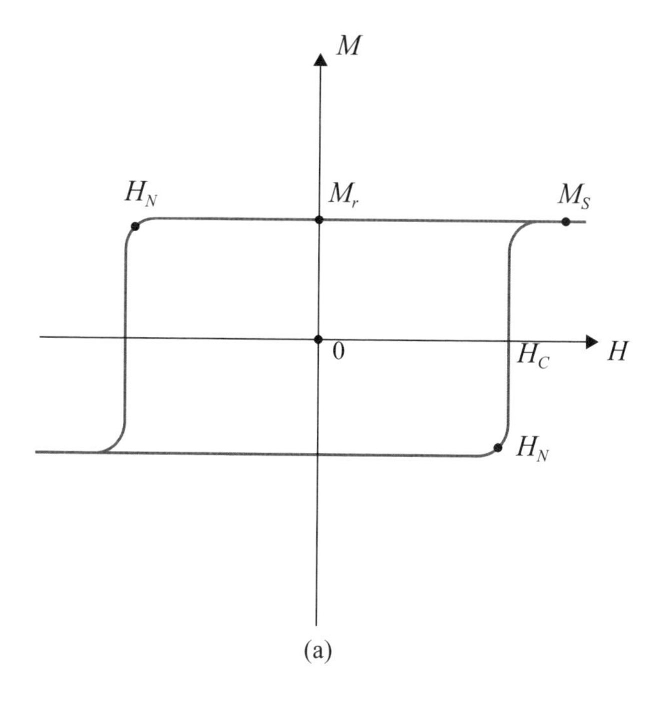

(a)

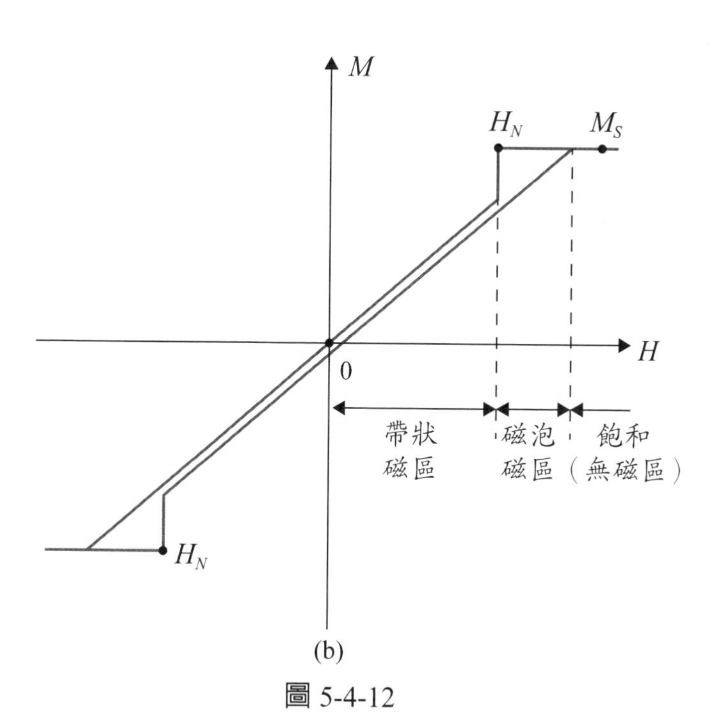

(b)

圖 5-4-12

三、加反鐵磁交換偏壓於易軸（Antiferromagnetic exchange bias）

有一種磁電阻（Magnetoresistance, MR）元件其結構如圖 5-4-13(a) 所示，在基板上有一層反鐵磁（AF）層，其上有一層被反鐵磁交換偏壓釘扎之軟磁鐵磁層（$F1$），再於其上爲一層非磁性之金屬層（N），最後，於頂層設置另一軟磁鐵磁層（$F2$）。控制 N 層的厚度以便在 $H = 0$ 時，$\overrightarrow{M}_{F1}$ 與 $\overrightarrow{M}_{F2}$ 爲反平行（或反鐵磁耦合）且 $M_{F1} = M_{F2} = M_S$（圖 5-4-13(b)），其中 H_b 爲反鐵磁交換偏壓場。事實上，$F1$ 與 $F2$ 可爲相同之鐵磁體，因此，可能認爲「上」磁滯曲線（代表 $F2$ 者）與「下」磁滯曲線（代表 $F1$ 者）應同樣寬（即相同 H_C）。爲何圖 5-4-13 中，但事實上，$F2$ 之磁滯曲線較窄（即 H_{C2} 較小），而 $F1$ 者較寬（即 H_{C1} 較大）？理由是，$F2$ 爲自由翻轉，故其 H_{C2} 實爲 $F2$ 之本徵，而 $F1$ 之自旋欲反翻時，除需對抗反鐵磁層施加之偏壓（H_b），另需連帶拖動（Drag）在反鐵磁界面層（Interface）中補償區（Copensated zone）中未翻轉列之自旋，故 H_{C1} 較大 [22, 23]。

5-4-5 磁單軸單磁區同調翻轉

第 3-9 節曾指出當鐵磁體顆粒足夠小時，其呈現爲單磁區，即在零外加場下，磁牆不存在。因此，對單磁區鐵磁體之磁化與去磁化過程，可以視爲單一飽和磁化量作均勻（Uniformly）及一致同調（Coherently）的翻轉，相關的詳細討論如下節所示，需注意，此處討論雖以單磁區之顆粒爲主，但在一些情況下，亦可適用於鐵磁體薄膜（Thin film），例如奈米尺寸之圓或柱形膜。

一、星狀圖（Asteroid）[24]

考慮一磁單軸單磁區顆粒，其易軸方向如圖 5-4-14 所示，外加磁場 H 與易軸夾角爲 θ_H，定義：$H_{//} = H\cos\theta_H$ 及 $H_\perp = H\sin\theta_H$，而在 H 下，飽和磁化量（M_S）與易軸夾角爲 θ，故其磁異方性能爲 $K\sin^2\theta$，因此，該磁

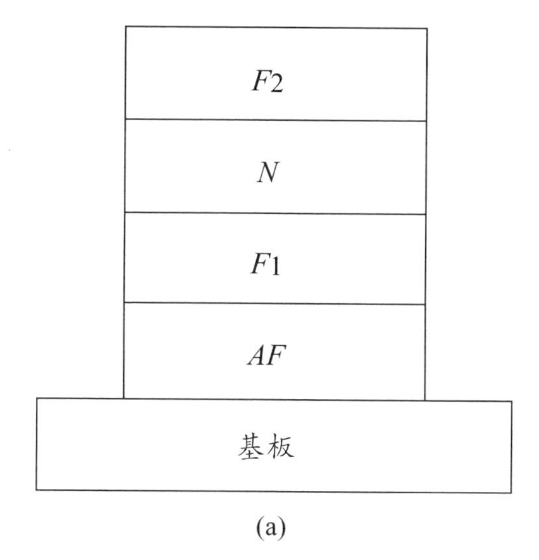

(a)

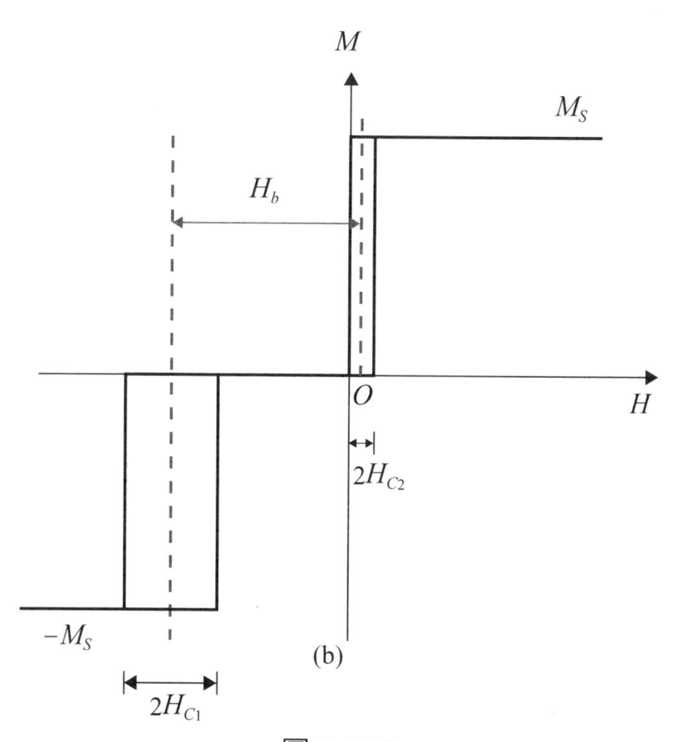

(b)

圖 5-4-13

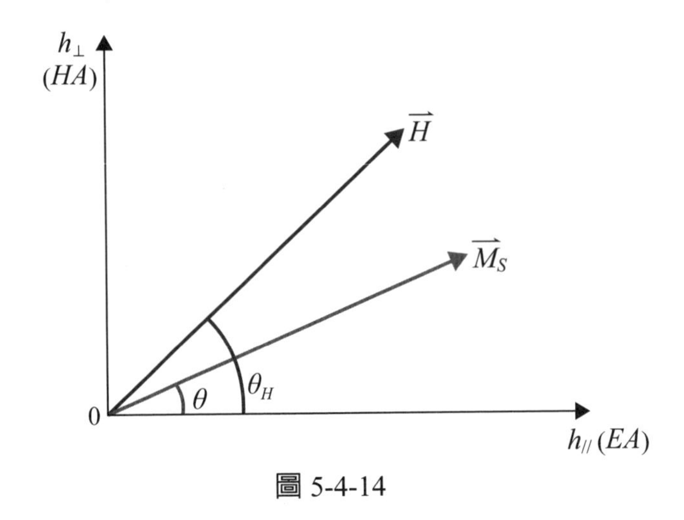
$h_\perp$
(HA)
$\vec{H}$
$\vec{M}_S$
θ_H
θ
0
$h_{//}\,(EA)$

圖 5-4-14

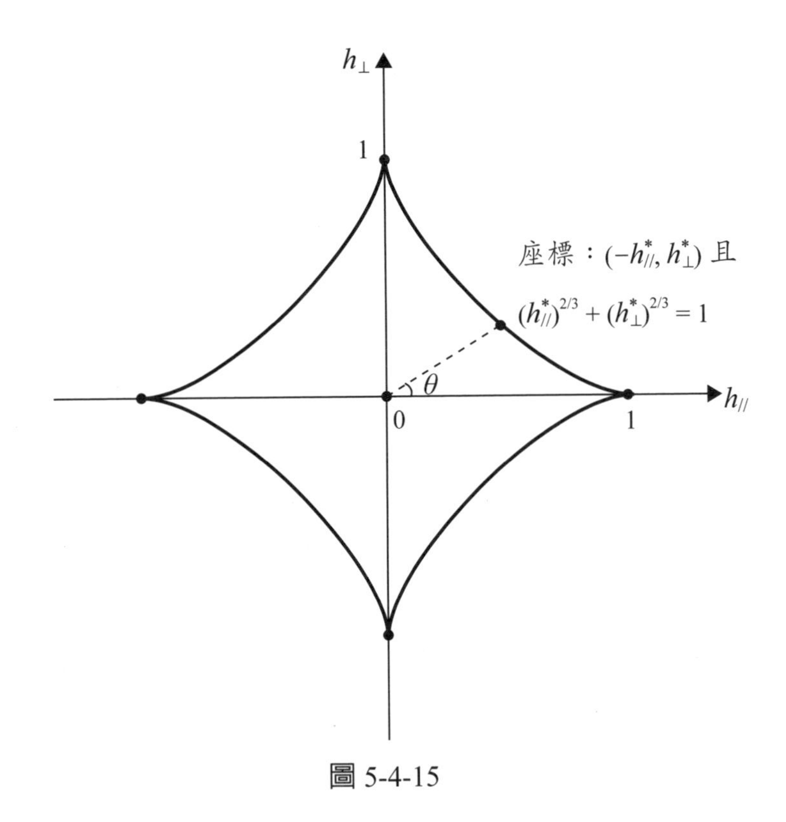
$h_\perp$
1
座標：$(-h_{//}^*, h_\perp^*)$ 且
$(h_{//}^*)^{2/3} + (h_\perp^*)^{2/3} = 1$
θ
0
1
$h_{//}$

圖 5-4-15

系統的總能量密度ε_T可寫爲$\varepsilon_T = E_T/V = K\sin^2\theta - M_S H\cos(\theta - \theta_H)$，經簡化得：

$$g_T = \frac{1}{2}\sin^2\theta - h\cos(\theta - \theta_H) \qquad (5\text{-}4\text{-}6)$$

其中 $g_T = \varepsilon_T/(2K)$，$h = H/H_K = (M_S/2K)H$。另外定義：$h_\perp = h\sin\theta_H$ 及 $h_{//} = h\cos\theta_H$，則式（5-4-6）可表示爲：

$$g_T = \frac{1}{2}\sin^2\theta - h_\perp\sin\theta - h_{//}\cos\theta \qquad (5\text{-}4\text{-}7)$$

爲討論該磁系統的穩定與不穩定分枝（Bifurcation）需滿足兩條件：$dg_T/d\theta = 0$ 及 $d^2g_T/d\theta^2 = 0$，因此，由 $dg_T/d\theta = 0$ 得 $[h_\perp/(\sin\theta)] - [h_{//}/(\cos\theta)] = 1$，由 $d^2g_T/d\theta^2 = 0$ 得 $[h_\perp/(\sin^3\theta)] + [h_{//}/(\cos^3\theta)] = 0$，將前兩式求聯立解 $h_\perp^*$ 及 $h_{//}^*$，得 $h_\perp^* = \sin^3\theta$ 及 $h_{//}^* = -\cos^3\theta$，故 $h_\perp^*$ 及 $h_{//}^*$ 即代表在一系列 θ 角情況下，磁系統由亞穩定（Meta-stable）至穩定（stable）或反之亦然的變界線。在 $h_{//}$ 與 $h_\perp$ 座標圖上，該邊界線由方程式 $(h_\perp^*)^{2/3} + (h_{//}^*)^{2/3} = 1$ 表示，如圖 5-4-15 呈星狀。

舉例：當 $\theta_H = \pi/4$ 時，如圖 5-4-16(a) 且當 h 大小係處於星狀內時，則可由 $\vec{h}$ 向量之端點分別對星狀變界作兩組切線〔如圖 5-4-16(a) 中之實線組與虛線組〕其中實線組兩切線爲亞穩定態的兩解，即由各切點指向 $\vec{h}$ 端點之方向，分別爲兩磁化量的方向（即分別平行於$\vec{M}_{S1}$ 及 $\vec{M}_{S2}$，其中 $|M_{S1}| = |M_{S2}| = M_S$），其中切線與易軸之夾角 θ^* 滿足方程式 $\tan\theta^* = (\partial h_\perp^*/\partial\theta)/(\partial h_{//}^*/\partial\theta)$。亦即在星狀區內有兩磁化量的雙解，表示當 $-0.5 < h < +0.5$，亞穩態爲 $\vec{M}_{S1}$ 及 $\vec{M}_{S2}$，而淨磁化量 $\vec{M} = \vec{M}_{S1} + \vec{M}_{S2}$。若 $|h| = 0.5$（$\theta = \pi/4$），則 $\vec{h}$ 端點將觸及星狀邊界，$\vec{M}_{S2}$ 會產生一翻轉（Switching）或稱爲巴克豪森跳躍（Jump），直至靠近 $\vec{M}_{S1}$ 之方向。若持續 $|h| > 0.5$，則 $\vec{h}$ 端點移出星狀區，此時只能對易軸有一切線（即唯一穩定態 $\vec{M}_{S1}$）如圖 5-4-16(b)。最後，當 $h \to \infty$時，$\vec{M}_{S1} \to \vec{M}_S // \vec{h}$。

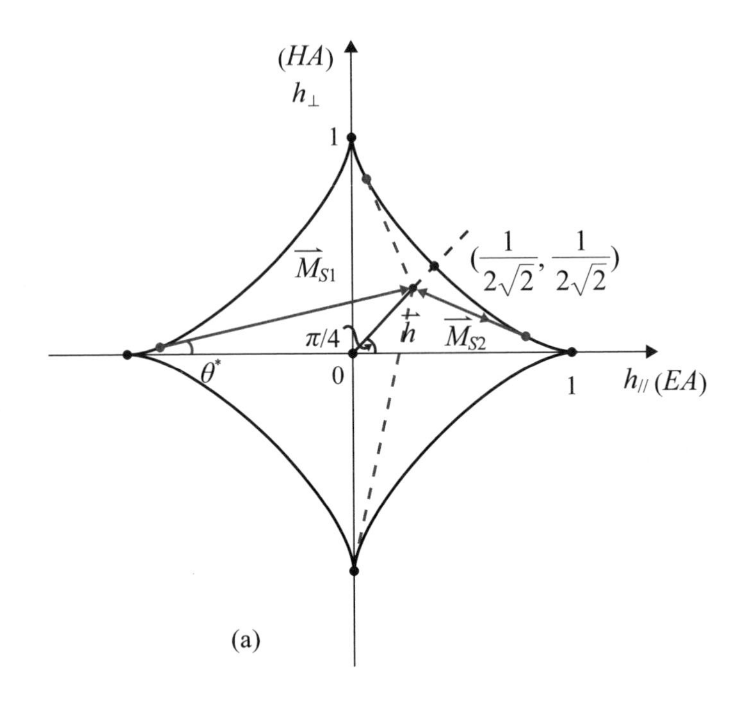

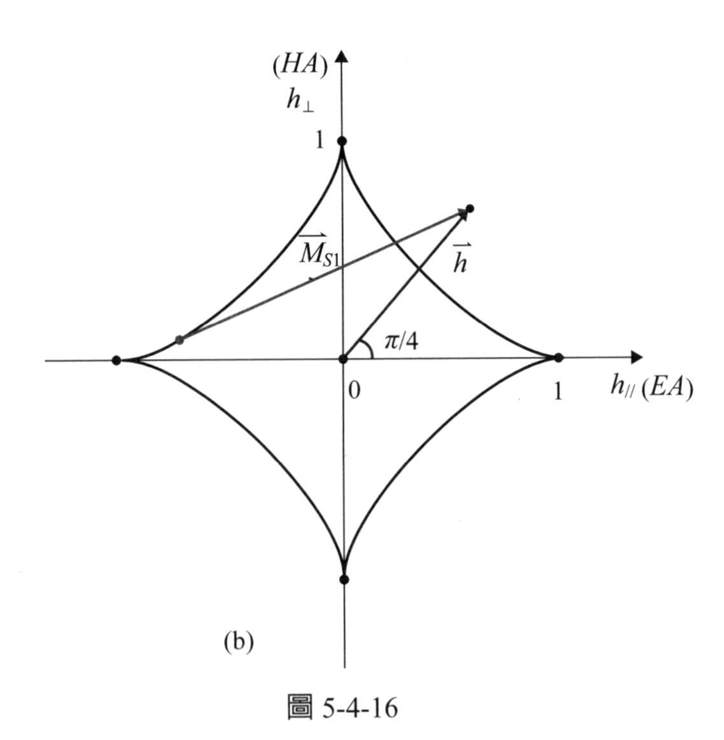

圖 5-4-16

另外一種方法係先定義沿場 H 之磁化量分量：$(M_H/M_S) = m = \cos(\theta - \theta_H)$，則式（5-4-6）可寫為：$g_T = f_\pm - hm$（利用 $\sin^2[(\theta - \theta_H) + \theta_H]$ 之展開其中 $f_\pm = (1/4) + [(1 - 2m^2)/4]\cos 2\theta_H \pm (1/2)(m)(\sqrt{1 - m^2}\sin 2\theta_H)$），且 $dg_T/d\theta = 0$ 相當於 $dg_T/dm = 0$（$\theta \neq \theta_H$），即 $\partial f_\pm/\partial m = h$，將之展開得：

$$-m\cos 2\theta_H \pm \left(\frac{1}{2}\right)\left[\frac{1 - 2m^2}{\sqrt{1 - m^2}}\right]\sin 2\theta_H = h \qquad (5\text{-}4\text{-}8)$$

若已知 θ_H 則可畫出 h vs. m 圖〔因式（5-4-8）中有正負號，故該圖有兩個〕。現若仍以 $\theta_H = \pi/4$ 為例，則該圖之方程式滿足 $2h = (1 - 2m^2)/(1 - m^2)^{1/2}$，其中 $-1 \le m \le +1$，如圖 5-4-17。當 $|m| = 1$ 時 h 需趨近∞，表示當 H 偏離易軸要完全飽和磁化，在此理論下，H（或 h）需無限大。

另外，由先前所推導所得星狀圖上之條件：$[h_{\perp S}/(\sin^3\theta)] + [h_{//S}/(\cos^3\theta)] = 0$，其中 $(h_{\perp S}, h_{//S})$ 代表圖上之點，即 $h_{\perp S} = \sin^3\theta$ 及 $h_{//S} = -\cos^3\theta$，可得：

$$(h_{//S})^{2/3} + (h_{\perp S})^{2/3} = 1 \qquad (5\text{-}4\text{-}9)$$

再將 $h_{\perp S} = h_S\sin\theta_H$ 及 $h_{//S} = h_S\cos\theta_H$ 代入式（5-4-9）得：

$$h_S = \frac{1}{[\sin^{2/3}\theta_H + \cos^{2/3}\theta_H]^{3/2}} \qquad (5\text{-}4\text{-}10)$$

h_S 為產生巴克豪森跳躍之臨界翻轉場。式（5-4-10）作圖為 5-4-18 之實線①部分。但因當 $\pi/4 < \theta_H < \pi/2$ 時，由式（5-4-8）中若採 $m = 0$ 定義 $h = h_C$，h_C 為頑磁力，則 $h_C < h_S$ 即 m 提早由正變為負，故此時，$h_C = \sin\theta_H\cos\theta_H$ 為圖 5-4-17 之虛線②部分。舉例：當 $\theta_H = \pi/4$ 時，$h_C = h_S = 0.5$，與前面結論一致。

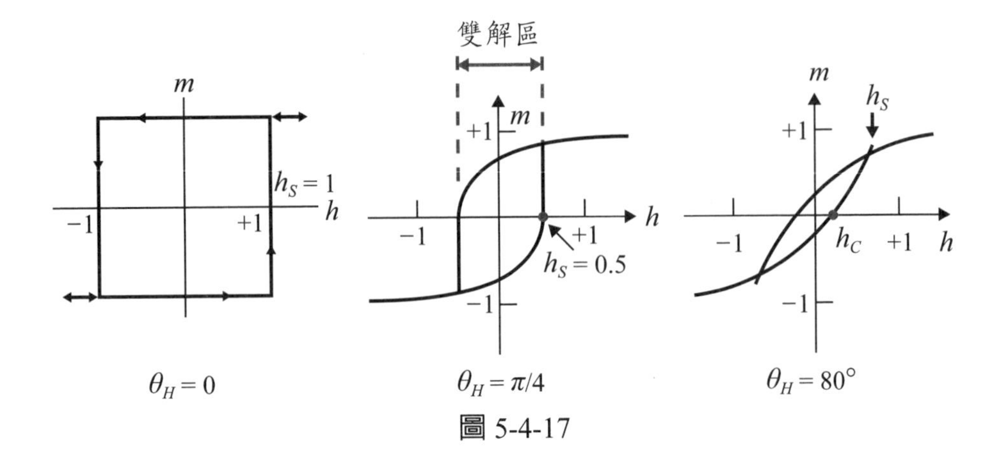

圖 5-4-17

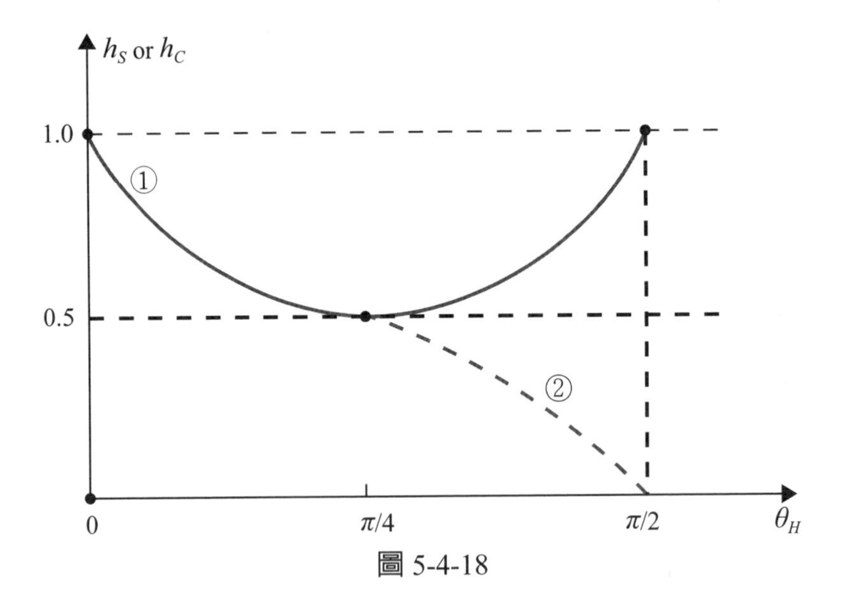

圖 5-4-18

5-4-6 臨近飽和磁化

當圖 5-4-14 中 $\theta \simeq \theta_H \to 0$ 時，若將 H 加大至 $H > H_S$，則沿磁場之磁化量 M_H 與 H 之實驗（或經驗）關係爲：

$$M_H = M_S\left[1-\frac{a}{H}-\frac{b}{H^2}\right]+\chi_{HF}H \qquad (5\text{-}4\text{-}11)$$

其中 a、b 為定值，χ_{HF} 為極高場下之磁化係數（High-field susceptibility）。通常適用 a/H 項之 H 區間約為 0.1 至 $1T$，a 產生的機制不確定，通常認為與該鐵磁體內之差排（Dislocation）或非磁夾雜物（Inclusion）有關。適用 b/H^2 項之 H 區約在 1 至 $2T$，b 產生的機制與異方性場 $H_K = 2K/M_S$ 有關，一般 $b = (4/15)(K/M_S)^2$ 其推導方式如下述：當 $H > H_S$ 時，式（5-4-8）中之 $m \to 1$，且第二項發散，因此 $h \cong (1/2)[1/(1+m)^{1/2}(1-m)^{1/2}]\sin 2\theta_H \simeq [1/(2\sqrt{2})][\sin 2\theta_H/(1-m)^{1/2}]$，將 m 以 θ_H 表示得 $m = 1 - [(\sin^2 2\theta_H)/8](1/h^2)$。若易軸在多晶體內為隨機任意方向，則在平均 $2\theta_H$ 後得 $m = M_H/M_S \simeq 1-(4/15)(K/M_S)^2/H^2$。最後，當 $H \geq 3T$，則對 M 對 H 圖近似一直線，其斜率為 χ_{HF}[25]。

5-4-7　交流磁滯曲線

當外加場 H 以交流頻率 f 作變換，即 $H = H_0e^{i\omega t}$，$\omega = 2\pi f$ 所得磁滯曲線，通稱之為交流磁滯曲線（AC magnetic hysteresis）。特別，在此我們欲以金屬鐵磁體為例，因此基於法拉弟法則（Faraday's law），當交流 H 驅動該磁體時，$dB/dt \neq 0$，故在金屬磁體內會產生渦電流（Eddy current），根據文獻[1]，渦電流強度會自平板式金屬鐵磁體之表面以 $e^{-z/\delta}$ 之速度遞減。換言之，當於板表面下之集膚深度（Skin depth; δ）時，渦電流效應大約終止，即 $z > \delta$ 時，鐵磁體內部之磁化量為固定不受外場 H 影響，經推論，δ 可寫為：

$$\delta = \sqrt{\frac{\rho}{\pi\mu f}} \qquad (5\text{-}4\text{-}12)$$

其中 ρ 為電阻率（Electrical resistivity），以純鐵為例，當 $f = 50$ Hz，

$\rho = 10\ \mu\Omega$cm，$\mu = 500$，計算出 $\delta = 0.1$ cm。這項結論亦代表爲何在變壓器（Trasformer）中矽鋼芯片爲避免浪費材料，其厚度 $t \lesssim 2\delta = 2$ mm。從另一角度說，若以 $2\delta = t = 50\ \mu$m 之相同磁材條件，則渦電流臨界頻率（Critical frequency; $f_C = 4\rho/(\pi t^2\mu)$）爲 80 kHz，即 $f > f_C$ 時，交流磁場大部分被排斥於磁體外。

以上有關渦電流的討論，基本上係以「環體」或「整體」渦電流（Global eddy current）觀點爲主，另外，按以下的討論，由於磁牆的存在，當交流 H 作用於磁牆將會令其作來回的運動，因此，在磁牆附近亦會產生以「侷限」（Local）觀點之異常性渦電流（Anomalous eddy current）。

一、磁牆移動模式（Domain wall displacement model）

金屬鐵磁體內帶狀磁牆分布情況如圖 5-4-4(c) 所示，外加交流場 $H = H_0 e^{-i\omega t}$ 平行於磁體之易軸，且假設 $t < \delta/2$。在 H 作用下，單一磁牆之運動方程式可寫爲：

$$\left[\frac{1}{\Lambda_i} + \frac{1}{\Lambda_e}\right]\left(\frac{dx}{dt}\right) + \left[\frac{H_C}{x_C}\right]x = (H - H_d) \qquad (5\text{-}4\text{-}13)$$

其中 $(\Lambda)^{-1} = (\Lambda_i)^{-1} + (\Lambda_e)^{-1}$，$\Lambda$ 爲磁牆遷移率（Wall mobility），Λ_i 爲本徵（Intrinsic）遷移率，Λ_e 爲渦流影響遷移率（$\Lambda_e = (\pi^3\rho)/(8.4tM_S)$）[26]，$x$ 爲磁牆因 H 而產生之位移量圖 5-4-4(c)，H_d 爲在磁牆之去磁場強度，A 爲磁牆面積。注意，此處之 H_d 與先前定義之 H_D 略有不同。$H_d = D_W\langle M\rangle$，此處 D_W 不同於 N_d，由式 5-4-5 得 $H_d = [2D_W M_S/a]x$，將 $x = x_0 e^{i\omega t}$ 及 $H = H_0 e^{i\omega t}$ 代入式（5-4-13）得

$$x = \frac{H_0}{K_P + i(\omega/\Lambda)} e^{i\omega t} \qquad (5\text{-}4\text{-}14)$$

其中 $K_P = (H_C/X_C) + (2D_W M_S/a)$。在釘扎模型下，當 $|x| = x_C$ 時，$H_0 = H_C(f)$，

因此，

$$H_C = (x_C K_P)^2 + [(\omega/\Lambda)^2 x_C^2] \quad (5\text{-}4\text{-}15)$$

從文獻 [26,27] 知，當頻率（f）變大時，磁區的尺寸（a）無法保持不變，由磁區觀察發現當 $B/B_S \simeq 0.6$ 至 0.9 及 $f \gtrsim 40$ Hz，a 由靜態時的 a_0 值隨 f 增大而變細，經驗公式：$a = a_0/[1 + Cf^{1/2}]$，C 爲大於零之常數（$Cf^{1/2} < 1$），將之代入式（5-4-15），最後，得關係式：

$$[H_C(f)]^2 = (x_C\xi_C)^2 + Xf^2 + Yf + Zf^{1/2} \quad (5\text{-}4\text{-}16)$$

$$x_C\xi_C = H_C + (2D_W M_S x_C/a_0)$$

$$X = (2\pi x_C/\Lambda)^2$$

$$Y = (2x_C D_W M_S C/a_0)^2$$

$$Z = (2D M_S C/a_0)[2\xi_C + (4D_W M_S/a_0)]$$

由文獻 [28] 第 II 表及圖 2.3 知，在 4 Hz $\leq f \leq$ 3 kHz，Yf 項爲主導（即 $Yf > Zf^{1/2} >> Xf^2$），故在該頻率區間 $[H_C(f)]^2 \simeq (x_C\xi_C)^2 + Yf$，當繪 H_C 對 f 作圖應呈一拋物線如圖 5-4-19 曲線②所示。因此，在 H_0 固定情況下，H_C 大約正比於 $f^{1/2}$。以上討論係以非晶鐵磁薄帶爲準，若以鐵磁塊材爲例，則該討論需作下列修正：一般而言，若非晶鐵磁薄帶之 $\Lambda_e \simeq 1$（任意單位），則鐵磁塊材（例如單晶矽鋼磁體）[27] 其 $\Lambda_e \simeq 4\times10^{-3}$。因此在單晶矽鋼〔鏡框（Picture frame）〕情況下式（5-4-16）中 $\Lambda \rightarrow \Lambda_e$ 及 $Xf^2 \propto (\Lambda_e)^{-2} f^2$ 項之值（較非晶鐵磁薄帶者）大量地加大，即在相同 4 Hz $\leq f \leq$ 3 kHz 範圍 $[H_C(f)]^2 \simeq Xf^2$，如將 H_C 對 f 作圖，應呈一直線①（如圖 5-4-19 所示），即 H_C 大約正比於 f。綜論，就磁損（Magnetic loss; W）而言，定義 $W \equiv fH_C$ 可得下列關係：

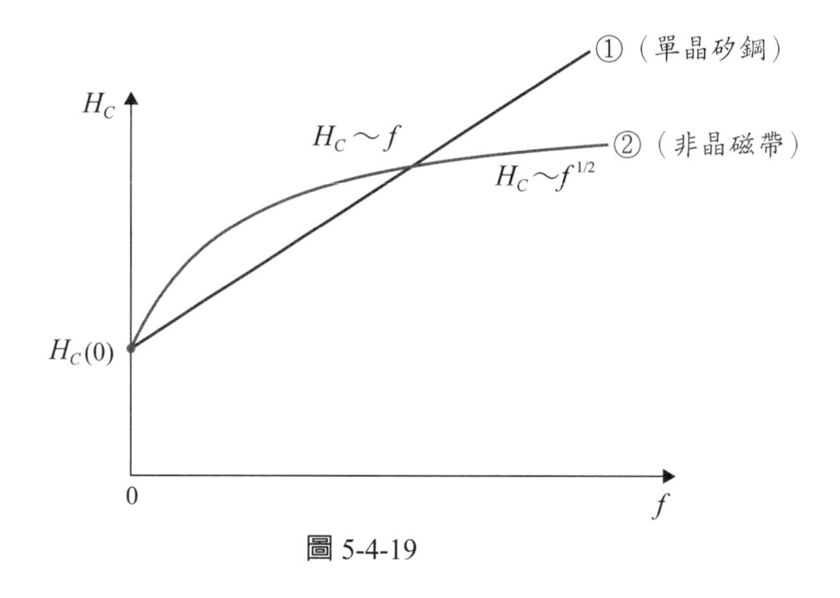

圖 5-4-19

$$W = \begin{cases} af + bf^{1.5} = W_h + W'_e & （非晶薄帶） \\ cf + df^2 \ = W_h + W_e & （矽鋼鏡框） \end{cases} \qquad (5\text{-}4\text{-}17)$$

其中 W_h 爲磁滯磁損（Hysteresis loss），W_e 及 W_e' 爲異常渦流磁損（Anomalous eddy-current loss），也因此可得結論爲：在中低頻時非晶鐵磁薄帶之磁損增加速度，低於矽鋼鏡框。換言之，在中低頻，前者之磁損主要來自磁區細化，而後者（因 ρ 減小，t 增大）其磁損主要來自異常性渦流。

從另一觀點，假設（環體或正常）渦流損（Normal eddy-current loss）爲主要，則按麥克斯威爾方程式：$\partial H/\partial y = j$ 及 $\partial j/\partial y = \sigma(dB/dt)$，其中 j 爲渦流電流密度，$-t_B/2 \le y \le +t_B/2$，$\sigma = 1/\rho$。因此，得 $j = \sigma(dB/dt)y$ 及 $H = \int j\,dy$，代入邊界條件（$H = H_0$ 當 $|y| = t/2$）。進一步渦流磁損 W_e 可由下式計算：

$$W_e = \int \frac{(j)^2}{\sigma}\,dy = \frac{\sigma(t_B)^2}{12}\left(\frac{dB}{dt}\right)^2 \qquad (5\text{-}4\text{-}18)$$

不論以 $B = B_0 \sin \omega t$ 或 B 為三角波，式（5-4-18）的結果均為 $W_e \propto [(t_B)^2/\rho] \times B^2 f^2$。而式（5-4-17）中亦可得其係數 $d \propto (t)^2 (M_S)^2/\rho$，兩個觀點於 f^2 的結論乃一致。唯隨 f 的增加，式（5-4-17）之 W_e' 值會愈大於式（5-4-18）之 W_e 者。定義異常因子（Anomaly factor, η），$\eta = [W$(5-4-17 含磁區）$- W_h] / [$W(5-4-17 不含磁區）$- W_h] > 1$。

二、複數磁導率（Complex permeability）或磁化率

由先前討論，當磁牆仍處於釘扎場內，式（5-4-3）顯示 $\langle M \rangle = (2x/a)M_S$，再將式（5-4-14）代入，得：

$$\langle M \rangle = \frac{(2M_S/a)[K_P - i(\omega/\Lambda)]}{(K_P)^2 + (\omega/\Lambda)^2} H = \left(\frac{2M_S}{aK_P}\right) \frac{[1 - i(\omega/\omega_d)]}{1 + (\omega/\omega_d)^2} H \quad (5\text{-}4\text{-}19)$$

其中 $\omega_d = (\Lambda K_P)$，當 D_W 很小，$K_P \to H_C/x_C$，故 $\omega_d \to \Lambda H_C/x_C$ 及相位角 $\tan \delta_d = \omega/\omega_d$。現假設 $\Lambda \simeq \Lambda_e$ 則 $\omega_d \simeq 2\pi f_d \simeq [(\pi^3 \rho)/(8.4tM_S)](H_C/x_C)$，故 $f_d = (1.17\rho)/(at\mu_{RO})$，其中曾利用到式（5-4-5），$\mu \simeq \chi$，及 $\langle M \rangle = \mu H \equiv (\mu_R - i\mu_I)H$。而 μ_{RO} 為在 $f = 0$ 時之起始磁導率。當 $f = f_d$ 時，$\mu_R = \mu_I = (1/2)\mu_{RO}$ 及 $\delta_d = \pi/4$。

其次，若考慮磁牆之等效質量（Wall mass per unit area; m_W，見第六章有關磁牆的討論）則式（5-4-13）運動公式應改為：

$$\left(\frac{m_W}{2M_S}\right)\frac{d^2x}{dt^2} + \left(\frac{1}{\Lambda}\right)\frac{dx}{dt} + \left(\frac{H_C}{x_C}\right)x = (H - H_d) \quad (5\text{-}4\text{-}20)$$

將 $x = x_0 e^{i\omega t}$ 及 $H = H_0 e^{i\omega t}$ 代入可得（假設 $H_C/x_C >> (2D_w M_S/a)$）：

$$x_0 = \frac{(x_C/H_C)H_0}{[1 - (\omega/\omega_R)^2] + i(\omega/\omega_d)} \quad (5\text{-}4\text{-}21)$$

其中 $(\omega_R)^2 = (2M_S H_C)/(m_W/x_C)$ 及 $\omega_d \simeq (\Lambda H_C)/x_C$，於是該磁牆的振幅

（Oscillating amplitude; $|x_O|$）為：

$$|x_O| = \frac{(x_C/H_C)H_O}{\sqrt{[1-(\omega/\omega_R)^2]^2+(\omega/\omega_d)^2}} = \frac{(x_C/H_C)\,H_O\,(\omega_R)^2}{\sqrt{(\omega_R^2-\omega^2)^2+(\omega/\omega_d)^2(\omega_R)^4}} \quad (5\text{-}4\text{-}22)$$

故當 $\omega = \omega_R = [(2H_CM_S)/(x_Cm_W)]^{1/2}$ 時，磁牆的振動會產生共振（Resonance）。同時，由式（5-4-21）可推導得：

$$\mu_R = \frac{[(\omega_R)^2-\omega^2]\mu_{RO}}{[(\omega_R)^2-\omega^2]^2+(\omega/\omega_d)^2(\omega_R)^4} \quad (5\text{-}4\text{-}23)$$

$$\mu_I = \frac{\omega(\omega_R)^3\mu_{RO}}{[(\omega_R)^2-\omega^2]^2+(\omega/\omega_d)^2(\omega_R)^4}$$

由 $\partial\mu_R/\partial\omega = 0$ 可得 μ_R 對 ω 圖中之極大（Max）和極小（Min）頻率，分別為 $\omega_{max} = \omega_R[1-(\omega_R/\omega_d)]^{1/2}$ 及 $\omega_{min} = \omega_R[1+(\omega_R/\omega_d)]^{1/2}$。若 $\omega_R << \omega_d$，則 $\omega_{max} \simeq \omega_R[1-(1/2)(\omega_R/\omega_d)]$，$\omega_{min} = \omega_R[1+(1/2)(\omega_R/\omega_d)]$。將 ω_{max} 及 ω_{min} 之正解代入式（5-4-23）並假設 $\omega_R << \omega_d$，則 $(\mu_R)_{max} \simeq (\mu_{RO}/2)(\omega_d/\omega_R)$，$(\mu_R)_{min} \simeq -(\mu_{RO}/2)(\omega_d/\omega_R)$。可以證明 $(\mu_R)_{max}$ 與 $(\mu_R)_{min}$ 分別對應於 $(\mu_I)_{max}$ 之半高點。同時，由 $\partial\mu_I/\partial\omega = 0$ 條件可得 $\omega_r = \omega_R F(\omega_R/\omega_d)$，其中 F 為 ω_R/ω_d 之函數。因此，若 $\omega_R << \omega_d$，μ_R 共振點 $\omega_r = \omega_R$，半高寬（$FWHM$; $\Delta\omega$）$\Delta\omega = \omega_{min} - \omega_{max} \simeq (\omega_R)^2/\omega_d$。反之，若 $\omega_R >> \omega_d$，則式（5-4-23）將簡化為 $\mu_R \simeq (\mu_{RO})/[1+(\omega/\omega_d)^2]$，與 $\mu_I \simeq (\mu_{RO})(\omega/\omega_d)/[1+(\omega/\omega_d)^2]$，共振點 ω_d。圖 5-4-20(a) 為 $\omega_R << \omega_d$ 情況下，圖 5-4-20(b) 為 $\omega_R >> \omega_d$ 情況下 μ_R 與 μ_I 分別對 ω 之圖。

再就前述有關共振的一些實驗參數例舉並作比較：設採 $Fe_{40}Co_{40}B_{20}$ 薄膜，其 $t \simeq 100$ nm，$M_S = 1.55$ T，$\rho = 1.68\times10^{-6}$ Ωm，$\mu = \mu_{RO} \simeq 1000$，$a \simeq 100 \sim 200$ μm，$m_W = 2\times10^{-7}$ kg/m²，$H_C = 15$ Oe，$x_C = 4$ μm，則可計算出 $f_R \simeq 8.7$ MHz 及 $f_d \simeq 0.2$ MHz。以上是有關金屬鐵磁體之參數，對於非金屬

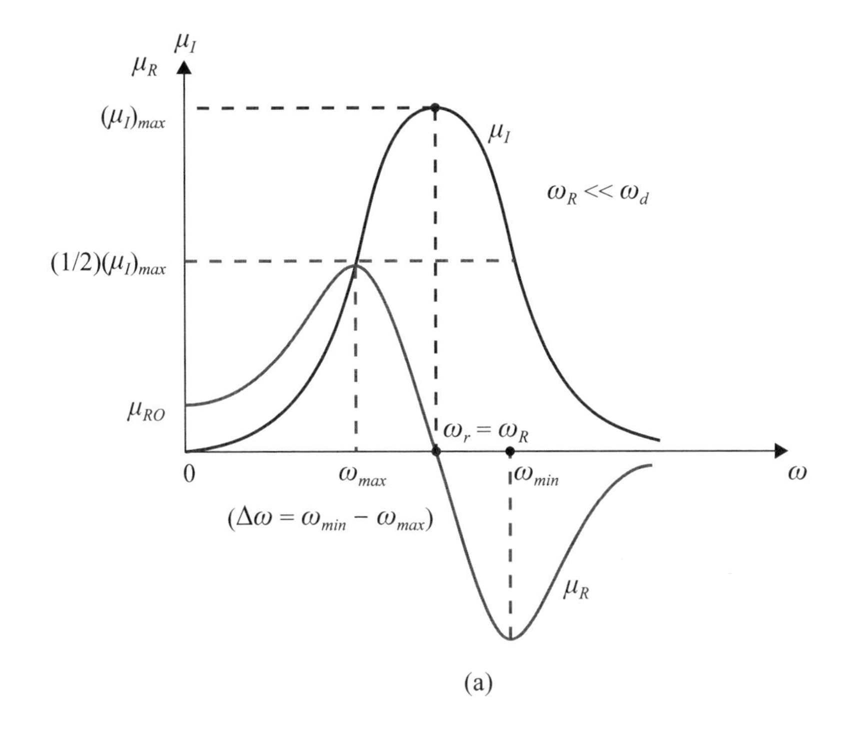

μ_I
μ_R
$(\mu_I)_{max}$
μ_I
$\omega_R << \omega_d$
$(1/2)(\mu_I)_{max}$
μ_{RO}
$\omega_r = \omega_R$
0
ω_{max}
ω_{min}
ω
$(\Delta\omega = \omega_{min} - \omega_{max})$
μ_R

(a)

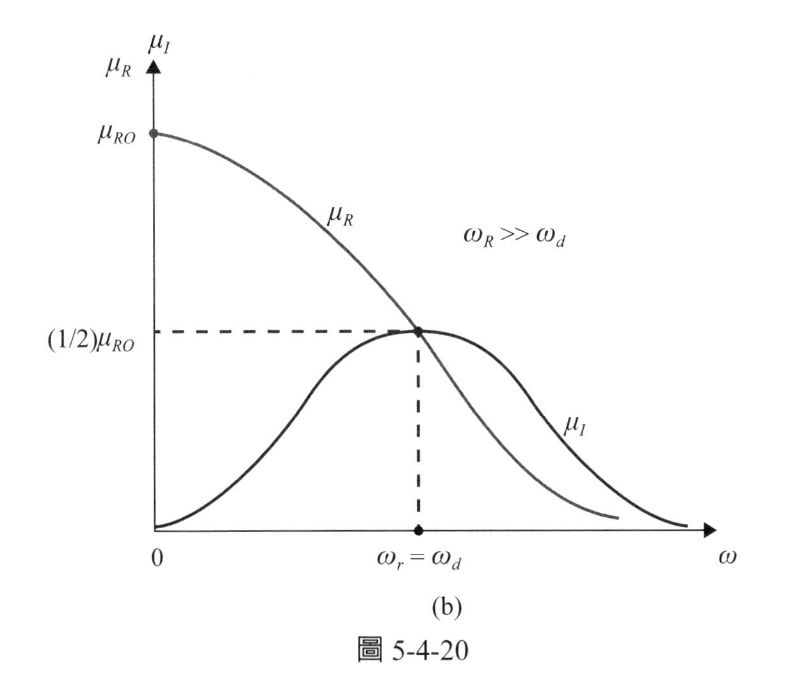

μ_I
μ_R
μ_{RO}
μ_R
$\omega_R >> \omega_d$
$(1/2)\mu_{RO}$
μ_I
0
$\omega_r = \omega_d$
ω

(b)

圖 5-4-20

亞鐵磁體，首先，f_R 大致相同，但 f_d 則因為需利用到 Λ_i 而非 Λ_e（對非金屬而言 $\Lambda_e = 0$），而 $(1/\Lambda_i) = \beta_i/(2M_S)$ 且 $\omega_d = 2\pi f_d = (2M_SH_C)/(\beta_i x_C)$，以鎳鐵氧體（Nickel ferrite; $NiFe_2O_4$）為例，在室溫 $M_S = 0.3$ T，$\beta_i = 0.334$（將於本章附註討論 β_i 之計算），故 $f_d = 339$ MHz。

三、鐵磁共振（Ferromagnetic resonance; FMR）[6][18]

當 $f >> f_R$，上一節所描述藉由磁牆移動而完成之磁化現象將結束，即磁牆在此段高頻（f）情況下將趨於靜止，接著而起的磁化作用稱之為鐵磁共振，即當該鐵磁體處於足夠大之外場（$H > H_S$）下，所有的自旋磁矩會繞著 H 作體同調式進動運動（Coherent precessional motion），而當橫向施加之交流場（h）之頻率等於進動頻率時，產生鐵磁共振。實驗裝置之示意圖如圖 5-4-21(a) 所示。其中 EA 為易軸方向，H 為沿 EA 之可變強度直流磁場，$h = h_0e^{-i\omega t}$ 為橫向驅動自旋（箭號① $\overrightarrow{M_S}$）繞 EA 作進動運動交流場，共振時，交流頻率約在微波範圍，該共振現象若以方程式表示，則為如圖 5-4-21(b)：

$$\frac{d\overrightarrow{M_S}}{dt} = \gamma\overrightarrow{M_S}\times\overrightarrow{H_e} + \frac{\lambda}{M_S^2}[\overrightarrow{M_S}\times(\overrightarrow{M_S}\times\overrightarrow{H_e})] \qquad (5\text{-}4\text{-}24)$$

其中對電子 $\gamma < 0$ 且 $\lambda < 0$，第一項代表當有效磁場作用於 $\overrightarrow{M_S}$ 時之外力矩，第二項代表蘭道－利弗席茲阻尼（Landu-Lifshitz damping）或鬆馳（Relaxation），γ 為第 2-1 節提及之磁旋比，依定義 $|\gamma| = (g\mu_B)/\hbar = g\times 8.795\times 10^6$（Hz/Oe），且 $\overrightarrow{H_e}$ 為有效磁場，可以下式表示：

$$\begin{aligned}\overrightarrow{H_e} &= \overrightarrow{H} + \overrightarrow{h} + \overrightarrow{H_d} + \overrightarrow{H_K} \qquad (5\text{-}4\text{-}25)\\ &= \overrightarrow{H} + \overrightarrow{h} - \overrightarrow{N_d}\cdot\overrightarrow{M} + \overrightarrow{H_K}\end{aligned}$$

首先，作下列假設：1. 先忽略阻尼效應，2. 鐵磁樣品為非金屬，3. 樣品

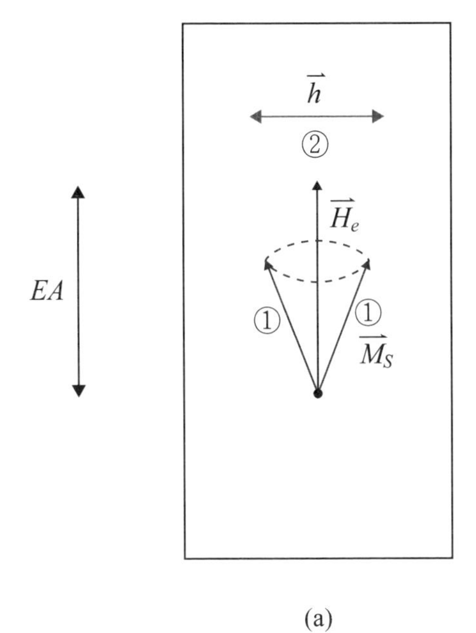
$\vec{h}$
②
$\vec{H}_e$
EA
①
①
$\vec{M}_S$

(a)

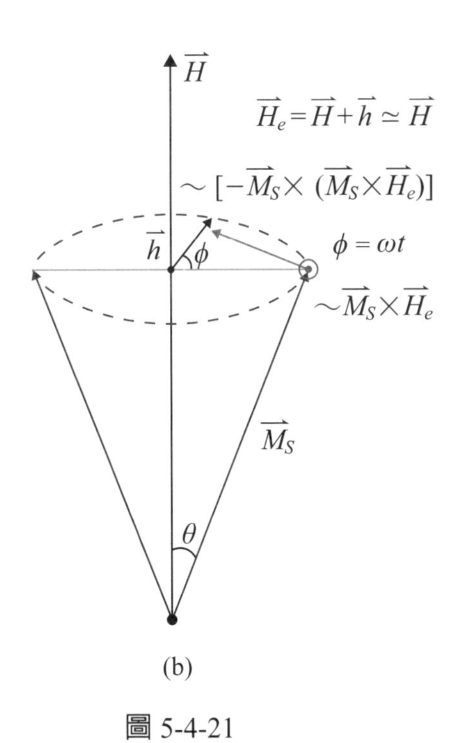
$\vec{H}$
$\vec{H}_e = \vec{H} + \vec{h} \simeq \vec{H}$
$\sim [-\vec{M}_S \times (\vec{M}_S \times \vec{H}_e)]$
$\vec{h}$
ϕ
$\phi = \omega t$
$\sim \vec{M}_S \times \vec{H}_e$
$\vec{M}_S$
θ

(b)

圖 5-4-21

在共振腔（Cavity）中係位於均勻磁場（H）位置區，4. $\vec{h}_o = h_{ox}\vec{x} + h_{oy}\vec{y}$，$\vec{h} \perp EA$，5. $\vec{H}$ 平行於 z 軸，6. $\vec{M} = \vec{M}_S + \vec{m}_1(t)$，其中 $\vec{M}_S = M_S\vec{z}$，$\vec{m}_1(t) = \vec{m}_1 e^{i\omega t} = m_{1x}\vec{x} + m_{1y}\vec{y}$，7. $\vec{H} = H_K(\vec{x} + \vec{y}) = (2K_u/M_S)[\vec{x} + \vec{y}]$，再將式（5-4-25）代入（5-4-24）得：

$$i\omega m_{1x} = \frac{\partial m_{1x}}{\partial t} = \gamma m_{1y}[H + (N_{dy} - N_{dz})M_S + H_K] - M_S h_{oy} \qquad (5\text{-}4\text{-}26)$$

$$i\omega m_{1y} = \frac{\partial m_{1y}}{\partial t} = -\gamma m_{1x}[H + (N_{dx} - N_{dz})M_S + H_K] + M_S h_{ox}$$

鐵磁共振時，爲當 $h_{ox} = h_{oy} = 0$ m_{1x} 與 m_{1y} 爲非一般解（Non-trivial solutions），即在 $\omega = \omega_r$（$\omega_r = 2\pi f_r$，f_r 爲鐵磁共振頻率）及 $H = H_r$（H_r 爲共振場）時，需滿足下列條件：

$$\left(\frac{\omega_r}{\gamma}\right)^2 = \left(\frac{f_r}{\nu}\right)^2 = [H_r + H_K + (N_{dy} - N_{dz})M_S][H_r + H_K + (N_{dx} - N_{dz})M_S] \qquad (5\text{-}4\text{-}27)$$

其中 $\nu = \gamma/2\pi = 1.4 \times g$ (MHz/Oe)。

若樣品爲扁平之圓盤（Disc），而 $\vec{M}$ 係躺在盤面內，則 $N_{dy} \cong N_{dz} \cong 0$，$N_{dx} \cong 4\pi$ 式（5-4-27）簡化爲：

$$\left(\frac{f_r}{\nu}\right)^2 = (H_r + H_K)(H_r + H_K + 4\pi M_S) \qquad (5\text{-}4\text{-}28)$$

$$= (H_r)^2 + (2H_K + 4\pi M_S)H_r + H_K(H_K + 4\pi M_S)$$

因此，共振實驗中，輸入已知之固定頻率（f_o）微波場，且在掃場（H 改變）時，當 $H = H_r$ 會產生一共振吸收峰（如圖 5-4-22），另外從輔助實驗（如磁滯曲線測量得 H_K 及 $4\pi M_S$）將其代入式（5-4-28）中設 $f_r = f_o$ 可解出 ν 值，知道 ν 即可測出該鐵磁體之 g 值。圖 5-4-22 中另顯示吸收峰

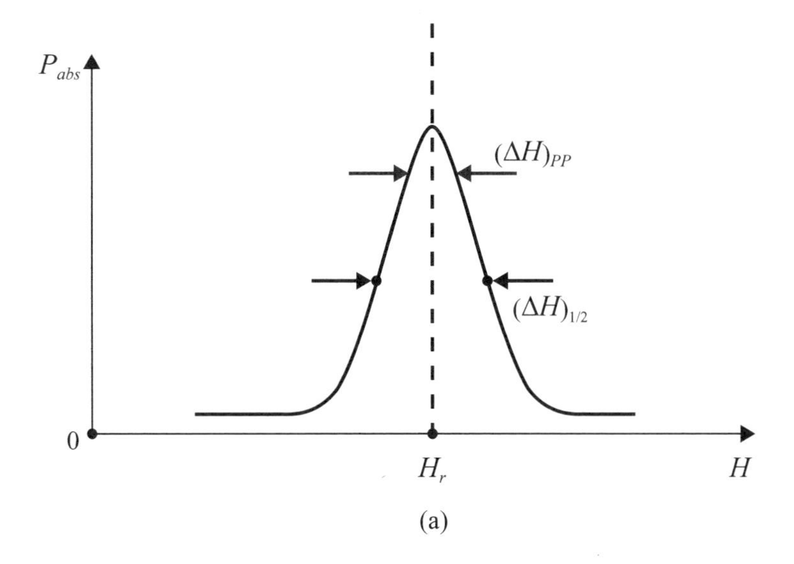

(a)

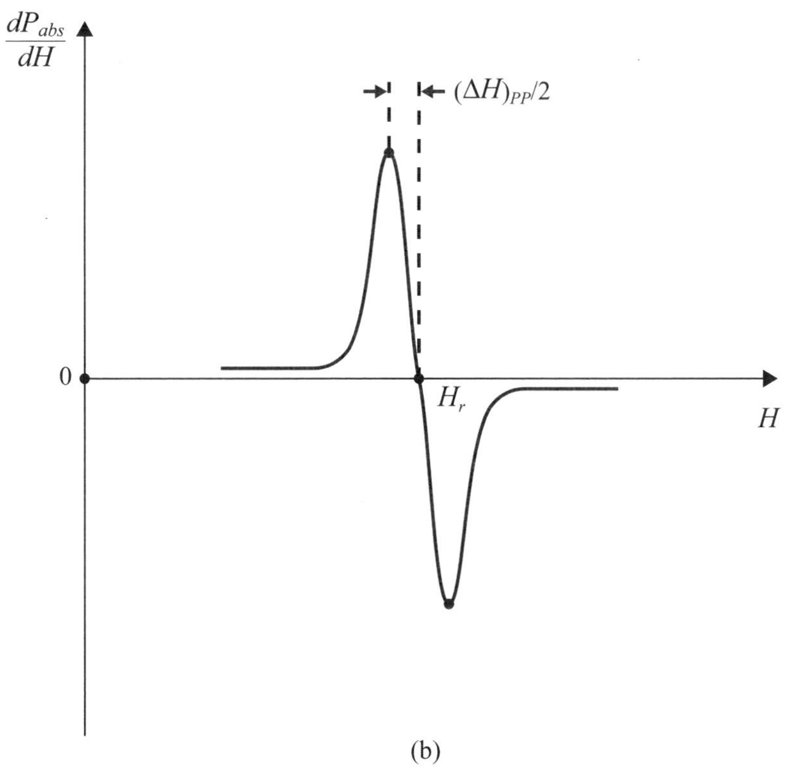

(b)

圖 5-4-22

之半高寬（Full width at half maximum around the resonance field; $\Delta H_{1/2}$）。由於 $\Delta H_{1/2}$ 產生機制涉及阻尼現象，將於之後討論。在此先討論，當式（5-4-28）中 $H_r = 0$ 時，定義爲自然共振（Natural resonance），自然共振頻率（f_{FRM}）爲 $f_{FMR} = v[H_K(H_K + 4\pi M_S)]^{1/2}$，由於通常 $H_K << 4\pi M_S$，故得 $f_{FMR} \simeq v[H_K 4\pi M_S]^{1/2}$。

同時，式（5-4-24）亦可表示爲下列形式：

$$\frac{dM_z}{dt} = \gamma(\overrightarrow{M} \times \overrightarrow{H_e})_z + (M_S - M_z)/T_1 \qquad (5\text{-}4\text{-}29)$$
$$\frac{dM_x}{dt} = \gamma(\overrightarrow{M} \times \overrightarrow{H_e})_x - M_x/T_2$$
$$\frac{dM_y}{dt} = \gamma(\overrightarrow{M} \times \overrightarrow{H_e})_y - M_y/T_2$$

其中 T_1 及 T_2 分別爲磁化量平行（Longitudinal）及縱向（Transverse）方向之鬆弛時間。而式（5-4-24）可另寫爲：

$$\begin{aligned}\frac{dM_z}{dt} &= \gamma(\overrightarrow{M} \times \overrightarrow{H_e}) + \frac{\lambda}{M^2}[\overrightarrow{M} \times (\overrightarrow{M} \times \overrightarrow{H_e})] \\ &= \gamma(\overrightarrow{M} \times \overrightarrow{H_e}) + \frac{\alpha}{M}\left[\overrightarrow{M} \times \frac{d\overrightarrow{M}}{dt}\right]\end{aligned} \qquad (5\text{-}4\text{-}30)$$

其中 $\alpha = \lambda/(M\gamma) > 0$ 稱之爲吉爾博特阻尼係數（Gilbert damping coefficient），λ 之單位爲 Hz，α 爲無單位。在 MKS 系統中 $\alpha = 4\pi\mu_0\lambda/(M\gamma)$，通常 $\alpha << 1$。將式（5-4-30）以 $M_x = M_S \sin\theta_0 e^{i\omega_r t}$，$M_y = M_S \sin\theta_0 e^{i(\omega_r + \pi/2)t}$，及 $M_z = M_S \cos\theta_0$ 代入，式（5-4-30）得其中一解爲：

$$\frac{dM_z}{dt} = \left(\frac{\omega_r \alpha}{1+\alpha^2}\right)\left[\frac{(M_S)^2 - (M_z)^2}{(M_S)^2}\right] \simeq 2(\omega_r \alpha)(M_S - M_z)$$
$$\frac{dM_x}{dt} = \left(\frac{\omega_r}{1+\alpha^2}\right)M_y - \left(\frac{\omega_r \alpha}{1+\alpha^2}\right)\left(\frac{M_x M_z}{M_S}\right) \simeq \omega_r M_y - (\omega_r \alpha)M_x \qquad (5\text{-}4\text{-}31)$$
$$\frac{dM_y}{dt} = \left(\frac{\omega_r}{1+\alpha^2}\right)M_x - \left(\frac{\omega_r \alpha}{1+\alpha^2}\right)\left(\frac{M_y M_z}{M_S}\right) \simeq -\omega_r M_x - (\omega_r \alpha)M_y$$

再與式（5-4-29）對照，（因 $(\overrightarrow{M} \times \overrightarrow{H_e})_z \simeq 0$，$\alpha^2 << 1$ 及 $M_z \approx M_S$）得：

$$T_2 \equiv \tau = \frac{1}{\alpha\omega_r} = \frac{1}{\alpha|\gamma|H_r} \qquad (5\text{-}4\text{-}32)$$

另由後面的討論推出理論上，$(\Delta H)_{1/2} = 2\alpha H_r$，代入式（5-4-32）可由共振實驗所得 $|\gamma|$ 與 $(\Delta H)_{1/2}$ 數據，計算：

$$\tau = \frac{2\omega_r}{\gamma^2 H_r(\Delta H)_{1/2}} = \frac{2}{|\gamma|(\Delta H)_{1/2}} \qquad (5\text{-}4\text{-}33)$$

舉例：一般金屬鐵磁膜，例如室溫 Fe-Ni-Ga 膜 [29]，$(\Delta H)_{1/2} \approx 140$ Oe，在 $f = 9.6$ GHz 下 $H_r \cong 637$ Oe，$\alpha \leq 0.07$ 或 $\tau \geq 10^{-9}$ sec。一般非金屬鐵磁體，例如室溫 YIG（粒徑 ≃ 30 μm），當輸入微波之 $f = 9.3$ GHz 時，$H_r \approx$ 3182 Oe 及 $(\Delta H)_{1/2} \approx 59$ Oe，故 $\alpha \approx 0.0093$。通常實驗上會變動微波頻率產生不同 f 情況下之 H_r 共振，記錄對應之 $(\Delta H)_{1/2}$ 並將 $(\Delta H)_{1/2}$ 對 f 作圖得一直線，由其斜率可計算出 α，由其截距得 $(\Delta H)_0$，$(\Delta H)_0$ 代表該鐵磁體內磁性與結構上不均勻部分對半高寬的貢獻〔$(\Delta H)_{1/2} = (\Delta H)_0 + 2(\alpha/|\gamma|)\omega$〕。

理論上，前面所討論有關（定頻掃場）鐵磁共振部分，可以從以下另一角度來推導。即將共振實驗系統設在柱狀座標（Cylindrical coordinates）下（參考圖 5-4-21），再考慮共振時的平衡狀態，則式（5-4-24）可改寫為：

$$\begin{aligned}
\frac{dM_r}{dt} &= -\gamma M_S h \cos\theta \sin\phi + \lambda H \sin\theta \cos\theta = 0 \\
\frac{dM_\theta}{dt} &= +\gamma M_S h \cos\theta \cos\phi - \lambda M_S H \sin\theta = M_S \omega \sin\theta \\
\frac{dM_z}{dt} &= +\gamma M_S h \sin\theta \sin\phi - \lambda H \sin^2\theta = 0
\end{aligned} \qquad (5\text{-}4\text{-}34)$$

其中 $\overrightarrow{H_e} = \overrightarrow{H} + \overrightarrow{h} \simeq \overrightarrow{H}$。因此，於共振時，$H = H_r = (\omega_r/\gamma)$，代入式（5-4-34）

可解出 $\sin\theta$ 及 $\tan\phi$。按定義：$\mu=\mu_R-i\mu_I$，則 $\mu_R \sim \chi_R=(M_S/h)\sin\theta\cos\phi$，及 $\mu_I \sim \chi_I=(M_S/h)\sin\theta\sin\phi$，於是：

$$\mu_R=\left(\frac{M_S}{\alpha H}\right)\sin\phi\cos\phi=\left(\frac{M_S}{\alpha H}\right)\left[\frac{\tan\phi}{1+\tan^2\phi}\right] \qquad (5\text{-}4\text{-}35)$$
$$\mu_I=\left(\frac{M_S}{\alpha H}\right)\sin^2\phi=\left(\frac{M_S}{\alpha H}\right)\left[\frac{\tan^2\phi}{1+\tan^2\phi}\right]$$

由於 $\tan\phi=(\alpha H)/(H-H_r)$，因此式（5-4-35）可寫爲：

$$\mu_R=\frac{M_S(H-H_r)}{[(H-H_r)^2+(\alpha H)^2]}$$
$$\mu_I=\frac{\alpha M_S H}{[(H-H_r)^2+(\alpha H)^2]} \qquad (5\text{-}4\text{-}36)$$

若以 μ_R 對 H 作圖，則 μ_R 會以 $H=H_r$ 爲中心呈反對稱（Antisymmetric）形式，以 μ_I 對 H 作圖，式（5-4-36）中羅倫茲（Lorenzian）分母部分會以 $H=H_r$ 爲中心呈對稱（Symmetric）形式，但式（5-4-36）中因 μ_I 尚包含（分子）部分，因此嚴格的說，μ_I 應非對稱者，唯在共振點附近 $H\simeq H_r$ 且 $\alpha \ll 1$，故在 H_r 附近，仍考慮 μ_I 係相對 H_r 對稱。根據羅倫茲曲線的定義知其半高寬〔由式（5-4-36）的比較〕應爲 $(\Delta H)_{1/2}=2\alpha H_r$，而在共振時，微波被吸收的功率（Absorption power; P_{abs}）亦達一峰值，理論上：

$$P_{abs}=\frac{1}{2}\mathrm{Re}\left[\int i\omega\overrightarrow{B}\cdot\overrightarrow{H}^{*}dV\right] \qquad (5\text{-}4\text{-}37)$$
$$=\left(\frac{\omega}{2}\right)\mu_I|H|^2V$$

式（5-4-37）中 Re 代表實部，V 爲樣品體積，因此，當共振發生，$P_{abs}=(\omega_r/2)\mu_I|H_r|^2V \propto \mu_I$，因此，$P_{abs}$ 或 μ_I 對 H 圖應如圖 5-4-22(a) 所示，再由 dP_{abs}/dH 或 $d\mu_I/dH$ 微分取其極值條件，可得 $(\Delta H)_{1/2}=\sqrt{3}(\Delta H)_{PP}$，$(\Delta H)_{PP}$ 爲圖 5-4-22(b) 中峰與峰之間距。最後，式（5-4-37）係基於非金屬鐵磁

體。若樣品爲金屬鐵磁體，則由於高頻下會產生渦電流效應，因此 $P_{abs} = (1/2)\mathrm{Re}[j \cdot z^* j^*]$，其中 j 爲表面渦電流密度，z 爲由渦電流導致之表面阻抗（Surface impedance），$z = [i\omega\mu\rho/4\pi]^{1/2}$，其中 $\mu = \mu_R - i\mu_I$。經整理會發現 $P_{abs} \propto (|\mu| + \mu_I)^{1/2}$ 及 $|\mu|^2 = (\mu_R)^2 + (\mu_I)^2$，由於在共振區，$\mu_I >> \mu_R$，故金屬鐵磁體之 $P_{abs} \sim (2\mu_I)^{1/2}$。

另一種方式進行鐵磁共振實驗係採取固定直流磁場（H），然後對每一 H 採掃頻（f），並偵測共振。該實驗要使用到的設備包括：共面波導（Coplanar waveguide）、外場，及網路分析儀（Network analyzer）[30]。實驗結果：1. 無論金屬或非金屬鐵磁體均可作 μ_R 對 f 與 μ_I 對 f 圖；2. 由前段討論自然可畫出 P_{abs} 對 f 圖（圖 5-4-23）。從 P_{abs} 圖中可發現共振峰對應之共振頻率 f_r。若改變 H_r 並找出對應之 f_r，就 f_r 對 H_r 作圖，則式（5-4-27）（即 $\overrightarrow{H}$ 在樣品面內的條件）說明 $(f_r)^2$ 係 H_r 的二次方函數，若在本實驗中 H_r 很小（$H_r < 4\pi M_S$），故式（5-4-27）可近似爲線性關係：$(f_r)^2 \cong$

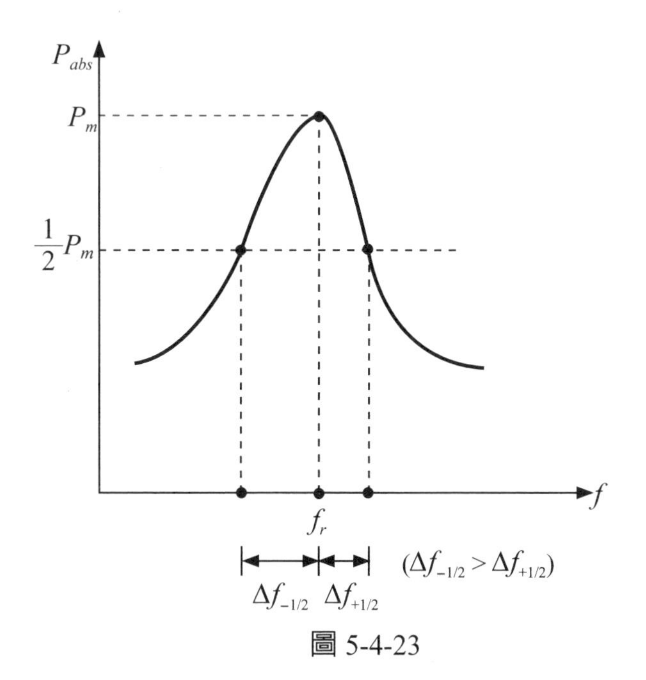

圖 5-4-23

$(4\pi M_S)H_r + C$，C 爲定值，即 $(f_r)^2$ 隨 H_r 線性增加。此外，在本實驗中若 $H_k << H_r$，$4\pi M_S \leq H_r$ 及 $H_K << 4\pi M_S$，式（5-4-28）（在同條件下）可簡化爲：

$$f_r \simeq \nu H_r + (2\pi M_S)\nu \quad (5\text{-}4\text{-}38)$$

在共振（右或 +）區（右半高條件）令 $f_r + \Delta f_{+1/2}$ 對應 $\nu[H_r + (\Delta H)_{+1/2}]$，在共振（左或 −）區（左半高條件）令 $f_r - \Delta f_{-1/2}$ 對應 $\nu[H_r - (\Delta H)_{-1/2}]$，將兩條件代入式（5-4-38）（注意：在第一階近似下 $\nu(\Delta H)_{+1/2} \simeq \alpha f_r \simeq \nu(\Delta H)_{-1/2}$）得：

$$\Delta f_{+1/2} = (\Delta H)_{+1/2}\nu - 2\pi M_S \nu = \alpha f_r - 2\pi M_S \nu \quad (5\text{-}4\text{-}39)$$

$$\Delta f_{-1/2} = (\Delta H)_{-1/2}\nu + 2\pi M_S \nu = \alpha f_r + 2\pi M_S \nu$$

從前段有關（固定 f 掃 H）之共振實驗及理論〔式（5-4-36）及圖（5-4-22(a)）〕確定吸收峰相對 H_r 係對稱（即 $(\Delta H)_{+1/2} = (\Delta H)_{-1/2} = (1/2)(\Delta H)_{1/2} = \alpha H_r$），唯由式（5-4-39）及圖 5-4-23 確定吸收峰相對 f_r 並非對稱（即 $(\Delta f)_{+1/2} < (\Delta f)_{-1/2}$），現若設平均半高寬 $(\Delta f)_{ave} = (\Delta f)_{+1/2} + (\Delta f)_{-1/2} = 2\alpha f_r$；故透過該算式〔$(\Delta f)_{ave}/f_r$〕亦可計算出該鐵磁體之 α 值。而另一方法則是作 $(\Delta f)_{+1/2}$（或 $\Delta f_{-1/2}$）對 f_r 圖，其直線之斜率爲 α 值。

其次，依照先前的討論，當 $H_r = 0$ 時可得自然共振頻率，滿足下列關係：$(f_{FMR})^2 = \nu^2(H_K 4\pi M_S)$。而按圖 4-3-1(c) 及其說明，不難得旋轉磁化之磁導率 $\mu_{rot} \simeq \chi_{rot} = M_S/H_K$。因此可獲下列結果：

$$\mu_{rot}(f_{FMR})^2 = 4\pi(\nu M_S)^2 \quad (5\text{-}4\text{-}40)$$

式（5-4-37）中等號右側爲該鐵磁體之定值，故其 μ_{rot} 係反比於 f_{FMR}，該關係亦稱爲斯諾克法則（Snoek's rule）。此外，由於鐵磁體可能具易軸分散（*EA* dispersion）情形，即 $H_K = H_{KO} + \delta H_K$，因此，$f_{FMR}$ 可表示爲：

$$f_{FMR}=f_{FMR}^{0}\left[1+\frac{1}{2}\left(\frac{\delta H_K}{H_{KO}}\right)\right] \quad (5\text{-}4\text{-}41)$$

其中 f_{FMR}^0 爲無易軸分散時之自然共振頻率，式（5-4-41）顯示，當鐵磁體之 δH_K 加大時，f_{FMR} 會隨之變大，兩者爲線性關係。

再就鐵磁薄膜之鐵磁共振討論列舉於後，分兩種情形：1. 外場 H_N 垂直膜面，2. H_i 平行膜面（如圖 5-4-24 所示 i = // 或⊥）。

首先，第一種情形，由式（5-4-27）若 H_K 先忽略且 $N_{dx}=N_{dy}=0$，$N_{dz}=4\pi$，則該式可寫爲：$\omega_r=\gamma[H_r-4\pi M_S]$ 唯在薄膜情況，微波的輸入亦可激發垂直於膜面（z 方向）之自旋波並產生自旋共振（Spin wave resonace; SWR），即在 z 方向被激發自旋波之波向量 $q_N=2\pi/\lambda$，其中 λ 如圖 5-4-24 所示之波長，而該自旋波係於表面被釘扎（即上下兩層面之振幅爲零），且在形成駐波時方可形成吸收峰，即 $\lambda/2=t/P$，其中 t 爲膜厚且 P 必須爲正奇數方產生不平衡的吸收，故 $q_N=(P\pi)/t$。此外，由於自旋波的生成係扭動彼此自旋間之交換作用力，因此，其有效場 $H_m=(2A/M_S)\nabla^2\overrightarrow{M}=(2A/M_S)(q_N)^2$，其中 $A=(\eta J_{ex}S^2)/a$，a 爲晶格常數，$\eta=1$（簡單立方體，sc），2（體心立方體，bcc），4（面心立方體，fcc），A 稱爲交換剛性係數 $\overrightarrow{M}=M_S\vec{z}+\overrightarrow{M}_1e^{i(\omega t-q_Nz)}$，$\overrightarrow{M}_1$ 在 X-Y 膜面內。綜上，如圖 5-4-24(a)，在垂直膜面 H_N 場情況下，其鐵磁共振條件（$H_N=H_r$）爲：

$$\omega_r=\gamma\left[H_N-4\pi M_S+\left(\frac{2A}{M_S}\right)(q_N)^2\right] \quad (5\text{-}4\text{-}42)$$

實驗上，可測知 ω_r、H_N、M_S 等參數，由式（5-7-40）即可推算該鐵磁膜之 A 值。另外由第 3-4-4 節有關自旋波的討論，可以驗證下列關係：

$$A=(DS)/a^3$$

其次，討論第二種情形，仍由式（5-4-27）並忽略 H_K 且 $N_{dy}=N_{dz}=0$，

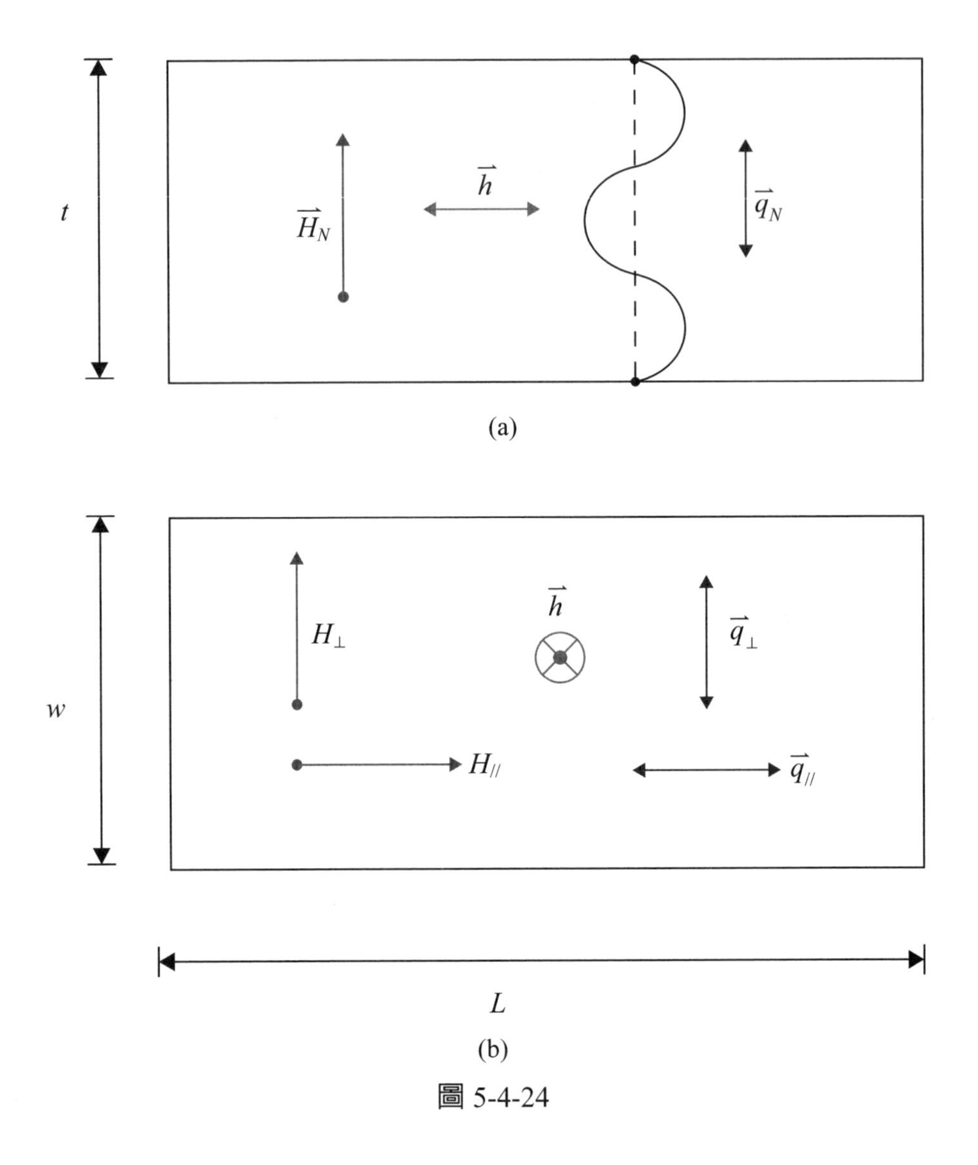

圖 5-4-24

$N_{dx} = 4\pi$。另按先前討論，激發平面內之自旋波：$H_{//}$ 激發 $q_{//} = (P\pi)/L$ 或 $H_\perp$ 激發 $q_\perp = (P\pi)/w$。因此，共振（$H_r = H_i$，$i = //$ 或⊥）條件：

$$\omega_r = \gamma\left[\left(H_i + \left(\frac{2A}{M_S}\right)(q_i)^2\right)\left(H_i + 4\pi M_S + \left(\frac{2A}{M_S}\right)(q_i)^2\right)\right]^{1/2} \qquad (5\text{-}4\text{-}43)$$

以 $Co_{40}Fe_{40}B_{20}$ 爲例：$A \simeq 3.8\times10^{-11}$ J/m[31]，同時，所謂垂直駐波自旋波（Perpendicular standing spin wave; PSSW; $H_r = H_N$）於定場掃頻實驗中依式（5-4-42）第一駐波（$P = 1$）所產生之共振峰頻率必高於主鐵磁共振頻率，即當 $H_N \simeq 700$ Oe 時，主共振峰頻率 $f_r \simeq 9.6$ GHz 而 PSSW（$P = 1$）之共振頻率 $f_{PSSW1} \simeq 10.1$ GHz。另外，於定頻掃場實驗中，各 PSSW 對應之 H_{rpssw} 依式（5-4-43），應小於主峰場 H_r 且 P 愈大，H_{rpssw} 愈低。

最後，以上第二次節有關鐵磁共振部分，皆以實驗時，鐵磁體係存在於均勻（Homogeneous）微波場中作先決條件。若條件改爲該鐵磁體係存在於非均勻（Inhomogeneous）場中時，則會依樣品之形狀或邊界條件產生不同級（Order）的沃克模式（Walker mode）共振，即在樣品中各不同區塊之自旋係以不同調（Incoherent）方式進行不同頻之進動運動，而所謂沃克共振之各共振頻率均低於主鐵磁共振頻率。

5-4-8　脈冲磁化或磁滯

所謂脈冲（加場）磁化（Pulse magnetization），即在較短的時間內（脈冲持續時間爲 Δt）改變施加於鐵磁環體之磁場（可利用線圈內通脈冲電流方式達成），並觀測其對應磁化量或磁感量之反應。定義 Δt 時效內脈冲場變化爲 ΔH，對應磁化量變化爲 ΔM。實驗上，則有下列幾種方式（圖 5-4-25）：1.ΔH 由 $H = 0$（$M = 0$）至 H_S，再返回 $H = 0$（$1 \le \Delta t \le 10\ \mu s$）〔a：未翻轉（Non-switching）〕；2.ΔH 由 $H = 0$（$M = +M_r$）改變至 $-H_S$（$M = -M_r$）〔b：翻轉（Switching; $\Delta t < 0.1\ \mu s$）〕；3.ΔH 在 $t = 0$ 瞬間由 H_1 升至 H_2 並保持於 H_2 一段時間（c）。

一、考慮實驗 1. 的模式（鐵磁薄帶）所得之脈冲磁滯曲線如圖 5-4-26(a) 所示，基本上，有兩種不同鐵磁體形態（Z 及 F），其對應之交流磁滯曲線則如圖 5-4-26(b) 所示。明顯地，在該模式下，脈冲磁滯現象更接

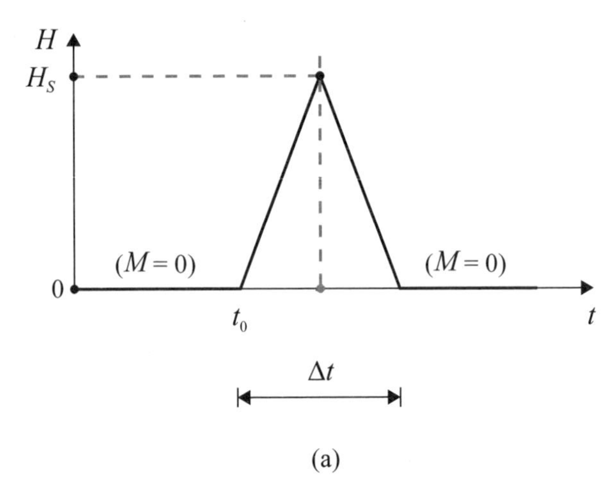

(a)

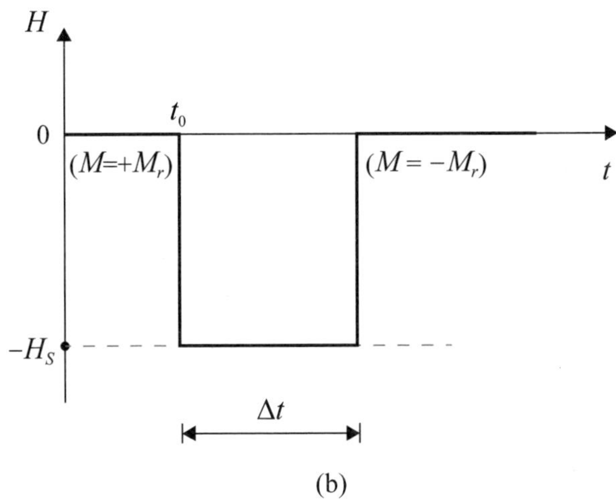

(b)

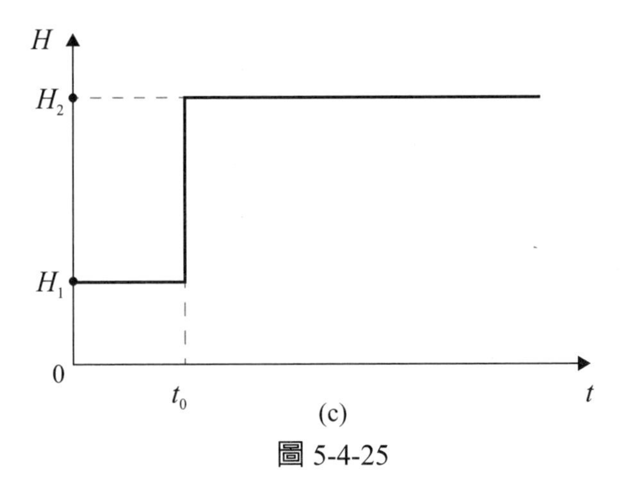

(c)

圖 5-4-25

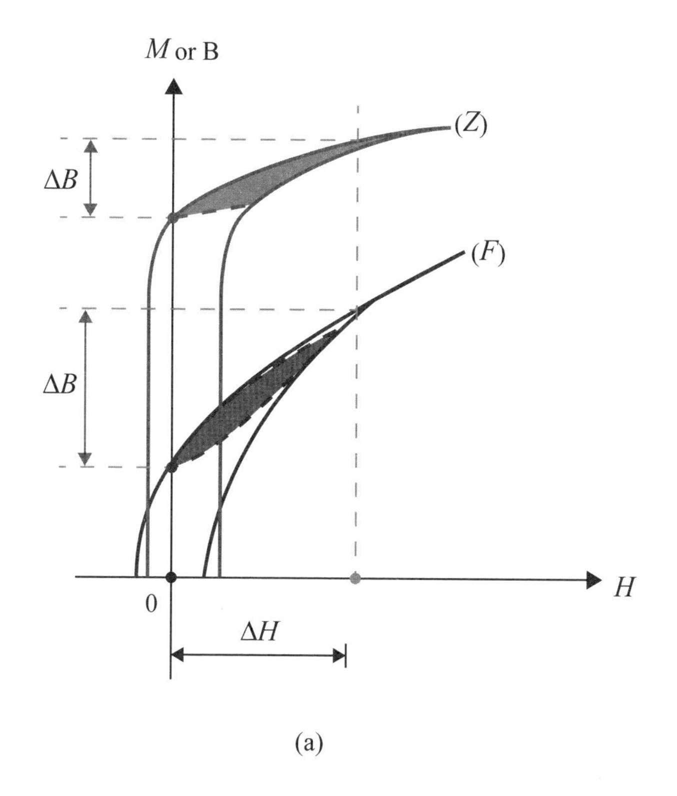

(a)

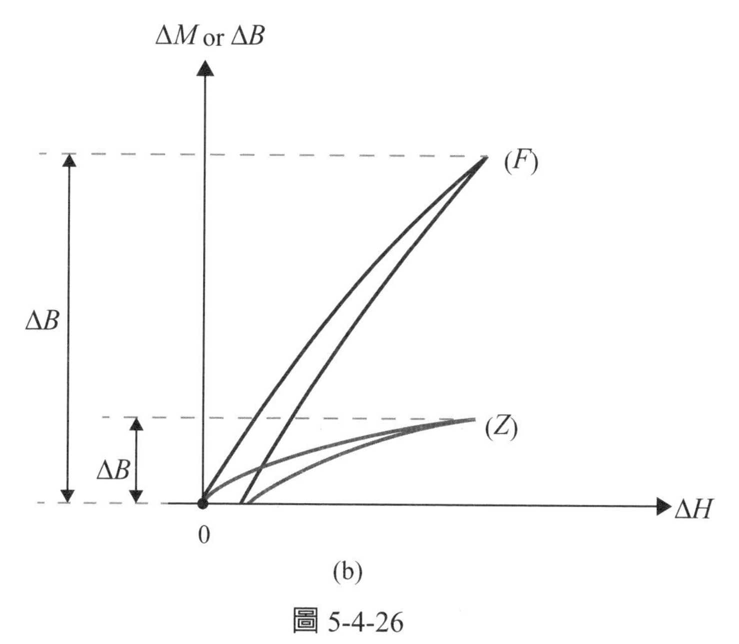

(b)

圖 5-4-26

近磁滯曲線（磁化量）旋轉磁化部分〔圖 5-4-26(a) 斜線區〕，即比較慢（$\Delta t \geq 1\ \mu$s）之脈沖磁化過程中並未涉及磁牆運動，或因 $1/\Delta t < f_R$，磁牆近乎靜止（僅作磁區轉動）。

二、考慮實驗 2. 的模式（鐵磁薄膜），由於翻轉場的作用，該鐵磁體由 $+M_r$ 翻轉爲 $-M_r$ 之時間稱爲翻轉時間（Switching time; t_s），而 $t_s << \Delta t$。一般而言，t_s 與脈沖場之關係爲：

$$\frac{1}{t_s}=\frac{1}{S}(|H|-H_0) \tag{5-4-44}$$

其中 S 爲翻轉常數，H_0 爲臨界場。廣義上，式（5-4-44）中 $|H|$ 視爲變數且 $|H|>H_0$，式（5-4-44）適用的範圍大約分三類：(1)$0.01 < t_s < 10\ \mu$s；(2)$20 < t_s < 250$ ns；(3)$t_s < 20$ ns。

首先，考慮 1. 類，通常適於非金屬鐵氧體，式（5-4-44）原則上近似磁牆運動中速度（v_W）與外場（H）之關係，亦即（只考慮阻尼時）$v_W = \Lambda(H - H_{CW})$。由於金屬鐵磁體之 $\Lambda_e << \Lambda_i$，因此，在這裡暫不考慮金屬情形，就非金屬而言，第 5-4-7 二節已說明 $(1/\Lambda_i) = \beta_i/(2M_S)$，且 $\beta_i = (2\pi\lambda_i)/(\gamma^2\delta_W)$（見附註），其中 δ_W 爲磁牆厚度，同時，式（5-4-30）中 $\lambda_i = \gamma M_S\alpha$。綜合上述三個方程式可得：

$$\Lambda_i=\frac{\gamma\delta_W}{\pi\alpha} \tag{5-4-45}$$

由式（5-4-45）若 γ 加大（一般 $\alpha << 1$ 多半不變）則明顯可加快翻轉速度（v_w 變大）或縮短翻轉時間（t_s 變小）。對鐵氧體而言，其 γ 按定義：

$$\gamma=\frac{g\mu_B}{\hbar}=\frac{\mu_A+\mu_B}{L_A+L_B} \tag{5-4-46}$$

其中 A 與 B 代表圖 3-6-1(a) 的兩個不同環境（四面體與八面體）。在一特例中，例如 $T = 4.2$ K，當 $Eu_3Fe_{5-x}Ga_xO_{12}$ 中 Ga 含量在 $x = 1.25$ 時，L_A

$+ L_B = 0$ 且 $\mu_A + \mu_B \neq 0$，因此，其 γ 或 g 值會變得很大，代表 t_s 可以非常小，唯因爲係在低溫狀態，並無大的實用性。一般非特定鐵氧體之 γ 不會太大，約爲 $\gamma = 2\times 8.795\times 10^6$ (Hz/Oe)，因此，按 $\lambda_i = \gamma M_S\alpha = [\gamma\alpha M_S(\Delta H)_{1/2}]/(2\omega_r)$ 推算出 $\lambda_i \simeq 3.8\times 10^7$ Hz 及 $\Lambda_i \cong 1900$ cm/(Oe · s)（鐵氧體 Fe_3O_4）及 2×10^4 cm/(Oe · s)（鎳鐵氧體 $NiFe_2O_4$）。後者依式（5-4-45）之理論值 $\Lambda_i = (\gamma \cdot 2.28\times 10^{-5})/(\pi \cdot 5\times 10^{-5}) \simeq 2.5\times 10^4$ cm/(Oe · s)（$\alpha \simeq 5\times 10^{-3} << 1$）。

其次，綜合討論 2. 及 3. 類。1. 類算是慢速翻轉，2. 類中速（Intermediate speed）翻轉，而 3. 類高速（High speed）翻轉，實驗上，在 $t < t_0$ 時，由於 $\overrightarrow{M} = +M_r\overrightarrow{z}$，故自旋係繞 $+z$ 軸作進動運動，且自旋與 z 軸之起始夾角爲 θ_0（如圖 5-4-27）。於 $t = t_0$ 時，瞬間施加一反軸場 $\overrightarrow{H} = -H_S\overrightarrow{z}$，於是自旋開始翻轉過程。理論上，整個翻轉係遵守式（5-4-31）所描述者，唯因 $\overrightarrow{H}$ 係反向故式（5-4-31）需作下列修正：1. 將 $+\alpha$ 由 $-\alpha$ 取代；2. 將 θ_0 由 θ 取代，θ 爲 $t > t_0$ 時自旋與 z 軸之夾角（圖 5-4-27，$0 < \theta \leq \pi$）由三聯立方程式，可得下列關係：

$$\tan\left(\frac{\theta}{2}\right) = \tan\left(\frac{\theta_0}{2}\right)e^{t/\Gamma}$$

$$\omega = \frac{\omega_r}{1+(1/\omega_r\tau)^2} \qquad (5\text{-}4\text{-}47)$$

$$\Gamma = \tau[1+(1/\omega_r\tau)^2]$$

由解式（5-4-47）可以獲得下列資訊：1. 當 $t \to \infty$ 時，最終 $\theta = \pi$ 即代表自旋被完全翻轉至平行於負 z 軸；2. 當繪 Γ 對 τ 圖時會發現於 $\omega_r\tau = 1$（即 $\alpha = 1$）時，Γ 是最小值，$\Gamma_{min} = 2\tau = 2/\omega_r$；3. 實驗上，$t_s \geq \Gamma_{min}$；4. 於 $\omega_r\tau >> 1$ 或 $\tau >> (1/\omega_r)$ 即 $\alpha = 1/(\omega_r\tau) << 1$，則 $\Gamma \cong \tau = 1/(\alpha\omega_r) >> \Gamma_{min}$。綜上，得到的結論是：(1) 當 $\alpha << 1$ 時，$\overrightarrow{M}$ 被翻轉至負 z 軸方向的鬆弛時間（Γ）會很「長」，即 $\overrightarrow{M}$ 要繞著 z（或 $-z$）軸進動許多圈（如圖 5-4-27 所示）

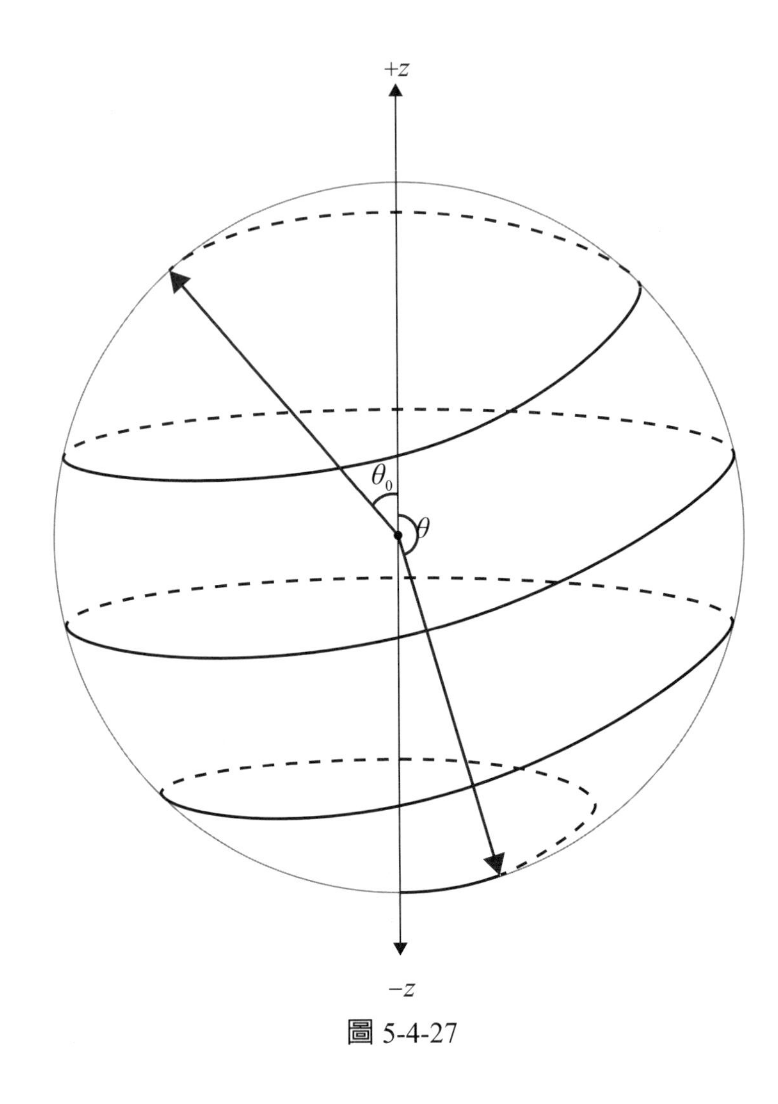

圖 5-4-27

方能使 θ 由 θ_0 轉至 π；(2) 當 $\alpha = 1$ 時，$\overrightarrow{M}$ 幾乎沒有繞完一圈，以較快方式直接轉至 $\theta = \pi$ 方向（或被完全翻轉），因此，此情況又稱爲臨界阻尼（Critical damping）；(3) 舉例，由資訊2，若以 $\alpha = 1$（臨界阻尼）爲目標。自然希望磁膜能具備該快速翻轉之特性，唯一般磁膜均爲 $\alpha << 1$，故只能設法儘量提高其 α 以達到縮短 t_s 之目的。首先，當 $\alpha = 1$ 且 $M_S = 10^4$ G，則由 $\lambda_C = M_S\gamma$，其中 λ_C 爲達臨界阻尼之臨界參數，計算後得 $\lambda_C = 1.4\times10^{10}$

Hz。明顯地，由高導磁合金磁膜（Permalloy films; $Fe_{20}Ni_{80}$）的實驗結果知其 λ 總是小於 λ_C（即 $\lambda << \lambda_C$），而增加的方法可採取下述手段。已知 $\alpha = [\gamma(\Delta H)_{1/2}]/(2\omega_r) = \lambda/[M\gamma]$，故 $\lambda = [M\gamma^2(\Delta H)_{1/2}/2\omega_r]$，於是由於磁膜易軸的分散（Easy-axis dispersion）即可造成 $(\Delta H)_{1/2}$ 變寬，即 $(\Delta H)_{1/2} = (\Delta H)_\lambda + 2(\Delta H)_K$。因此：

$$\lambda = \lambda_0 + \frac{\gamma^2 M(\Delta H_K)}{\omega_r} \qquad (5\text{-}4\text{-}48)$$

其中 $\lambda_0 = \lambda_i + \lambda_e$，$\lambda_e = [\gamma^2(4\pi M_S)^2 t^2]/(12\rho)$ 爲渦電流對半高寬之貢獻，由式（5-4-48）不難發現能增大 λ 的方法之一係提高易軸分散度 ΔH_K。實驗數據顯示，對高導磁合金磁膜而言，對應最快翻轉之 $\lambda \cong 6 \times 10^8$ Hz 仍然遠小於 λ_C。而此類較高速翻轉，主要仍藉由在高易軸分散情況下存在的迷宮式磁區（Labyrinth domains）翻轉來完成 [32]。一般該模式的磁翻轉要快於前述的「標準」磁區翻轉。

最後，作爲磁記錄媒體的條件係多方面考量，要求 α 大（或翻轉 t_s 小）僅爲其一。在其餘情況，例如自旋傳輸轉矩（Spin transfer torque; STT）技術中利用電流脈沖來完成自由層（Free layer）中自旋的翻轉時，因臨界電流密度（Critical current density; j_0）係正比 α，故爲了儘量降低 j_0，自由層之磁膜需選低 α 者，所以 α 大小的選取應有一平衡。

三、考慮實驗 3. 的模式，當於 $t = 0$ 時瞬間將外場由 H_1 升至 H_2〔如圖 5-4-25(c) 所示〕，則該鐵磁體磁化量隨時的改變可以圖 5-4-28 形式描述：即於 $t = 0$ 時磁化量瞬間由 M_1 升至 $M_1 + M_i$，之後磁化量會有一緩慢的爬升，由 $M_0 = M_1 + M_i$ 至最大（或平衡）值 M_m。通常實驗上係量測 $t > 0$ 後磁化量改變，ΔM 與 t 之關係，又稱爲磁時後效應（Magnetic after-effect）或磁爬行（Magnetic creep）。數學上，可以下列方程式表示：

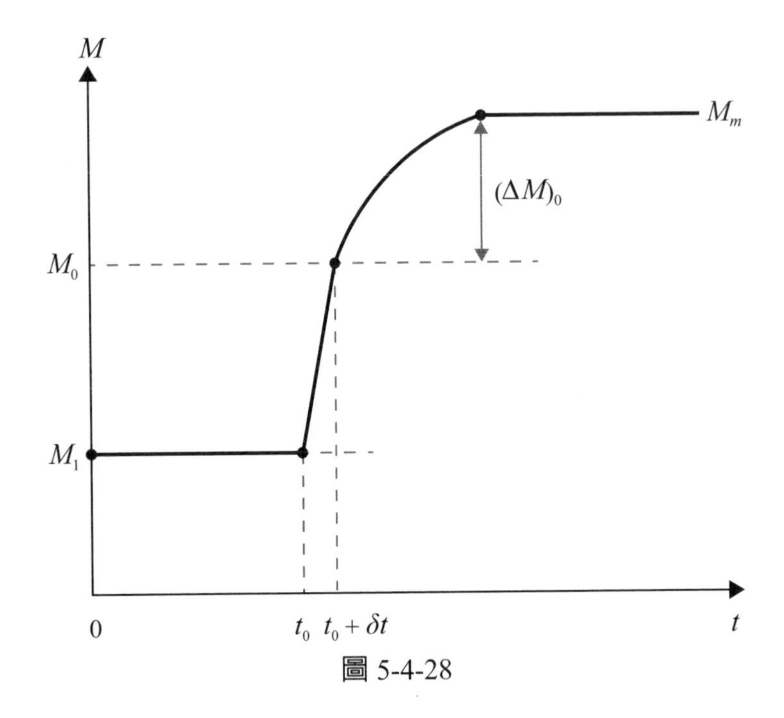

圖 5-4-28

$$\Delta M(t)=(\Delta M)_0[1-e^{-t/\tau_{MA}}] \tag{5-4-49}$$

由式（5-4-49）可發現當 $t=0$，$\Delta M=0$，且 $t\to\infty$，$\Delta M=(\Delta M)_0=M_m-M_0$。該效應或現象類同於彈性力學中之滯彈（Anelastic）現象，因此，前者往往被視爲磁黏性（Magnetic viscosity），後者爲機械黏性（Mechanical viscosity）。注意，該現象有時會與渦電流之時後效應分不清楚，區分的方式是將該金屬鐵磁體（樣品）之厚度減少。前者發生之時域爲 t_0 至 $t_0+\delta t$（即 M_i 與 M_0 之間，且越厚 δt 越長），後者發生於 M_0 與 M_m 之間，且與厚度無關。另外，該現象在 $t=0$ 時若外場由 H_2 降至 H_1（或零）（即反向實施），於是又需與先前第 3-8 節討論超順磁的實驗作一比較，有兩處不同的區別：1. 磁時後效應的觀察時區較短（$10^{-4}<\tau_{MA}<10$ sec），而超順磁的觀察時區較長（$\tau=100$ sec）；2. 對前者，當 $t>\tau_{MA}$ 時，$M\to M_m$

$\neq 0$，但對後者，當 $t > \tau$ 時，$M < M_m$。通常磁時後效應分爲兩類：第一類稱爲擴散時後（Diffusion after-effect），此時，τ_{MA} 爲溫度 T 之函數，即 $\ln(\tau_{MA}) \propto Q/(k_B T)$，其中 Q 爲間隙物，例如碳或氮原子，在晶格中擴散所需之活化能（Interstitials activation energy）。第二類稱爲熱波動時後（Thermal fluctuation after-effect），此時，τ_{MA} 分布廣，且非爲式（5-4-49）呈現之單一值，式（5-4-49）可另寫爲 $[(\Delta M)_0 - (\Delta M)]/(\Delta M)_0 = A - B(\ln t)$，其中 A 爲常數，$B \propto T$。第一類較適於軟磁材料，第二類較適於硬磁材料。

另外，尚有一類鐵磁性變化與時間（t）有關係，稱之爲磁導率的減落（Disaccommodation; D）。實驗上包括在定溫下將鐵磁體完全去磁後，即刻作起始磁導率之量測，得 μ_{i0}，隔固定一段時間再測，得 $\mu_i(t)$ 會發現 $\mu_i(t)$ 會隨時間拉長從 μ_{i0} 減落，D 定義爲 $D = (\mu_{i1} - \mu_{i2})/(\mu_{i1})$，$\mu_{i1}$ 及 μ_{i2} 爲在 t_1 及 t_2 時之 μ_i。衰減係數 $d \equiv D/[\log(t_1/t_2)]$。以上減落（或衰減）現象多發生於含碳之純鐵、鐵氧體及置換式合金（Substitutional alloys）如鐵鎳合金，但不發生於高純鐵。當溫度升高時，D 增大。

5-5 附註

1. 討論 β_i 之計算，由 5-4 節第三點中式（5-4-24）提及〔只考慮阻尼及磁牆運動時牆內自旋轉動係靠 z 方向去磁場或所謂貝克爾場（Becker field；$H_z = +[v_w(d\theta/dz)/\gamma]$ 來驅動〕[18]：

$$\frac{dM_z}{dt} = \lambda H_z \tag{5-5-1}$$

則因磁牆運動受阻尼之損失功率（P_W）應爲：

$$P_W=\int_{-\infty}^{\infty}H_z\,\frac{dM_z}{dt}\,dz=\frac{\lambda\sigma_w(v_w)^2}{2\gamma^2A}$$
$$=2M_SHv_w=\beta_i\,(v_w)^2 \qquad (5\text{-}5\text{-}2)$$

因此，由式（5-5-2）得 $2\beta_i=(\lambda\sigma_w)/(A\gamma^2)$。若以鎳鐵氧體爲例，計算後可得其 $\beta_i=0.334$。

2. 討論有關殘磁（Remanence）：

(1) 對單軸複晶體（即鐵磁體含等方性之單易軸複晶體例如鈷）而言，在加完飽和場，再退回 $H=0$ 後，磁化量均勻分布向 H 之半球中，故殘磁 $M_r=0.5M_S$ 或方正比，$SQR\equiv M_r/M_S=0.5$。

(2) 對正異方能（$K_1>0$）之立方晶複晶體（例如鐵）而言，$SQR=0.832$。

(3) 對負異方能（$K_1<0$）之立方晶複晶體（例如鎳）而言，$SQR=0.866$。

(4) 漢克爾圖（Hankel plot）：實驗上於恆溫下可採取如圖 5-5-1 所示，返回零場的兩種步驟①及②。首先，步驟①爲：$H>+H_S\rightarrow H=0\rightarrow H=-H_x\rightarrow H=0$，於是在步驟中（如圖）可決定 M_∞及 $M_d(H_x)$，其中 H_x 係可變而得對應之 M_d；其次，步驟②爲：$H=0\rightarrow H=+H_x\rightarrow H=0$，於是在此步驟中（如圖）可決定相應之 $M_r(H_x)$。

依照在 Preisach 圖面之分析，可得下列兩關係式：

$$M_d=M_\infty-2M_r-X \qquad (5\text{-}5\text{-}3)$$
$$M_d=-M_r+Y$$

其中 X 與 Y 爲正實數，因此永遠可滿足下列不等式：

$$-M_r\leq M_d\leq M_\infty-2M_r \qquad (5\text{-}5\text{-}4)$$

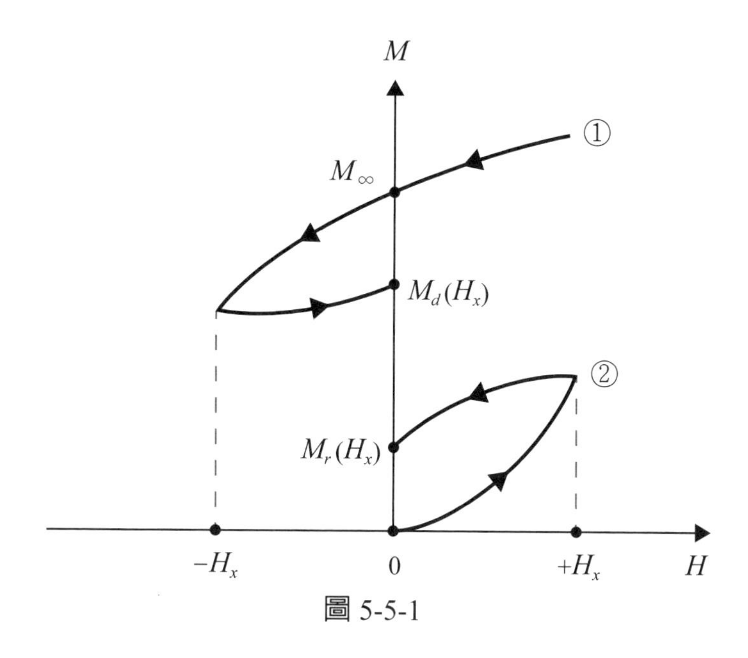

圖 5-5-1

該不等式可構築在所謂漢克爾圖（即 $m_d \equiv M_d/M_\infty$相對 $m_r \equiv M_r/M_\infty$作圖，虛線內之三角區間）。若欲研究鐵磁體內各晶粒間（或顆粒間）之交互作用，包括短程的交換耦合（Exchange coupling）或長程的磁矩耦合（Dipole coupling）可用以下條件作爲判斷：(1) 當 $\delta_m = m_d - [1 - 2m_r] = 0$ 時，晶粒間無相互作用力；(2) 當 $\delta_m > 0$，則相互作用力以交換耦合爲主（如圖 5-5-2①情況）；(3) 當 $\delta_m < 0$，則相互作用力以磁矩耦合爲主（如圖③情況）；(4) 當一段爲 $\delta_m < 0$，另一段爲 $\delta_m > 0$，則相互作用爲競爭模式（如圖②情況）。

3. 磁場之產生：

(1) 螺線管（Solenoid）：該設備爲最常見用以產生磁場者，將導線（可以是一般銅線或是超導線）纏繞於中空之圓筒外，如圖 5-5-3(a)所示，若爲產生直流磁場，圓筒材質可爲金屬銅質（易散熱），若爲產生交流磁場，圓筒材質需爲非金屬之塑膠或電木。滿足作爲螺線管之條件爲管長

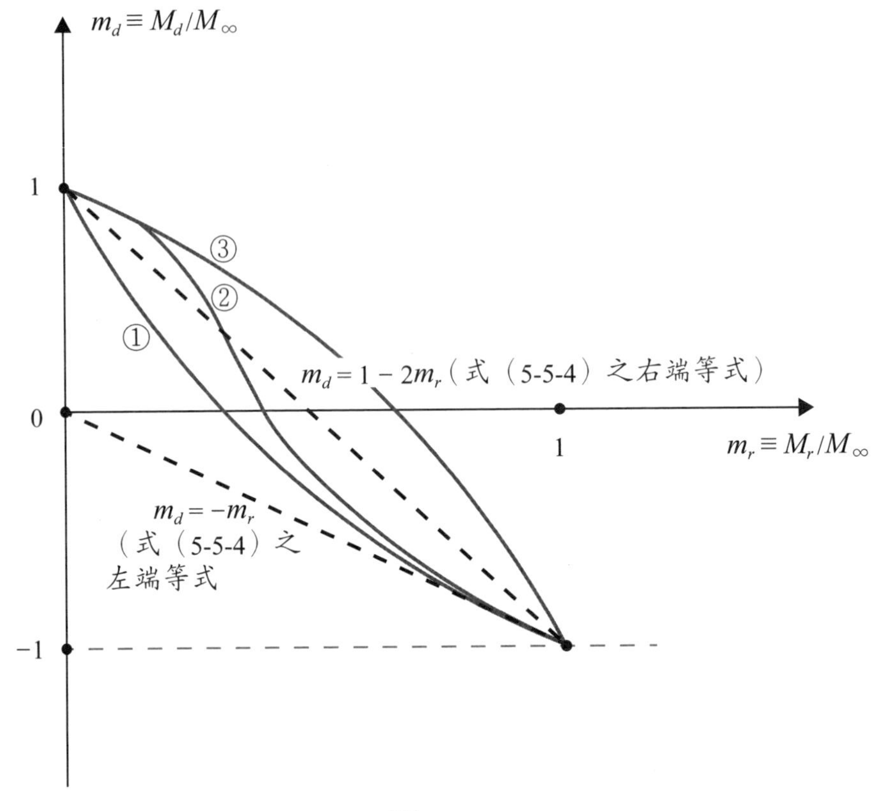

圖 5-5-2

（L）大於管徑（D）；一般 $L \geq 4D$。如圖 5-5-3(a) 所採座標系，由對稱性可得在 $(x, 0)$ 點，徑向磁場 $H_y = 0$，軸向磁場 H_x 可寫為：

$$H_x = \frac{Ni}{L}\left[\frac{L+2x}{2\sqrt{D^2+(L+2x)^2}} + \frac{L-2x}{2\sqrt{D^2+(L-2x)^2}}\right] \quad \text{(MKS)} \quad (5\text{-}5\text{-}5)$$

其中 N 為單層繞線總匝數，i 為通入之電流，因此在 $(0, 0)$ 點，$H_x = (iN)/[D^2 + L^2]^{1/2}$，若 $L >> D$，則 $H_x(\infty) = (N/L)i$。此外，在偏離軸處，例如 (x, y) 點，（$x << L$ 且 $y << D$）：

$$H_y = 6\left(\frac{N}{L}\right)\left(\frac{D}{L^2}\right)^2 xyi \quad (5\text{-}5\text{-}6)$$

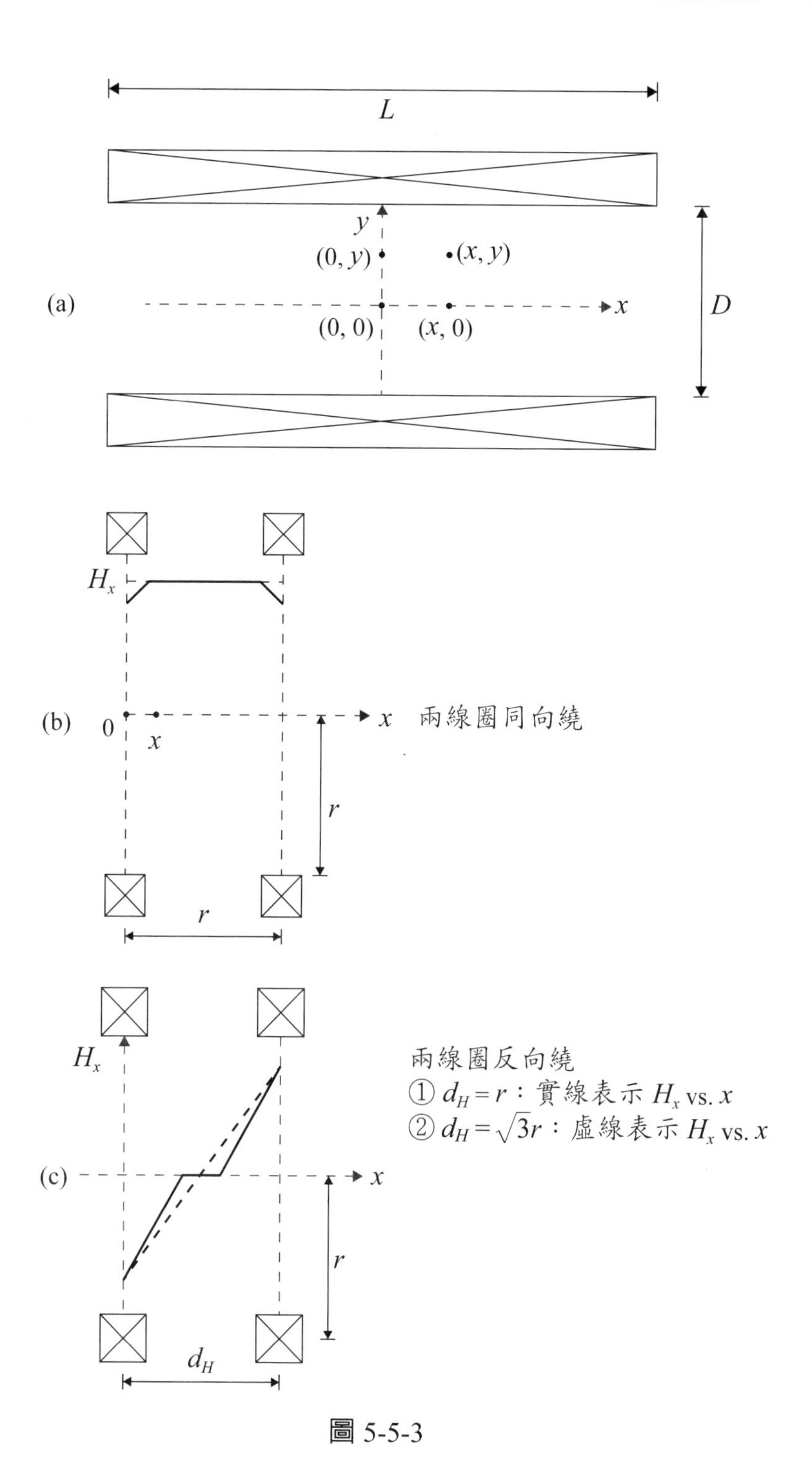
L
y
(0, y)
(x, y)
(a)
x
D
(0, 0)
(x, 0)
H_x
(b)
0
x
x　兩線圈同向繞
r
r
H_x
兩線圈反向繞
① $d_H = r$：實線表示 H_x vs. x
② $d_H = \sqrt{3}r$：虛線表示 H_x vs. x
(c)
x
r
d_H

圖 5-5-3

而其 H_x 仍由近似式（5-5-4）表示，若繞線爲多層，則在 $(x, 0)$ 點之 H_x 爲：

$$H_x = \frac{Ni}{2(R_2 - R_1)}\left[(\ell + x)\ln\left(\frac{R_2 + \sqrt{R_2^2 + (\ell + x)^2}}{R_1 + \sqrt{R_1^2 + (\ell + x)^2}}\right) + (\ell - x)\ln\left(\frac{R_2 + \sqrt{R_2^2 + (\ell - x)^2}}{R_1 + \sqrt{R_1^2 + (\ell - x)^2}}\right)\right] \qquad (5\text{-}5\text{-}7)$$

其中 R_2 及 R_1 爲筒外半徑及內半徑，$\ell = L/2$。

當 L/D 比愈大，在 $(0, 0)$ 點附近之場愈均勻，且 $H_x \to H_x(L = \infty)$ 與 $H_y \simeq 0$。螺線管若繞的是銅線則需氣冷或水冷以便產生較高的磁場，一般採前者冷卻方式所能產生之最高場爲 $H_x(\max) \leq 50$ 至 80 Oe；採水冷者，$H_x(\max) \leq 100\text{-}200$ Oe〔高場螺線管（High-field solenoid: Bitter magnet）爲例外，其 $H_x(\max) \simeq 10$ T〕。螺線管若繞的是低溫超導線（例如 Nb_3Sn），管體浸於液氦中，可輕易於實驗室中製造 10 T 左右之磁場，其最強者可達約 60 T。螺線管之缺點爲較不適合用於磁性材料之磁光實驗（即光路會受阻擋）。

(2) 亥姆霍茲線圈（Helmholtz coils）如圖 5-5-3(b) 由兩線圈組成：線圈半徑爲 r，線圈間距爲 d_H 且必須 $r = d_H$（該條件係爲達成更大範圍的均勻場）。若採圖示中之座標系且兩線圈係同向繞，則在 $(x, 0)$ 位置之磁場：$H_y = 0$，H_x 可表示爲：

$$H_x = \frac{Ni}{2r}\left\{\frac{1}{[1 + (x/r)^2]^{3/2}} + \frac{1}{[1 + (1 - (x/r)^2)]^{3/2}}\right\} \text{ (mks)} \qquad (5\text{-}5\text{-}8)$$

其中 N 爲每個線圈之繞線總匝數，於是在中心點 $(r/2, 0)$，$H_x = (0.7155)(Ni)/r$，MKS 單位。而 H_x 沿對稱軸之分布如圖 5-5-3(b) 粗黑線所示，故原則上，亥姆霍茲線圈所能產生 H_x 均勻場分布的（體積）範圍較螺線管者爲大。亥姆霍茲線圈的好處除前述（均勻分布）外，較適合光路通過之磁光實驗，但缺點是較無法有效冷卻，故其 $H_x(max) \leq$ 50-100 Oe。自然，我們亦可以違反該線圈之定義（即 $d_H \neq r$），若 $d_H < r$，則可增強 $H_x(max)$ 但犧牲均勻場的分布體積範圍。用超導線可解決低場問題，唯不確定液氦中氣泡對光路之影響。

另外，如圖 5-5-3(c) 所示，若將兩線圈反向繞時，可用以製造梯度場（Field gradient; dH_x/dx）。在 $d_H = r$ 情況，H_x 對 x 之圖如實線（即在 $x = r/2$ 時，$dH_x/dx = 0$），而唯有在 $d_H = \sqrt{3}r$ 情況，H_x 對 x 之圖如虛線（即在 $x = r/2$ 時，$dH_x/dx \neq 0$ 且 dH_x/dx 在 $0 \leq x \leq d_H$ 範圍內維持一定值）。最後，一些實驗中可利用三組相互垂直之 XYZ 亥姆霍茲線圈來抵銷地球磁場。

4. 磁場（或磁感量）之量測：

(1) 磁通計（Flux-meter）：利用搜尋線圈（Searching coil）其含圈面之旋轉軸，且於待測直流磁場（H）以固定頻率（f）旋轉該線圈面，因切割磁力線（或楞次定則）改變磁通量（Flux; ϕ）進而由感應電壓（V）推知（H）：$V \propto d\varphi/dt \propto Hf$。

(2) 高斯計（Gauss-meter）：利用半導體（例如 InAs 或 InSb）之霍爾效應（Hall effect）。一般在測量霍爾電壓（Hall voltage; V_H）時，若求精確，元件需爲長方體（$L \times w \times t$），且其長（L）與寬（w）比即 $L/w \geq 4$ 且因 $V_H \propto (1/t)$ 故需採較薄之元件。使用時，要保持使外加場（H）與元件面垂直，即略轉動元件面直至 V_H 達最大值。霍爾探桿分兩種：縱向式及橫向式（Transveral）。使用前，需先校正該探桿：①取用一零場容器（Zero-field chamber）將探桿置於其內，並將讀値歸零；②取用一校正用標準磁石（鐵），該磁石之磁場強度係經過核磁共振（NMR）確定，將探桿置入，並核對標準值與讀值。標配之高斯計除可測量直流磁場訊號外，亦可測低頻（$f \leq$ 400 Hz）之交流磁場訊號。

(3) 平面霍爾計（Planar Hall effect meter）：該計之操作原理係利用鐵

磁體（或膜）之磁電阻效應（Anisotropic magnetoresistance effect）。核心元件如圖 5-5-4 所示，首先，待測磁場（$\overrightarrow{H_x}$）為平行於膜面，且其方向係垂直於磁膜之易軸（EA）。其次，通入磁膜之電流密度（$\vec{j}$）平行於 $\overrightarrow{H_x}$，$\overrightarrow{H_y}$ 為易軸方向之偏壓場（Biasing field）。故 $H = [(H_x)^2 + (H_y)^2]^{1/2}$，且與難軸夾角為 θ。因此，圖 5-5-4 中當 $H = 0$ 時，$\overrightarrow{M_S}$ 與易軸夾角（δ）為 0°，$H \simeq H_x \geq H_K$ 時，$\delta \to 90°$。簡言之，由於磁電阻效應我們可發現：① $\Delta\rho = \rho_{//} - \rho_{\perp} > 0$，共 $\rho_{//}$ 或 $\rho_{\perp}$ 為當 $\overrightarrow{M_S}$ 平行於 $\vec{j}$ 或垂直於 $\vec{j}$ 時電阻率；②當 $H_x \neq 0$ 且 $H_y = 0$，在樣品中線兩端電極間（圖 5-5-9）之橫向壓降 ΔV_{pH} 為：

$$\Delta V_{pH} = \left(\frac{1}{2}\right)(j\Delta\rho)w\sin(2\delta) \qquad (5\text{-}5\text{-}9)$$

$$= \left(\frac{1}{2}\right)\left(\frac{w}{L}\right)V_{mr}\sin(2\gamma)$$

其中 $j(\Delta\rho) = (V_{mr})/L$，$V_{mr}$ 為因 $\Delta\rho$ 而產生之磁電阻（縱向）壓降，$\delta + \gamma = 90°$ 且式（5-5-9）中 $\sin\delta = H_x/H_K$，因此，當 δ 或 H_x 接近零時，

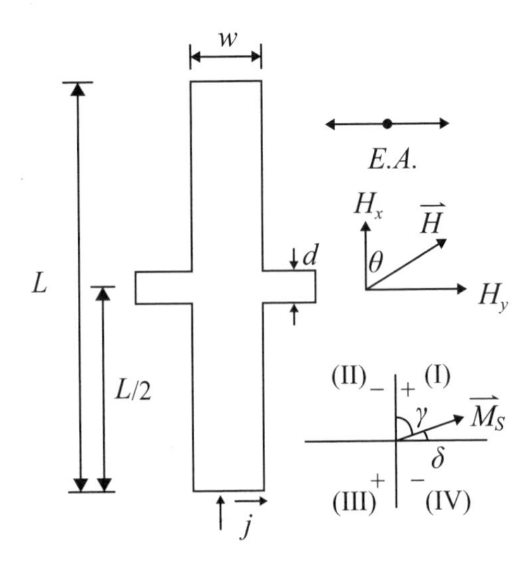

圖 5-5-4

$$\Delta V_{PH} = \left(\frac{w}{L}\right)\left(\frac{H_x}{H_K}\right)V_{mr} \quad (5\text{-}5\text{-}10)$$

由於 V_{mr} 與 H_K 係鐵磁體之固定參數，故 ΔV_{pH} 與 H_x 爲線性關係，也就是說，用該元件量得 ΔV_{PH} 即可測知外場 H_x，而由式（5-5-9）知當 $\delta = 45°$ 時，ΔV_{PH} 達最大値。當有偏壓場 H_y 時，$\sin\delta = H_x/(H_K + H_y)$。最後，該平面磁電阻元件之靈敏度（$S_{PH}$）定義爲 $S_{PH} = \partial(\Delta V_{PH})/\partial H_x \propto (w/L)$，故欲使該元件之靈敏度達最高，元件之形狀應爲正方形（即 $w = L$）。

(4) 磁微機電元件（M-MEMS）：該元件之核心構件爲一人造之複合體（如圖 5-5-5）所示，圖 5-5-5(a) 上下兩層具磁致伸縮（Magnetostriction element）之鐵磁層，例如非晶 FeSiB 薄帶，中間層爲具壓電性（Piezo-electric element）之鐵電層，例如 PZT 或 AlN 薄片。圖 5-5-5(b) 則簡化爲上下各爲鐵電及鐵磁層。圖 5-5-5(a) 中採上下兩電極用以測電壓（V）；圖 5-5-5(b) 中採前後兩電極，並定義電極之間距爲 z，待測外場 H 可以是直流（H_{dc}）或交流（H_{ac}），使用前需將該元件極化（Poling），即在 (a)

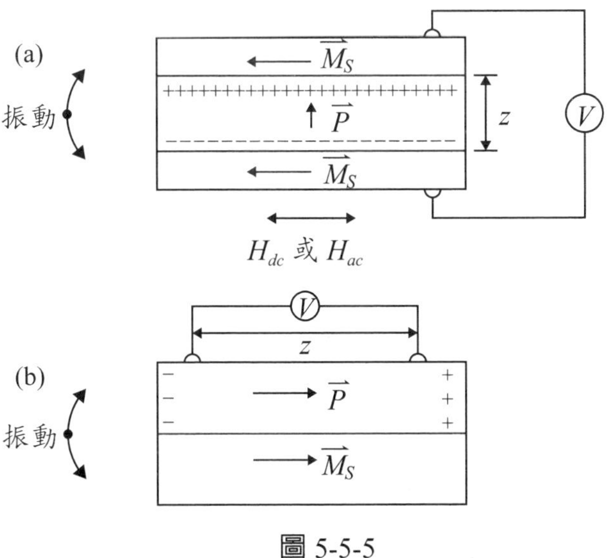

圖 5-5-5

元件上施加一高電壓垂直電場，使電化量（$\overrightarrow{P}$）垂直於層面，而在 (b) 元件上則施加一高電壓水平電場。使用時，將 (a) 或 (b) 元件形成一懸吊臂。其操作原理爲：當 $H \neq 0$ 時，鐵磁層因磁致伸縮作用而使懸吊臂偏轉（或振動）該偏轉量擠壓鐵電層，因此產生最終可量測之電壓（V）。這一連串的關係以下式表示：

$$\alpha_{ME} = \left(\frac{\alpha}{z}\right) = d_{33}\, k \left(\frac{d_{3j}}{\varepsilon}\right) \tag{5-5-11}$$

其中 $\alpha = dV/dH = (z)(dE/dH)$，$E$ 爲電場，$d_{33} = d\lambda/dH$，λ 爲鐵磁層之磁致伸縮，d_{33} 又稱爲磁致伸縮靈敏度，k 爲電壓層之彈性（或楊氏）模數，$d_{3j} \propto dP/d\sigma$，$\sigma$ 爲施予鐵電層之應力量（Stress），d_{3j} 稱爲反電致耦合，ε 爲鐵磁層之介電常數（Dielectric constant），$P = \varepsilon E$。

5. 磁滯曲線之量測：

(1) 振動式磁強計（Vibration sample magnetometer; VSM）：該裝置之示意圖如圖 5-5-6，利用振動頭（喇叭）使傳動桿產生固定頻率（f）之上下振動，振幅爲（z_0），傳動桿之中段可附一永久磁石（M_{ref}），因此可令對應線圈產生一參考源電壓訊號，或該中段亦可利用電容器兩電極片組件之相對振動，產生參考源電壓訊號，將之輸入鎖相放大器。此外，傳動桿之尾端置待測磁體樣品，並使該樣品置於兩側感應線圈組之中線位置，由於樣品振動，因楞次定則而使感應線圈產生樣品訊號，同時輸入鎖相放大器，與參考源訊號比較而得該磁體之磁矩值（μ：單位 emu），再由高斯計記錄電磁鐵產生之磁場（H：單位 Oe），即可繪出 M 對 H 之磁滯曲線。另外，在測量期間需注意下列事項：①待測磁體的位置需調整至 xyz 個別鞍點，可利用在作鎳標準試片校正時一次完成，定位妥當後就不需再調；②樣品每段停留時間（Δt）務必長於該 VSM 設備之測量時間（Time

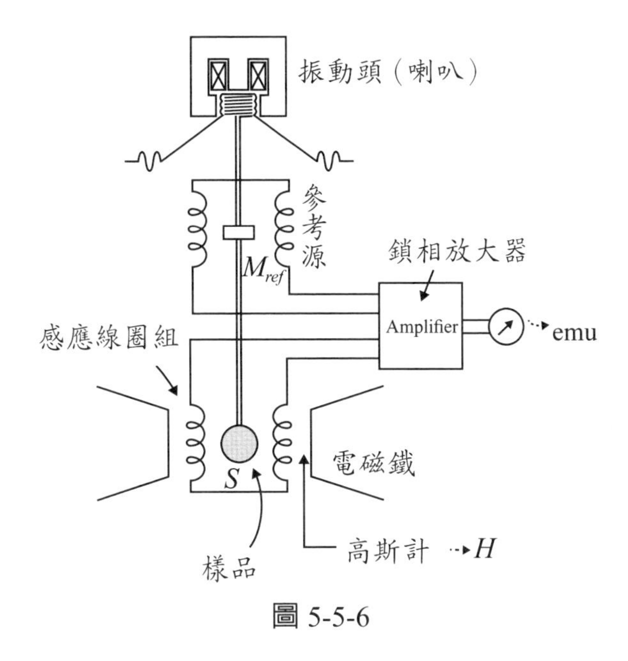

圖 5-5-6

constant; τ）塊材：$\tau < 1$ sec，膜材：$\tau > 1$ sec；③新一代 VSM，其振動頭係由電磁鐵構件分離以避免後者線圈的振動噪音；④在室溫下，鎳標準片之飽和磁化量爲 55.09 emu/g；⑤就磁路而言，VSM 量出之磁滯曲線，需考慮因「開路」而要作之去磁修正。

VSM 較詳細之操作原理如下：可將待測磁化視爲一磁偶極，由式（2-1-1）得 $\mu = i_m A$（CGS 單位），VSM 運作時感應線圈亦流通電流（i_s），兩者藉由磁通（Φ）相互耦合，故表示爲：

$$M_{sm} = \frac{\Phi}{i_s} = \frac{\Phi}{i_m} \tag{5-5-12}$$

其中 M_{sm} 爲互電感係數（Mutual inductance）。另外，由式（5-5-12）得 $M_{sm} = (BA)/i_s \equiv kA$，因此 $\Phi = kAi_m = k\mu$，依楞次定則，樣品感應電壓訊號（V_S）應爲：

$$V_S = -\frac{d\phi}{dt} = -\mu\frac{dk}{dz}\frac{dz}{dt} \equiv -\mu g_z\frac{dz}{dt} = \mu g_z z_0\omega\sin\omega t \qquad (5\text{-}5\text{-}13)$$

其中 $g_z = dk/dz$ 爲靈敏函數，$z = z_0\cos\omega t$，（$\omega = 2\pi f$）爲隨時變化之振幅。由式（5-5-13）知 V_S 係正比於 $g_z z_0\omega$，但由於 g_z 必須處於鞍區，故 z_0 不可太大（即離鞍區之中心點太遠）。換言之，在鞍區內，g_z 可視爲該 VSM 之定值（參數）g_{zo}。而另一限制爲當擴大鞍區（藉由調整感應線圈組之間距）又會降低 g_{zo}，振動頻率 f 可適度加大，唯需避開 60 Hz 及其倍頻。式（5-5-13）未顯示的是有關感應線圈之匝數，匝數越多固然 V_S 越明顯，但雜訊亦隨之增強。

(2) *BH* 磁環示蹤器（BH loop traces）：依圖 5-5-7(a) 取待測磁體爲一封閉式圓環，分別繞以初級及感應線圈，其中初級線圈串聯一電阻

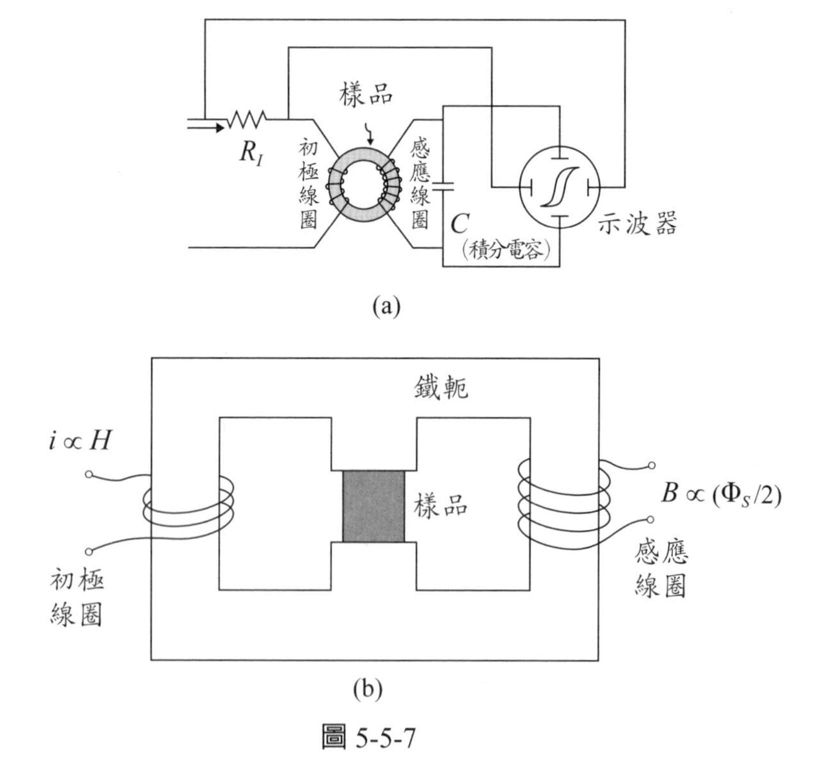

圖 5-5-7

（R_I），感應線圈並聯一積分器或電容（C）。在初級線路中通以電流（i），其於電阻產生之電壓（V_X）正比於外加磁場（$H \propto i = V_X/R_I$），將 V_X 輸入示波器 X 端。在感應線路積分，輸出電壓（V_y）輸入示波器 y 端，V_y 正比於該磁環之磁通或磁感量（B），於是示波器上即可觀察該磁體之 BH 磁環。需注意的是，就磁路而言，由於使用的樣品爲封閉之圓環，故所得之 BH 曲線無需作去磁修正。圖 5-5-7(a) 通常係適用於軟磁性磁體材料（因 H 或 i 不可能太大）。於是，針對較硬之鐵磁體材料，若需測 BH 磁環則多採用如圖 5-5-7(b) 的設置，其中陰影處爲待測磁體樣品，其上下兩端與兩側環繞的鐵軛係緊密地接觸，構成左右兩環形之磁（通）路，其他初級與感應線圈之用法與前述者相同。

(3) 交流梯度磁場磁強計（Alternating field gradient magnetometer; AFGM）：如圖 5-5-8 將一 PZT 壓電片（長：L，寬：w，厚：t）形成一懸吊臂（Cantilever），當該臂之自由端產生一位移（Δz）時，其電極端（斜線部分）即產生一電壓（V）。在自由端連接一傳動桿，桿之末端附接待測磁體樣品，並伸入中心線位置。於測量時，令梯度磁場線圈組產生一交流變化之場梯度（$dH_z/dz \propto \cos(\omega_0 t)$；其中 $\omega_0 = 2\pi f_0$），其中 PZT 壓電片之機械共振頻率（f_0）由式（1-1-11）知此時在磁體樣品上有一交變之磁力，即 $F_m = \mu(\partial H_z/\partial z)$，$\mu$ 爲待測之磁矩（emu）。該力經傳動桿傳至自由端，而最終產生電壓，經下列討論可經由 V 與 F_m 之關係式得 μ。

考慮該 PZT 壓電片之機械振動方程式可寫爲：

$$\begin{aligned} &\frac{d^2z}{dt^2} + 2\beta_{ME}\frac{dz}{dt} + (\omega_0)^2 z = \frac{F_m}{m}\cos(\omega t) \\ &\frac{d^2z}{dt^2} + 2f_0\,\delta\,\frac{dz}{dt} + 4\,(\pi f_0)^2 z = \frac{F_m}{m}\cos(\omega t) \end{aligned} \qquad (5\text{-}5\text{-}14)$$

其中 $\beta_{ME} \equiv f_0\delta$，$m$ 爲片之質量，故式（5-5-14）之振幅解爲：

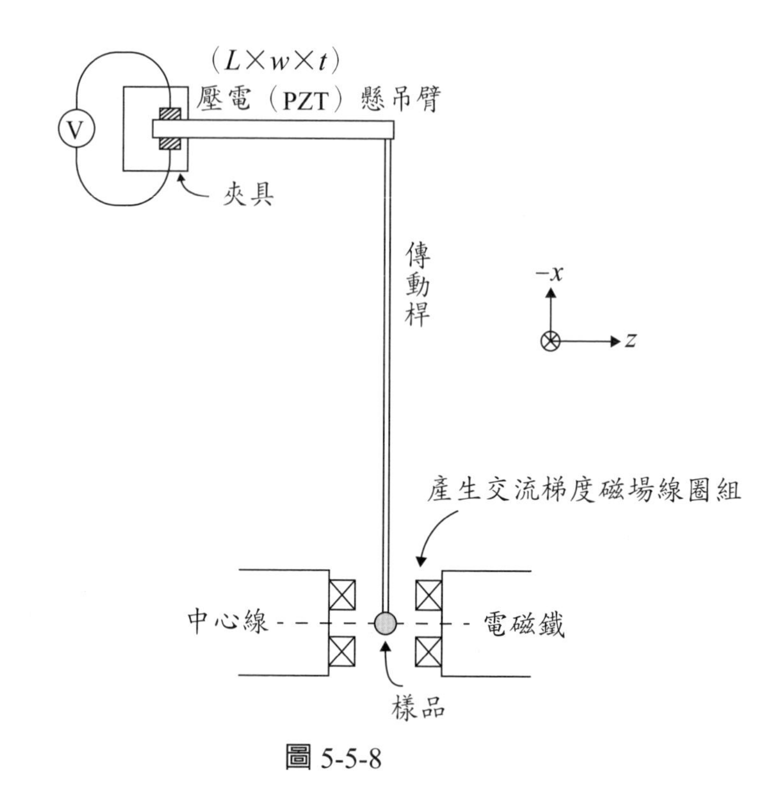

圖 5-5-8

$$z = z_0 \cos(\omega t - \phi) \tag{5-5-15}$$

$$z_0 = \frac{(F_m/m)}{\sqrt{(\omega^2 - (\omega_0)^2)^2 + 4\beta_{ME}^2\omega^2}}$$

其中 f 爲梯度線圈之驅動頻率，ϕ 爲相位角，f_0 爲壓電片自然共振頻率，表示爲：

$$f_0 = \frac{1}{2\pi}\sqrt{\frac{k}{m_{eff}}} \tag{5-5-16}$$

k 爲壓電簧片之彈性常數〔Spring constant; $k = (Ewt^3)/(4L^3)$，其中 E 爲 PZT 之楊氏模數（Young's modulus）〕，m_{eff} 爲懸臂之等效質量（$m_{eff} = 0.2427m$）。前面已敘明，z 可轉換爲電壓（V）故由式（5-5-15）知讀得之電壓強度 V_0 應正比於 z_0，因此，當驅動頻率 f 等於 f_0 時，V 對 f 之圖如

圖 5-4-20(a) 所示，在 $\omega = \omega_0$ 處，對應 $V = V_{max}$ 由振幅半高寬〔$(FWHM)_A = \Delta\omega_A = \sqrt{3}\beta_{ME}$〕即 $2\pi\Delta f_A = \sqrt{3}f_0\,\delta$ 或 $(\Delta f_A)/f_0 = \sqrt{3}(\delta)/(2\pi)$，而若以（電）能量之半高寬〔$(\mathrm{FWHM})_P = \Delta\omega_P = \beta_{ME}$〕來設想，則依同樣推論可得 $(\Delta f)/f_0 = (\delta/\pi)$ 定義共振片之機械品質因子（Quality factor; Q）與振幅對數減振（Logarthmic decrement; δ）之關係爲：

$$\frac{1}{Q} = \frac{1}{\pi}\ln\left[\frac{z_1}{z_2}\right] = \frac{\delta}{\pi} \tag{5-5-17}$$

其中 (z_1/z_2) 爲一週期內振幅之衰減比，因此，得 $(\Delta f)/f_0 = (1/Q)$，此外，由式（5-5-15）、式（5-5-16）及式（5-5-17）知在共振情況（即 $\omega = \omega_0$）下，所測得電壓 V 有下列關係：

$$V \propto \frac{F_m}{m\beta_{ME}f_0} \propto \frac{F_m}{\delta k} \propto \frac{\mu(\partial H_z/\partial z)Q}{k} \tag{5-5-18}$$

因此，實驗上只需知道 V、Q、$\partial H_z/\partial z$ 及 k 即可由式（5-5-18）算出 μ。通常 AFGM 設備在共振之 Q 值，係以標準鎳樣知（已知 μ 值）利用式（5-5-18）反推其 Q 值（由 $Q = f_0/(\Delta f)$ 計算）。實際操作上，f_0 範圍爲 100 至 1000 Hz，Q 爲 25 至 250。

(4)超導量子干涉儀（SQUID）：該設備之核心構件如圖 5-5-9(a) 所示，該構件呈封閉之圓（或方）環，其中陰影 (1、2) 爲超導體，中間段爲弱連接結（Weak-link junctions），由絕緣體 (a、b) 構成。現若於環內有一磁感量（B）或磁通量（Φ），則依超導理論，可發現：

$$\hbar c\overrightarrow{\nabla}\theta = q\overrightarrow{A} \tag{5-5-19}$$

其中 $\hbar$ 爲蒲朗克常數，c 爲光速，$q = 2e$ 爲庫珀電子對，$\overrightarrow{A}$ 爲向量位能（Vector potential），θ 爲穿透路徑 a 或 b 之波函數相位，由式（5-5-19）繞該環一圈，其相位差爲：

(a)

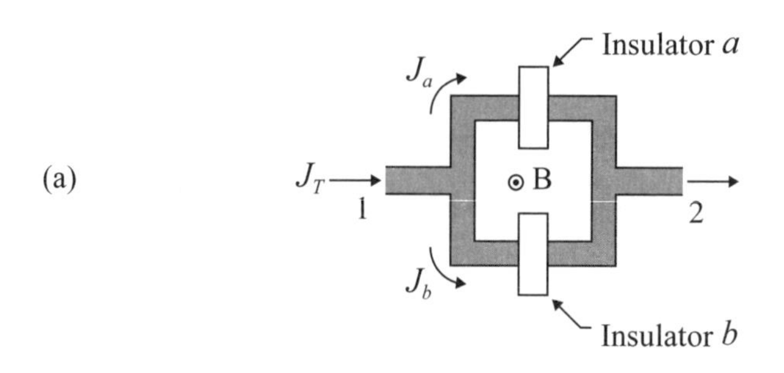

(b)

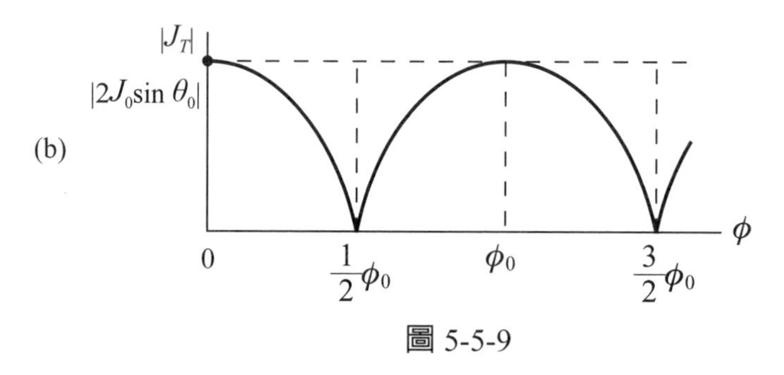

圖 5-5-9

$$\oint \hbar c \vec{\nabla}\theta \cdot d\vec{\ell} = (\theta_2 - \theta_1)\hbar c \tag{5-5-20}$$

且為了使繞環之波函數需為單一值，故 $\theta_2 - \theta_1 = 2\pi n$，其中 n 為整數。此外，

$$\oint_c \vec{A} \cdot d\vec{\ell} = \int_c \vec{B} \cdot d\vec{a} = \Phi \tag{5-5-21}$$

其中 Φ 為通過環內之磁通。因此，由式（5-5-19）至式（5-5-21），得：

$$\Phi = [(2\pi\hbar c/q)]n = (\Phi_0)n \tag{5-5-22}$$

$$\theta_2 - \theta_1 = [q/\hbar c]\Phi = 2\pi\left(\frac{\Phi}{\Phi_0}\right)$$

$\Phi_0 = (2\pi\hbar c)/q = 2.0678 \times 10^{-15}$Wb 為磁通之最小單位量，又稱為量子磁通（Fluxoid）。當 $\Phi \neq 0$ 時，圖 5-5-9(a) 中線路 a 與線路 b 之相位〔依式（5-5-22）及對稱〕分別為：

$$\theta_a = \theta_0 + \left(\frac{e}{\hbar c}\right)\Phi$$
$$\theta_b = \theta_0 - \left(\frac{e}{\hbar c}\right)\Phi \qquad (5\text{-}5\text{-}23)$$

因此，按超導理論，通過兩線路之電流密度 J_a 和 J_b 分別爲：$J_a = J_0 \sin\theta_a$ 及 $J_b = \sin\theta_b$，則跨環之總電流密度 J_T 爲：

$$\begin{aligned} J_T &= J_a + J_b \\ &= 2\,(J_0 \sin\theta_0) \cos\left[\pi\left(\frac{\Phi}{\Phi_0}\right)\right] \qquad (5\text{-}5\text{-}24) \\ &= 2\,(J_0 \sin\theta_0) \cos\,[n\pi] \end{aligned}$$

實驗中，我們量測的物理量爲經整流後之 $|J_T|$，依式（5-5-24）$|J_T|$ 爲週期性函數〔如圖 5-5-9(b)〕，週期爲 π，因此，$|J_T|$ 之最大值分別對應於 0，Φ_0，$2\Phi_0$，⋯，$n\Phi_0$，由 $\Phi = n\Phi_0$ 而獲知 B 或 Φ 之大小。實際操作中，由於結的有限尺寸，會造成另一週期較長之函數重疊於 $|J_T|$。

(5) 磁光卡爾效應磁強計（Magneto-optic Kerr effect magnetometer; MOKE）：圖 5-5-10 爲利用極式卡爾磁光效應（Polar Kerr effect）所安排之磁強計裝置圖。其中①爲（可變頻）雷射光源；②爲偏光鏡（Polarizer）其設定係將出射之線性偏振電場 $\vec{E}$ 與 z 軸夾角爲 45°（如圖）；③爲產生 x 方向垂直磁場之電磁鐵；④爲附於鐵磁鐵磁極表面之待測磁膜體，光入射角（與膜法線之夾角）小於 10°；⑤爲菲涅爾稜鏡（Fresnel rhomb; FR），其效用係將線性偏振轉爲圓形偏振，且不受光波長（或頻率）改變之影響，其移開光路時測極式卡爾轉角（Polar Kerr rotation; PKR; θ_K）插入光路時測橢圓率（Ellipticity; ε_K）；⑥爲沃拉斯頓稜鏡（Wollaston prism）其功效係將入射光分離爲 S- 偏光（強度 $I_1 \propto |E_S|^2$）及 P- 偏振光（強度 $I_2 \propto |E_P|^2$）；⑦ A 及⑦ B 爲相同之光電二極管（Photodiode）可分別將 I_1 轉爲電壓 V_1 及將 I_2 轉爲電壓 V_2；⑧ A 及⑧ B 爲相同之多用途電表，分

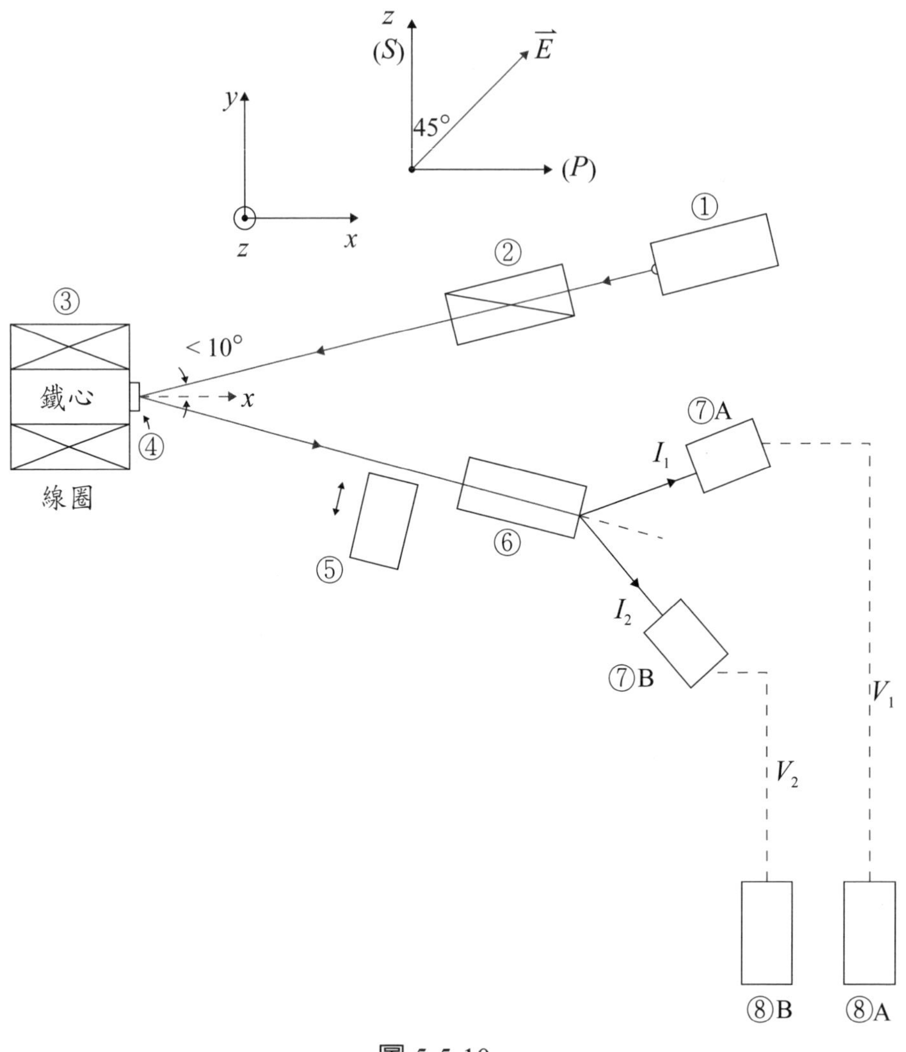

圖 5-5-10

別讀取 V_1 及 V_2 值。依照下列公式計算極式卡爾轉角（θ_K）：

$$2\theta_K = \tan^{-1}\left[\frac{V_1 - V_2}{V_1 + V_2}\right] \tag{5-5-25}$$

將 θ_K 爲 y 軸，以電磁鐵之 H 爲 x 軸，即可繪出 θ_K 對 H 之磁滯曲線。θ_K 之校正可利用標準之鎳膜爲之，在 $H = 0$ 時該膜之磁化量（$\vec{M_S}$）躺於膜面

內，當 $H = 6.0$ KG 時 $\overrightarrow{M_S}$ 則垂直於膜面，此時，鎳之 θ_K 應為 −7.79 分。最後，由於一般金屬磁膜對可見光之穿透深度（Penetration depth）約為 50 至 80 nm，故 θ_K 對 H 之磁滯曲線基本上代表磁膜近表面之訊號，此與前述〔第 4-(1) 至第 4-(4)〕之磁滯曲線代表整體之訊號略有不同。如無特殊情形，$|\theta_K| \propto M_S$。

(6) 磁通門磁力（強）計（Fluxgate magnetometer）。裝置如圖 5-5-11(a) 所示：其中粗黑線圈③內通以交流電流致產生交流磁場（$H_E = \xi \sin \omega t$）；線圈①與線圈②內置相同之軟鐵磁芯，但線圈①與②繞圈方式相反，故當兩芯被線圈③激磁時，所產生之 B_{E1} 與 B_{E2}（圖中實線與虛線）大小相同，但方向相反；H_M 為待測之直流磁場強度。當該計在運作時，可先以簡單的圖示〔圖 5-5-11(b)〕來解釋其操作原理；該圖中實線①與②分別表示 B_{E1} 對 H 與 B_{E2} 對 H 圖（注意：$|B_{E1}| = |B_{E2}|$ 但兩者符號相反）。當再加上 H_M 時，實線①移至虛線①，實線②移至虛線②，將虛線①與②疊加得虛線③，稱之為轉換功能（Transfer function; TF）。由於實線及虛線在 $H > H_S$（H_S 為飽和場）時，會產生轉折之不連續，故 TF 於圖 5-5-11(b) 及 (c) 中呈週期之梯形波狀，再經由楞次定則於圖 5-5-11(a) 中 E 處所生之電壓 U_P 會如圖 5-5-11(c) 所示；U_P 亦為週期性之脈波，其週期為 H_E 週期一半（雙倍頻）。U_P 之大小正比於 H_M。故明顯的，該計提供了一相對於磁場之門（開與反向開）。

數學上，可以如此推導說明：設 BH 磁化曲線由下列方程式表示：

$$B = aH - bH^3 \qquad (5\text{-}5\text{-}26)$$

其中 $a > 0$ 且在 $H < H_S$ 時，$b = 0$，在 $H \geq H_S$ 時，$b > 0$（且 $B_S = aH_S - bH_S^3$ 為定值）代表轉折效應。由前述討論得在 TF 之淨磁場 H_1 及 H_2 為：

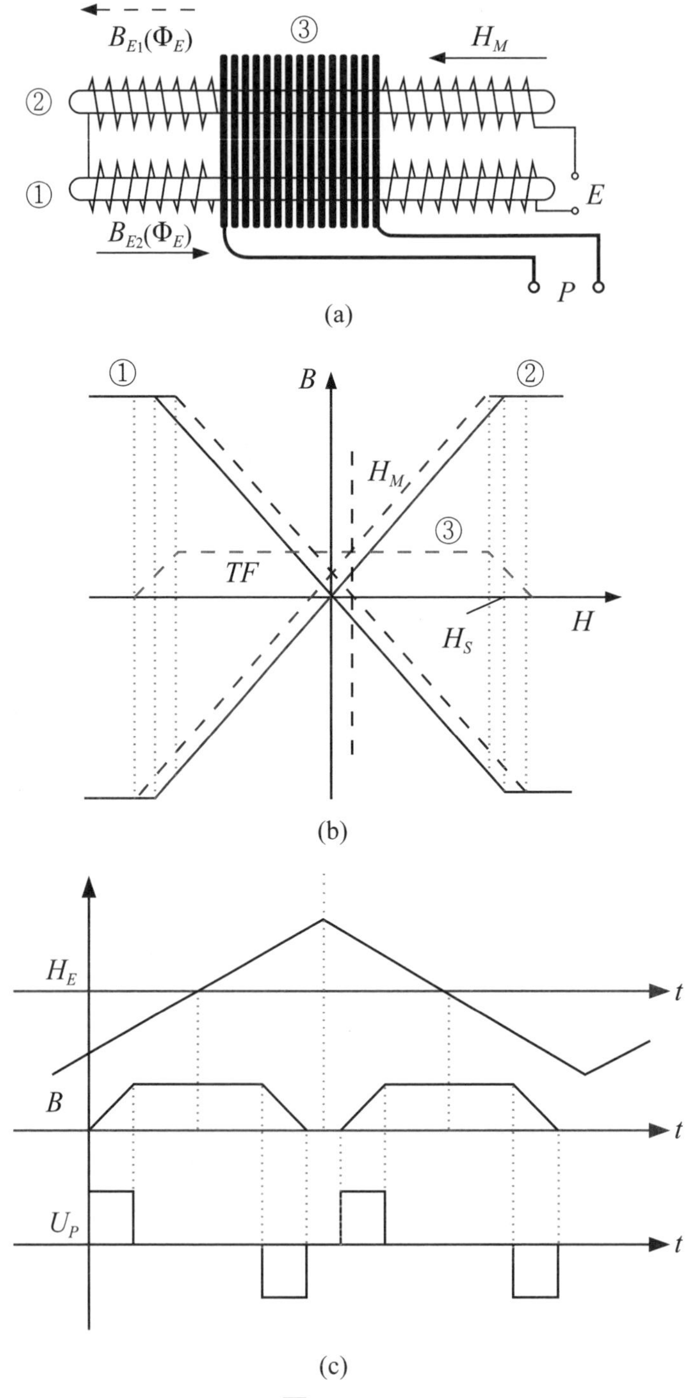

圖 5-5-11

$$H_1 = H_M + H_{E1} = H_M + \xi \sin \omega t$$
$$H_2 = H_M + H_{E2} \qquad (5\text{-}5\text{-}27)$$
$$= H_M - H_{E1} = H_M - \xi \sin \omega t$$

由 H_1 及 H_2 代入式（5-5-26）分別得 B_1 與 B_2，於是淨磁通（ϕ）爲：

$$\phi = A(B_1 + B_2)$$
$$= 2A[aH_M - bH_M^3 - (3/2)b\xi^2 H_M + (3/2)b\xi^2 H_M \cos 2\omega t] \qquad (5\text{-}5\text{-}28)$$

經楞次定則，得 $U_P(t)$ 爲：

$$U_P(t) \propto \frac{\partial \phi}{\partial t} = -6Ab\xi^2 H_M \omega \sin(2\omega t) \qquad (5\text{-}5\text{-}29)$$

其中 A 爲兩線圈之截面積。此處僅敘明 $U_P(t)$ 確爲 $H_E(t)$ 的倍頻關係。

7. 各磁強計之比較：

a. 茲就第 4-(1) 至 4-(6) 所提各磁強計之性價比進行整理列於附表（5-5-1）中，以便比較。

表 5-5-1

設備	功能	單價（臺幣；2017）	（室溫下）經常性消耗費
VSM	1. 完成一完整磁滯環需時短（可較快速完成；基本上 DC） 2. 測 μ 之最大靈敏度：10^{-6} emu 3. 可變溫範圍：4 至 1273 K 4. 可執行 3 維 V-VSM 量測 5. 最大磁場：一般爲 2 T	600 至 800 萬	無

設備	功能	單價（臺幣；2017）	（室溫下）經常性消耗費
BH Loop Tracer	1. 量測一完整磁滯環需時可長可短 2. 多在室溫操作（限塊材） 3. 可進行變頻得 AC 磁滯環（甲） 4. 可量樣品之起始磁導率（μ_i）作爲場（H）或頻率（f）之函數（甲）	（甲）便宜（圖 5-5-7(a)） （乙）500 萬以上（圖 5-5-7(b)）	無
AFGM	1. 完成一完整磁滯環需時與 VSM 者同 2. 測 μ 之最大靈敏度：10^{-7} 至 10^{-8} emu 3. 變溫範圍：77 至 400 K 4. 最大磁場：2 T	600 至 800 萬	無
SQUID	1. 完成一完整磁滯環需時長 2. 測 μ 之最大靈敏度：10^{-10} emu 3. 變溫範圍：4 至 300 K 4. 最大磁場：5 T 或以上 5. 經改良後可用於觀察磁區（但解析度不高）	1000 萬以上	消耗液氦及液氮
MOKE	1. 完成一完整磁滯環需時可長可短 2. 測 θ_K 之最大靈敏度：（雜訊）0.5 分（$\lambda = 633$ nm） 3. 基本上可變溫，最大場 1 至 2 T 4. 表面訊號	300 萬左右	無
Fluxgate	1. 測量時程短 2. 用以監測地磁	便宜 可大量布置	無

b. 茲就 4-(1) 至 4-(6) 所提各磁強計所產生之噪音（Noise）作一比較。首先，有關元件噪音的一項通則就是其產生之磁雜訊（B_n）大致反比於元件之體積（V_s）即 $B_n \propto (1/V_s)$。因此，如表 5-5-2 所示 [33]：各磁強計元件

待測之 B（V 代表向量；S 代表純量），於 $f = 1$ Hz 時之 B_n 及元件之體積。B_n 之單位為 [$\sqrt{雜訊功率}$ / 敏度] = [$\sqrt{V^2/Hz}$ /V/T] = [$T/\sqrt{Hz}$]。另外，在元件旁加磁通量集中器（Flux concentrator）可提昇有效 V_S，降低 B_n。最後，將各代表性（磁強計）元件的噪音頻譜（即 B_n 對 f）圖示於圖 5-5-12，其中：(1) 約從 1 Hz 至 1×10^3 Hz 的斜線部分代表（$1/f$）噪音雜訊之頻譜，大於 1×10^3 Hz 的水平線部分代表白噪聲（White noise）；(2) 由本圖及表 5-5-2 知霍爾元件的雜訊相對最高，磁通門元件者相對最低，這是在使用這些元件時應注意到的參數。

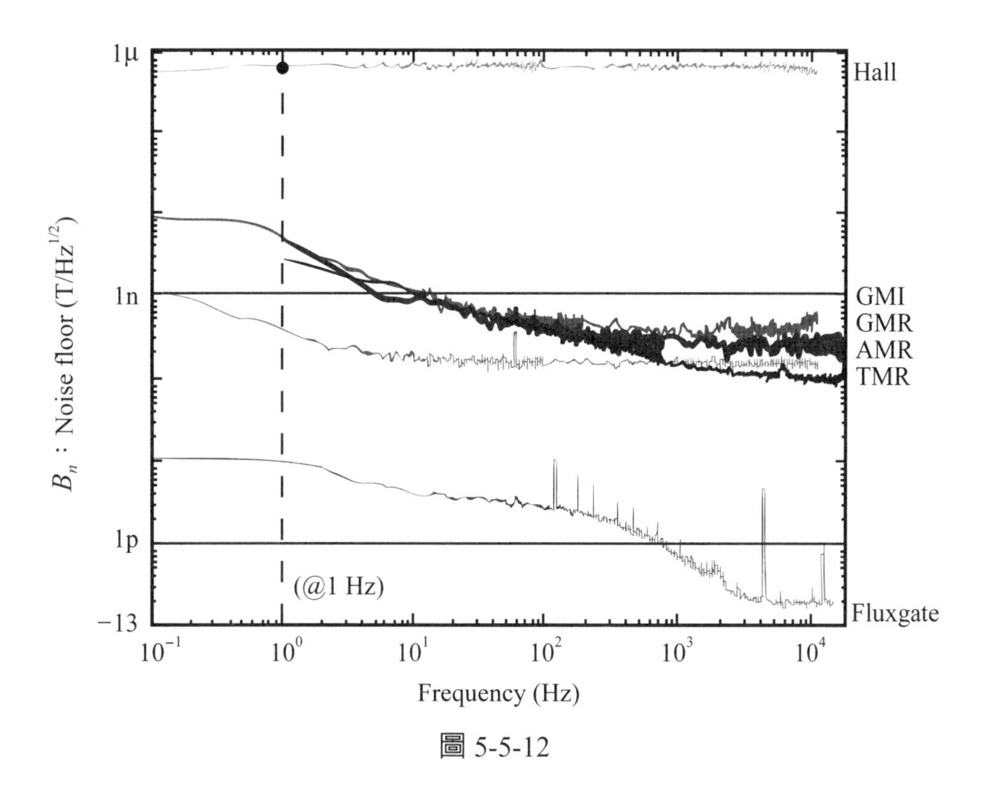

圖 5-5-12

表 5-5-2

磁強計 核心元件	B	$B_n(PT/\sqrt{Hz}$ @1Hz)	V_S（cm^3）
超導量子干涉儀 （SQUID）	V	0.001	3
（混）巨磁電阻／超導 （Hybrid GMR/SC）	V	0.032	0.1
磁光卡爾磁強計 （MO）	V	1.4	1
磁通門 （Fluxgate）	V	10	1
磁微機電 （ME）	V	100	1(mm)^3
磁電阻 （AMR, GMR, TMR）	V	200	0.001(mm)^3
巨磁阻抗 （GMI）	V	3000	0.01(mm)^3
高斯計（霍爾元件） （Hall）	V	3×10^4	0.001(mm)^3
* VSM	V	0.05～0.1	～2
* AFGM	V	0.01	～4

* 註：「V」代表向量。

第六章　磁區與磁牆

在本章節中將討論在鐵磁體內部（除特殊情況下）其飽和磁化量（M_S）並非呈單一（或均勻）的分布，而係呈分割成多區塊形式分布，每個區塊稱爲磁區（或磁疇），在每個磁區內之 $\overrightarrow{M_S}$ 的方向並不相同，因此，產生磁區與相鄰磁區之間的間隔稱爲磁牆（Domain walls）（或磁壁）。

6-1　磁牆與磁區

6-1-1　簡介

一般磁牆，若以從一磁區到另一相鄰磁區之轉角來區分，可分爲 180° 及 90° 磁牆，舉例：1. 若考慮單磁軸易方性，則僅存在 180° 磁牆；2. 若考慮多晶軸立方磁體且 $K_1 > 0$，則存在 180° 及 90° 磁牆；3. 若考慮多晶軸立方磁體且 $K_1 < 0$，則存在 71°、109° 及 180° 磁牆，通常 71° 及 109° 亦被統稱爲 90° 磁牆；4. 若考慮非晶磁體，則磁牆情況更爲複雜且與內應力（Internal stress）大小與分布有關。

6-1-2　180°磁牆

如前述在磁牆內，自旋或磁化量的旋轉（Winding）可以簡單，也可以十分複雜。首先，以簡單的單轉軸式旋轉模式之 180° 磁牆爲例。明顯地，圖 6-1-1(a) 顯示了磁化量如何自一單軸磁區（$+\overrightarrow{M_S}$ $@z = -\infty$）至另一單磁軸磁區（$-\overrightarrow{M_S}$ $@z = +\infty$）作 180° 完整翻轉的路徑（或過程）。該路徑按圖 6-1-1(a) 中 ϕ 角的不同，故翻轉路徑可以是無限條，但實際上

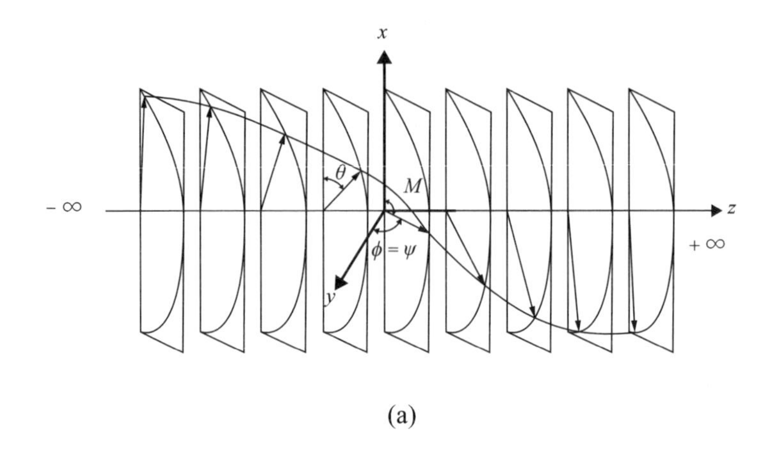

(a)

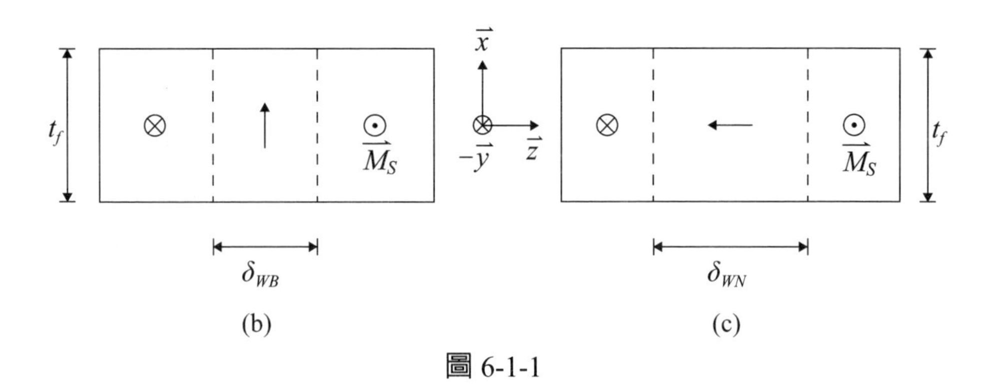

(b) (c)

圖 6-1-1

較常討論者分爲兩類：1. $\phi = 0°$，稱之爲 180° 布洛赫磁牆（Bloch wall）；2. $\phi = 90°$ 稱之爲 180° 尼爾磁牆（Neel wall），而在簡單的理論模式下，旋轉的手徵（Chirality）又可分爲右旋（相對 $+z$：θ 由 0° 至 180°）與左旋（θ 由 0° 至 −180°）。

首先，討論 180° 布洛赫磁牆，該類磁牆多存在於塊材鐵磁體內，少數情況雖也存在於膜材鐵磁體內，但後者情況仍較複雜一些（需有些修正），在此爲簡化討論先不作區分，以兩類均按照圖 6-1-1(a)，$\phi = 0°$ 的方式。由於在磁牆內相類自旋產生相對轉角（$\partial\theta/\partial z$），故在牆內存有交換能，即 $J_{ex}S^2a^2(\partial\theta/\partial z)^2$（其中 a 爲晶格常數），因此，每單位牆面積內之交換能為：

$$\sigma_{ex}=\frac{JS^2}{a}\int_{-\infty}^{\infty}\left(\frac{\partial\theta}{\partial z}\right)^2 dz \qquad (6\text{-}1\text{-}1)$$

同理，自旋的旋轉會造成磁異方性能改變，$g(\theta) = K_u\cos^2\theta$，因此，每單位牆面積內之磁異方性能為：

$$\sigma_K=\int_{-\infty}^{\infty} K_u\cos^2\theta\, d\theta \qquad (6\text{-}1\text{-}2)$$

故總磁牆能（每單位面積）可寫為：

$$\sigma=\sigma_{ex}+\sigma_K=\int_{-\infty}^{\infty}\left[K_u\cos^2\theta+A\left(\frac{\partial\theta}{\partial z}\right)^2\right]dz \qquad (6\text{-}1\text{-}3)$$

其中 A 稱為交換剛性：$A = JS^2/a$（簡單立方體）；$A = 2JS^2/a$（體心立方體）；$A = 4JS^2/a$（面心立方體）。將式（6-1-3）對 θ 求最低能量解（即 $\partial\sigma/\partial\theta = 0$），則可得平衡穩態之磁牆能（$\sigma_{WB}$）及磁牆厚（$\delta_{WB}$）如下（$B$ 代表布洛赫）：

$$\sigma_{WB}=4\sqrt{AK_u} \qquad (6\text{-}1\text{-}4)$$

$$\delta_{WB}=\pi\sqrt{\frac{A}{K_u}}$$

上述討論基本上是適用於塊材情況（即樣品厚 $t_B >> \delta_{WB}$）。若於膜材情況（即膜厚 $t_f \lesssim \delta_{WB}$）時，需考慮如圖 6-1-1(b) 中磁牆的去磁能：$E_{mDB} = (1/2)N_{DB}(M_S)^2 = (1/2)[4\pi(\delta_{WB})/(t + \delta_{WB})](M_S)^2$，故當 $t = t_B >> \delta_{WB}$ 時，E_{mD} 項可忽略不計，但當 $t = t_f \lesssim \delta_{WB}$ 時，則必須將 E_{mD} 加入式（6-1-3），因此，細分於 $t_f \simeq \delta_{WB}$ 時，磁膜中之磁牆為拉布隆特磁牆（LaBonte wall）屬於對前述簡式布洛赫磁牆的修正（於後詳述）。而當 $t_f << \delta_{WN}$〔如圖 6-1-1(c)〕，明顯在牆內因去磁能的緣故迫使磁牆內之 $\overrightarrow{M_S}$ 必須躺下，此時 $E_{mDN} = (1/2)$

$[4\pi(t_f)/(t+\delta_{WN})](M_S)^2$，同理，$\sigma$ 可寫爲：

$$\sigma=\left[A\left(\frac{\pi}{\delta_W}\right)^2+\frac{K_u}{2}+E_{mDN}\right]\delta_W \tag{6-1-5}$$

將式（6-1-5）對 δ_W 求最低能量解（即 $\partial\sigma/\partial\delta_W=0$），在 $t_f << \delta_{WN}$ 條件下，可得尼爾磁牆之磁牆能（σ_{WN}）及磁牆厚（δ_{WN}）（N 代表尼爾）如下：

$$\begin{aligned}\sigma_{WN}&=\pi\sqrt{2AK_u}\\ \delta_{WN}&=\pi\sqrt{\frac{2A}{K_u}}\end{aligned} \tag{6-1-6}$$

以上是當 $\overrightarrow{M_S}$ 躺在膜面內改變膜厚（t_f）的兩類磁牆，若以 $Fe_{21}Ni_{79}$ 高導磁合金膜爲例，當 $t_f \gtrsim 100$ nm 時，爲布洛赫（或拉布隆特）磁牆，當 $t_f \leq$ 18 nm 時，爲尼爾磁牆，而當 $18 < t_f < 100$ nm 時，另一類磁牆顯現，依其形貌被稱之爲交叉結磁牆（Cross-tie wall）[34]，其形成亦由於去磁能之作用（係布洛赫與尼爾牆之綜合），其內部之磁結構如圖 6-1-2(a) 所示。實驗顯示當於此類磁牆施加一垂直磁場（$H_\perp$ 平行於難軸）則圖 6-1-2(a) 中結（Tie）之長度（d）會縮短，最後該磁牆變爲尼爾磁牆〔如圖 6-1-2(b)〕。若以三類磁牆能之理論值（以 $Fe_{20}Ni_{80}$ 之磁參數）分別對膜厚作圖（如圖 6-1-3），則可理解爲何在三個不同 t_f 區中哪一類之磁牆應具最低能而穩定地存在。注意，圖 6-1-3 中交叉結磁牆能之延伸點線（Dash line）係因作了布洛赫線之修正。另外，前面提及之拉布隆特磁牆結構〔如圖 6-1-4(a)〕係針對理想之布洛赫磁牆於厚磁膜（$t_f \gtrsim 100$ nm）時所作修正，仍然是由於上、下表面去磁場之作用，故在上、下表面附近之磁化量係平躺（僅膜內中心部分爲垂直），因此形成了一不對稱布洛赫磁牆（Asymmetric LaBonte wall），中心具一近半渦旋（Half vortex，箭號長度代表磁化量在 XY 面之分量，虛線代表該牆之中心線）。前面提及〔圖

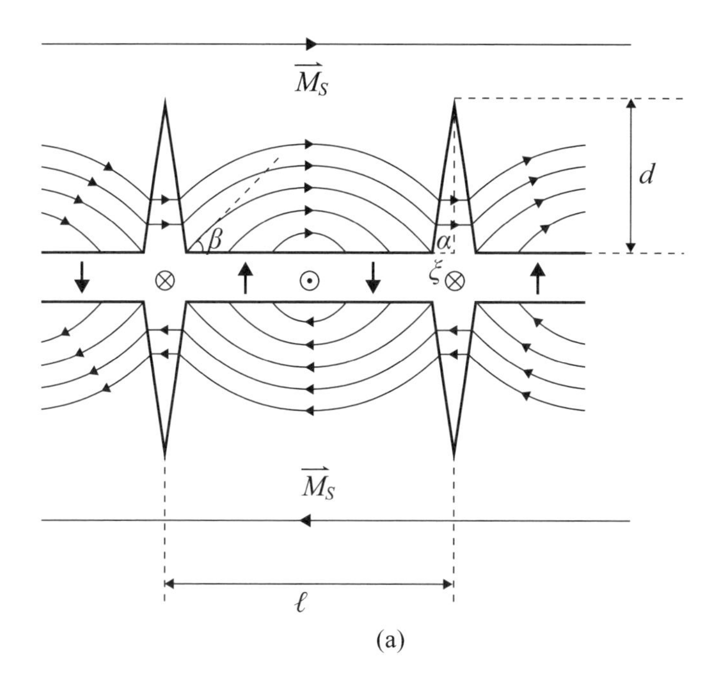
$\vec{M}_S$
d
β
α
ξ
$\vec{M}_S$
ℓ

(a)

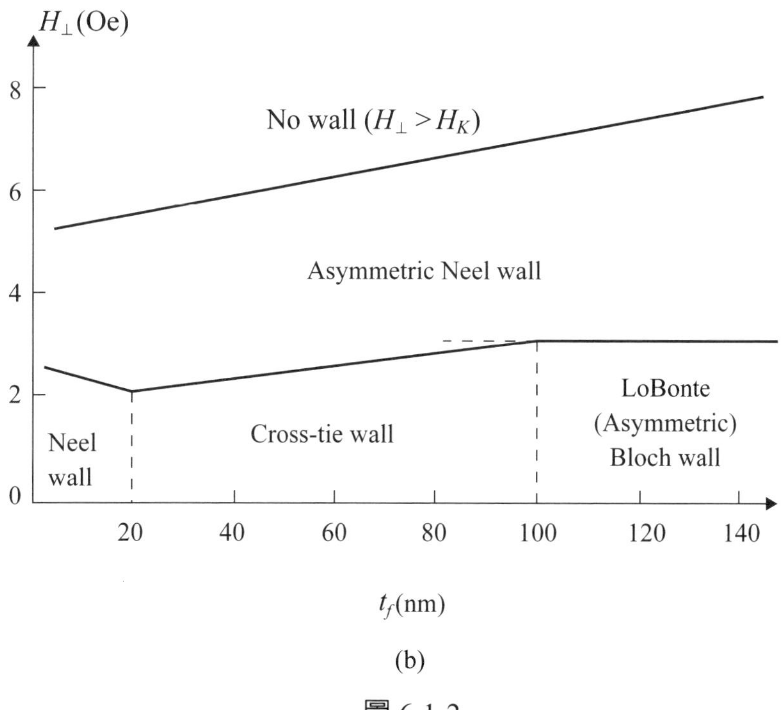
$H_\perp$ (Oe)
8
6
4
2
0
No wall ($H_\perp > H_K$)
Asymmetric Neel wall
Neel wall
Cross-tie wall
LoBonte (Asymmetric) Bloch wall
20
40
60
80
100
120
140
t_f(nm)

(b)

圖 6-1-2

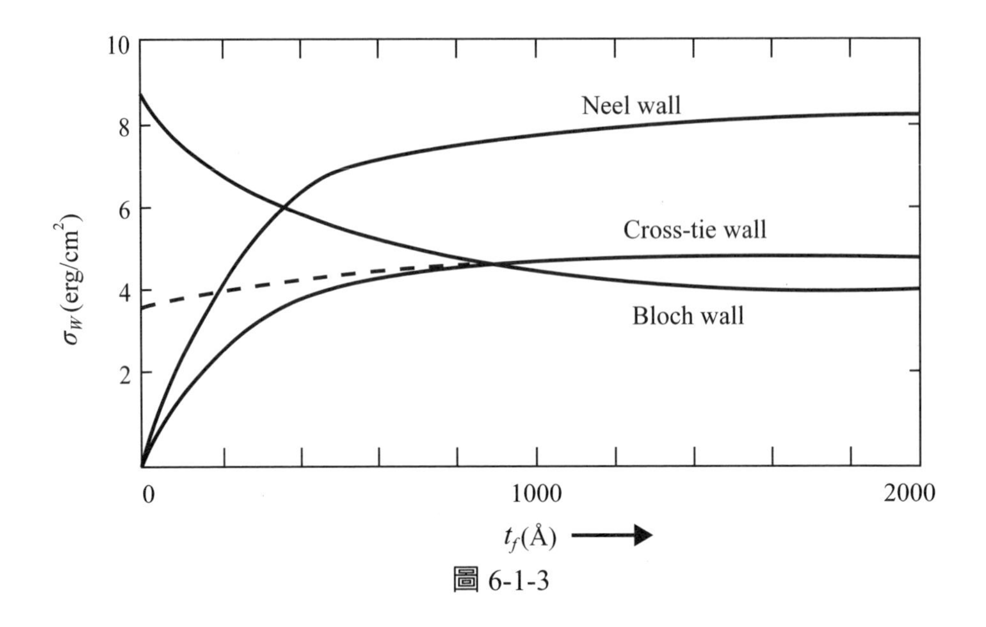

圖 6-1-3

表 6-1-1

鐵磁體	形式	磁牆能（σ_W：erg/cm^2）	磁牆厚（δ_W：nm）
Fe	塊	3.4	56.5
Co	塊	10.8	17.3
Ni	塊	0.7	160.2
$Nd_2Fe_{14}B$	塊	26.8	9.3
$SmCo_5$	塊	80.0	3.8
Sm_2Co_{17}	塊	36.4	8.6
Ba-Ferrite	塊	4.8	15.4
$La_{0.7}Sr_{0.3}MnO_3$	膜	1.1	22.9[35]
$Fe_{80}Ni_{20}$(Bloch)	膜	1.0～4.0	45.0
$Fe_{80}Ni_{20}$(Neel)	膜	1.0～5.0	800～1200

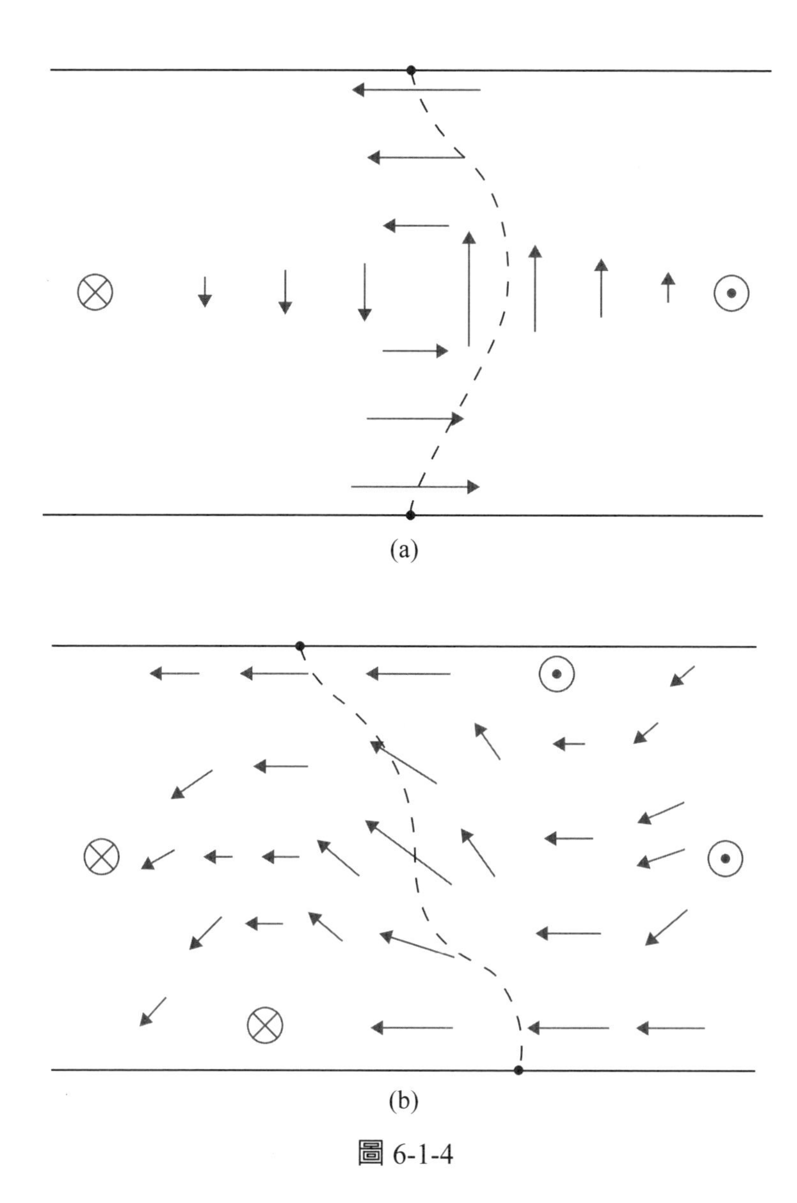

圖 6-1-4

6-1-2(b)〕當施加 $H_\perp$ 於拉布隆特－布洛赫牆後，於一定 $H_\perp$ 強度形成不對稱尼爾磁牆（Asymmetric Neel wall），其磁結構如圖 6-1-14(b)。最後，將一些常見鐵磁體之 180° 磁牆參數 σ_W 及 δ_W 列表於表 6-1-1 內，至於所謂 90° 磁牆及曲折磁牆（Zigzag wall）[18]，在此暫不討論。

6-1-3 量測磁牆能之實驗（$\overrightarrow{M_S}$ 於膜面內）

實驗上，可採用下述方式測量某類鐵磁膜磁牆能，先決條件是其磁化量（$\overrightarrow{M_S}$）需躺在膜面內，按圖 6-1-5(a) 在垂直於磁牆方向（即 x 方向）通入電流（I_X）或電流密度 $\vec{j}_X$，依照安培右手定則，如圖 6-1-5(c) 在磁膜的 YZ 平面內會有一環繞的磁場 $\overrightarrow{H_Z}$，而 $H_Z = j_X y$，其中 y 沿膜厚 t_f 方向之座標參數（即如圖 6-1-5：$-t_f/2 \le y \le +t_f/2$）。由於 H_Z 作用，磁牆將會產生如圖 6-1-5(a) 所示之位移，即由 $j_X = 0$ 時之磁牆形貌（虛線①）變至 $j_X \neq 0$ 時之磁牆形貌（實線 A 與 B）。基本上該變形（或扭曲）的磁牆在 $|y|$ 近於零的區域內係近於線性變形，在接近膜面區域（$|y| \simeq t_f/2$）磁牆因受表面釘扎之阻力而傾向內側呈非線（彎曲）變形，θ 為實線 A、B 之切線與膜表面之夾角，故邊界條件為當 $|y| = (t_f/2)$ 時，$\theta = \pm 90°$ 或 $dx/dy = 0$。現考慮作用於磁牆之力與電流密度之平衡度，有下列關係：

$$2M_S H_Z = 2M_S j_X y = \sigma_W (d^2x/dy^2)(1/t_f) \tag{6-1-7}$$

將式（6-1-7）積分，並將邊界條件代入，得[36]：

$$x = K\left[3\left(\frac{y}{t_f}\right) - 4\left(\frac{y}{t_f}\right)^3\right]\left[\frac{M_S(t_f)^2}{4(\sigma_W)w}\right] I_X \tag{6-1-8}$$

其中 $K \simeq 0.3$ 至 0.4 為調整參數 $I_X = j_X(tw)$，而由文獻[36]知當 $I_X \ge I_{sat} = [4(\sigma_W)w]/(M_S t_f)$ 時，圖 6-1-5(a) 中相鄰之 A 與 B 磁牆在膜表面會相遇，最終形成如圖 6-1-5(b) 之磁牆形式。因此，我們可以認為當 $I << I_{sat}$ 時，磁牆的形變為線性〔即式（6-1-8）僅取 y 的一次方部分〕，且順著虛線 A、B 延伸至膜面所觀察到磁牆（線性）位移 ξ，與實際位移 Δx 應相去無幾（$\xi \simeq \Delta x$），考慮前面的假設，並以 $y = (t_f/2)$ 代入式（6-1-8），

$$\xi \simeq \Delta x = \left(\frac{3I_X K}{2I_{sat}}\right) t_f \tag{6-1-9}$$

因此，實驗後，將 Δx 對 I_X 作圖，即可求出 I_{sat}，亦即求出 σ_W。

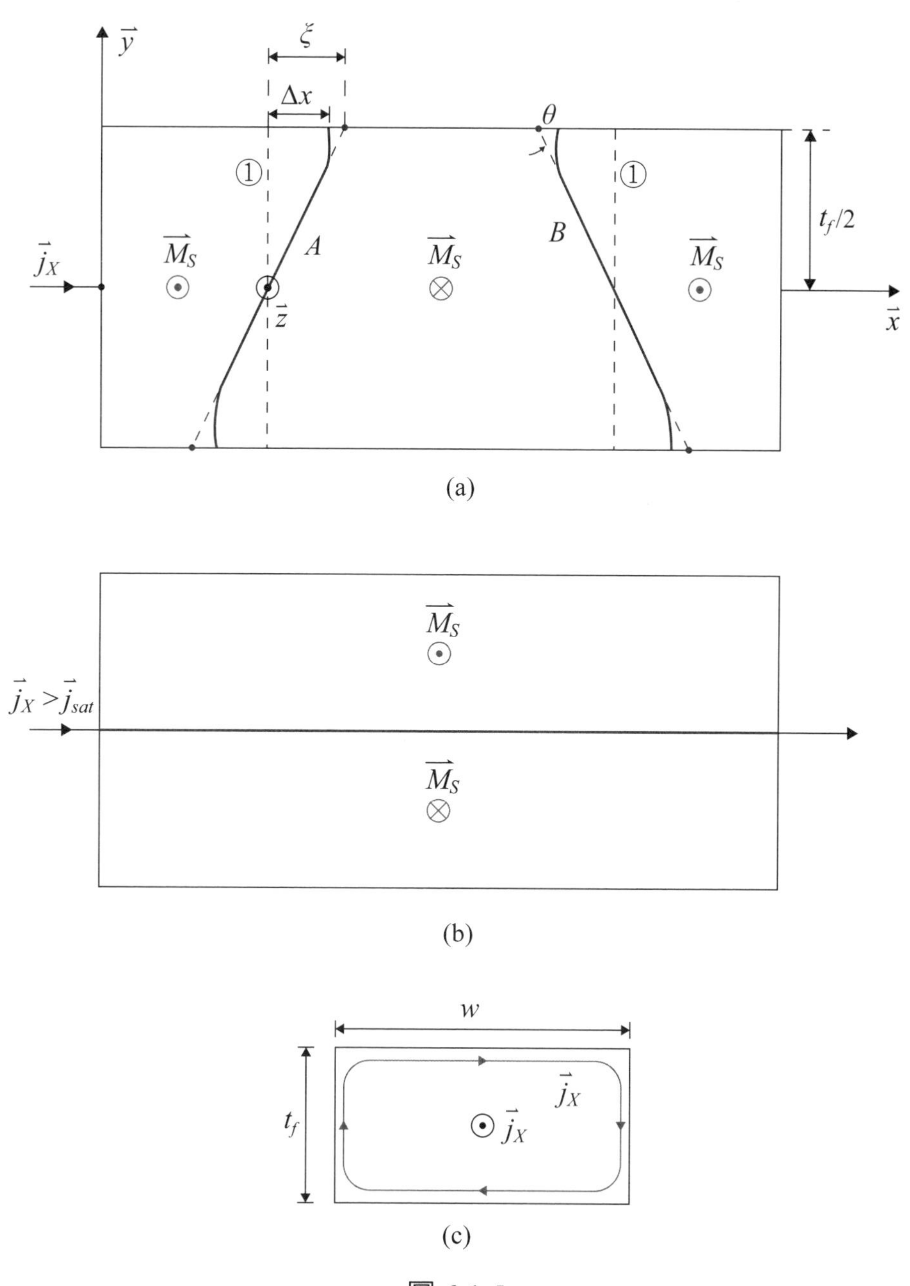

圖 6-1-5

6-1-4 磁牆質量

若將磁牆在運動中視爲一種等效動能能量（Kinetic energy; K_E），則 $K_E = (1/2)m_W(v_W)^2 = (1/2)m_W(dz/dt)^2$〔依圖 6-1-1(a)〕。而當 180° 磁牆移動時，在 z 方向有一所謂的貝克場（Becker field; H_Z），它使牆內之自旋產生進動運動，即：

$$v_W\left(\frac{d\theta}{dz}\right)=\frac{d\theta}{dt}=|\gamma|H_Z \tag{6-1-10}$$

因此，整面磁牆（因自旋轉動）之能量爲 F_W 可寫爲：

$$\begin{aligned}F_W&=\frac{1}{8\pi}\int_{-\infty}^{\infty}(H_Z)^2\,dz=\left(\frac{1}{8\pi}\right)\left(\frac{v_W}{|\gamma|}\right)^2\int_{-\infty}^{\infty}\left(\frac{d\theta}{dz}\right)^2 dz\\&=\left(\frac{1}{4\pi}\right)\left(\frac{v_W}{\gamma}\right)^2\left(\frac{K_u}{A}\right)^{1/2}=\left(\frac{1}{4}\right)\left(\frac{v_W}{|\gamma|}\right)^2\left(\frac{1}{\delta_W}\right)\end{aligned} \tag{6-1-11}$$

令 $F_W = K_E$ 則得 $m_W = 1/(2\gamma^2\delta_W)$。以塊材鐵爲例，$m_W$ 的理論値爲 1.4×10^{-10} g/cm^2，不過文獻 [37] 計算顯示高導磁合金磁膜之 m_W 在 7×10^{-11} 至 5.5×10^{-9}g/cm^2。會產生如此差異，原因可能是在磁膜中不對稱拉布隆特磁牆之磁結構，異於塊材中簡易之對稱布洛赫磁牆。

6-1-5 磁區

在第 6-1-1 節簡介中已提及在一般鐵磁體（包括塊材及膜材）中，除非特殊情況，在零外場時，該磁體內必然存在一塊一塊不同磁結構之磁區與相鄰磁區間之磁牆，其原因主要係受靜（或去）磁能（Magnetostatic energy）之影響，在本節中將詳細說明。首先，不論磁塊與磁膜材，需先定義一物理量，稱之爲磁性性質因子（Magnetic quality factor; Q_m。完全不同於一般機械性質因子 Q），其定義爲（針對磁單軸易方性磁體）：

$$Q_m \equiv \frac{K_u}{2\pi(M_S)^2} \qquad (6\text{-}1\text{-}12)$$

其中 K_u 爲易軸之磁異方能。於是有下列幾種情況：(1) 當 K_u 較大時，即 $Q_m \geq 1$，則磁化量（$\overrightarrow{M_S}$）係垂直於樣品面（或平行於易軸），其磁區分布情形如圖 6-1-6(b)、(f)（樣品面平行於 xy 面）所示；(2) 當 K_u 較小時，即 $Q_m << 1$，或在立方晶系中較小之 K_1 且（易軸躺在樣品面內），則磁化量（$\overrightarrow{M_S}$）係平行於樣品面，其磁區分布情形如圖 6-1-6(c)，樣品面平行於 xy 面所示；(3) 當 K_u 適中時，即 $0.2 < Q_m < 1$，則其磁區分布情形會如圖 6-1-6(d)〔閉合磁區（Closure domain）〕；或圖 6-1-6(e)〔斜異方性（Oblique anisotropy）〕。

茲就 $Q_m \geq 1$ 之鐵磁體爲例，若 $\overrightarrow{M_S}$ 係垂直於樣品面（且樣品面假設爲很大或無限大），則磁區情形可能爲圖 6-1-6(a)（單磁區）或圖 6-1-6(b)〔複磁區（Multi-domain）〕，將證明前者每單位表面積之靜磁能（E_M）較後者爲高，故唯後者可穩定存在。首先，前者之 $E_{M甲}$可寫爲：

$$E_{M甲} = 2\pi(M_S)^2 t \qquad (6\text{-}1\text{-}13)$$

而後者之 $E_{M乙}$可寫爲[18]：

$$M_{M乙} = 1.7(M_S)^2 D \qquad (6\text{-}1\text{-}14)$$

其中 D 爲圖 6-1-6(b) 所示之磁區大小。因此，在 $D \leq t$ 條件下，$E_{M甲}$恆大於 $E_{M乙}$，故必須裂解成複磁區，唯此一裂解（D 或 $E_{M乙}$變小）並非單向，而是裂解會產生新的磁牆，因此，裂解停止係受 σ_W 增加之平衡作用，即總能量 E_T 爲：

$$E_T = 1.7\,(M_S)^2 D + \sigma_W\left(\frac{t}{D}\right) \qquad (6\text{-}1\text{-}15)$$

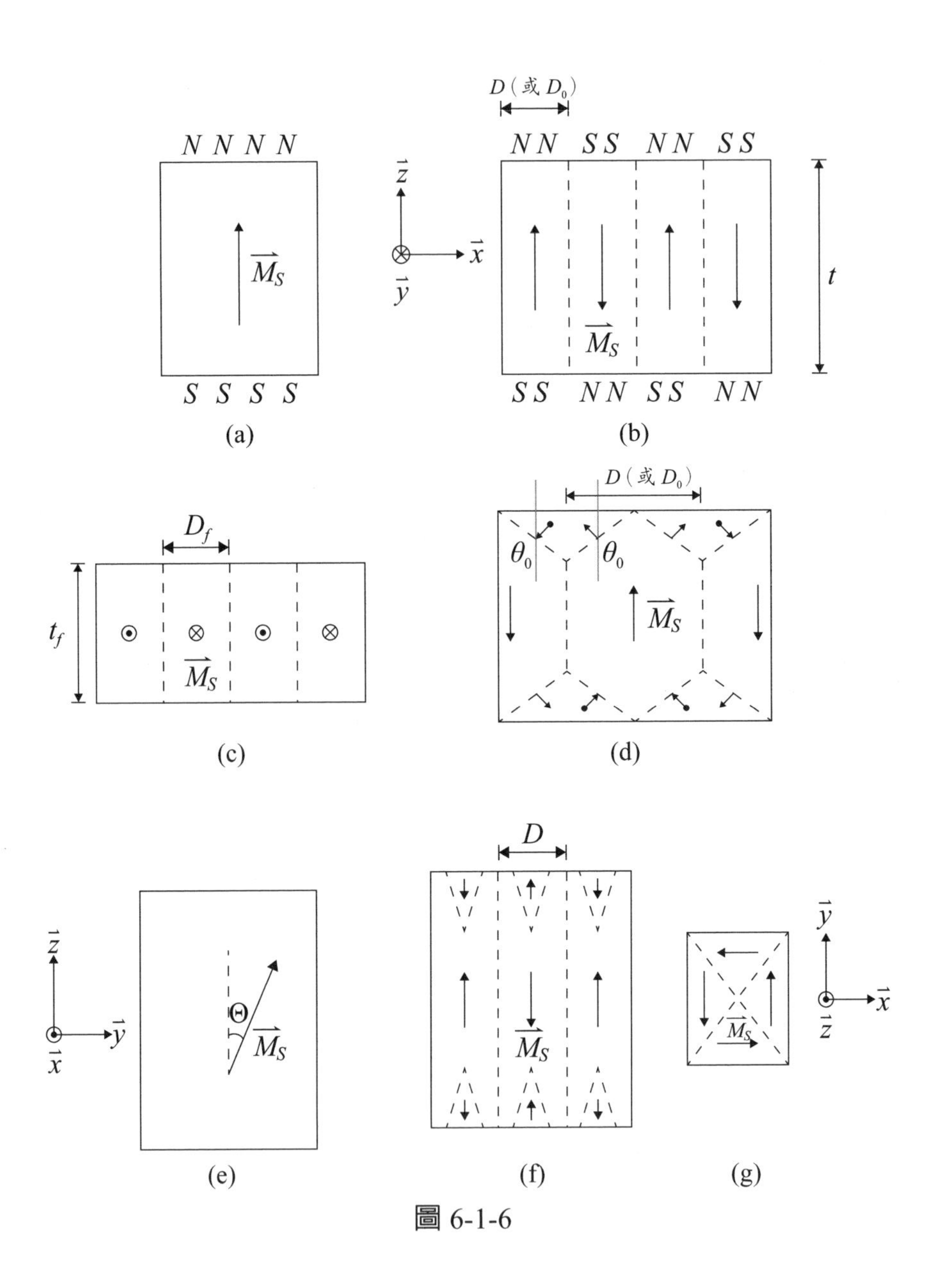
N N N N
$\vec{M}_S$
S S S S
(a)
D（或 D_0）
$\vec{z}$
$\vec{x}$
$\vec{y}$
NN SS NN SS
t
SS NN SS NN
(b)
D_f
t_f
(c)
θ_0
(d)
$\vec{x}$
Θ
(e)
D
(f)
(g)

圖 6-1-6

經最小化（$\partial E_T/\partial D = 0$）求得：

$$D_0 = \sqrt{\frac{\sigma_W t}{1.7(M_S)^2}} \tag{6-1-16}$$

以鈷爲例，σ_W = 10.8 erg/cm^2，t = 1 cm，則其 $D_0 \simeq 1.8\times10^{-3}$ cm。注意式（6-1-16）之結果並不能適用於圖 6-1-6(c) 的情況（即 $t_f << t$ 及 $D_f >> D_0$），另外，式（6-1-16）有一功用，即在知曉 D_0、M_S 及 t 後可反算該 180° 磁牆之 σ_W。

其次，當 $0.2 < Q_m < 1$ 時，磁區分布如圖 6-1-6(d) 及 (e)，前者爲閉合磁區，其總能量 E_T 可寫爲：

$$E_T = E_K + E_D + E_W \tag{6-1-17}$$

其中 E_K 爲三角區之磁異方能（$E_K = (1/2)K_u D\sin^2\theta_0$），$E_D$ 爲三角區之靜磁能（$E_D = (1/2)K_D S_C a\cos^2\theta_0$，$K_D = 2\pi(M_S)^2$，$S_C = 1.705/2\pi$），$E_W$ 爲磁牆能（$E_W = \sigma_W[2\sqrt{2} - 1 + (t)/(a)]$，假設 $\sigma_{90} = \sigma_{180} = \sigma_W$ 及三角形接近等腰直角三角形），經最小化，得：

$$D_0 = \sqrt{\frac{2\sigma_W t}{\langle K\rangle}} \tag{6-1-18}$$

其中 $\langle K\rangle = K_u\sin^2\theta_0 + K_D S_C\cos^2\theta_0$，同理，在知曉 D_0、$\langle K\rangle$ 及 t 後，亦可經由式（6-1-18）推算其 σ_W。另外，圖 6-1-6(e) 係圖 6-1-6(b) 之側面，且 $0.2 < Q_m < 1$，因屬斜異方性故 $\overrightarrow{M_S}$ 與易軸夾一角度 $\Theta > 0°$，在此情況下：

$$D_0 = \sqrt{\frac{\sigma_W t}{1.7(M_S\cos\Theta)^2}} \tag{6-1-19}$$

同時，鈷塊材之側面磁區分布亦可如圖 6-1-6(f) 在上與下邊界形成反向成長釘式（Reverse spike）磁區。另外，需注意的是在 z 方向觀察〔如圖

6-1-6(b)、(d)、(e)、(f)〕之磁區圖案皆呈帶狀，亦稱爲（密）帶狀磁區，而在 y 方向觀察〔如圖 6-1-6(c)〕之磁區圖案亦呈帶狀，稱之爲（疏）帶狀磁區。兩者的區分是前者之 $D_0 \simeq 0.1$ 至 1 μm，而後者之 $D_f \simeq 100$ 至 1 μm。最後一型磁區圖 6-1-6(g) 屬磁化量，在膜面（xz 面）內且爲立方晶系。圖 6-1-6 中各樣品之 t（或 t_f）皆沿 z 方向。

以上複磁區狀況，皆會因磁體尺寸的變小而導致呈單磁區（即無任何磁牆存在）。先以球狀顆粒磁體爲例，若其半徑爲 r，則靜磁能 $U_M = (1/2)N_d(M_S)^2/N_W = (1/9)[2\pi M_S r^2]d$，其中 $N_d = 1/3$，$N_W = (2r)/d$，d 爲磁區尺寸，而磁牆能 $U_W = (2\pi\sigma_W r^3)/d$，在最小化 $U_T = U_W + U_M$ 後，得 $d_0 = [(9\sigma_W r)/(2\pi)]^{1/2}(1/M_S)$。因此，單磁區條件爲 $2r_c = d_0$，故單磁區（顆粒）尺寸之臨界上限 $r_c = (9\sigma_W)/(8\pi M_S^2)$，即式（3-9-3）。若以 Fe 顆粒爲例，$r_c \simeq 2$ nm（T = 4 K），唯實驗上，表 3-9-3 中，$r_c = D_S \cong 15$ 至 20 nm（$T = 76$ K）。D_S 係大於 r_c（理論），除強磁與弱磁之考量外，其他理由已於第 3-9 節解釋。另外，作爲參考，文獻 [17,38] 列舉單磁區（薄膜）厚度之臨界上限 t_c 爲：

$$t_c = (16\pi)\left(\frac{L}{w}\right)\left[\frac{1.7\sigma_W}{(M_S)^2}\right]\frac{1}{\left[\ln\left(\frac{4L}{w+t_f}\right)-1\right]^2} \text{（CGS）} \qquad (6\text{-}1\text{-}20)$$

其中 M_S 係躺在膜面內，L、w、t 爲膜按圖〔6-1-6(c)〕沿 y、x、z 方向之尺寸。

6-1-6 磁泡磁區

某幾類亞鐵磁薄膜（例如 YIG、GdCo 等）在特定的偏壓場（H_b）下，會出現如圖 6-1-7 所示由帶狀磁區切割成圓柱狀之磁區，由於該磁區從膜面方向觀之如一泡泡，故命名爲磁泡（Magnetic bubble），現就其細節略述於下。首先，該類磁膜之 $Q_m >> 1$，故如圖 6-1-7 所示，其磁化量

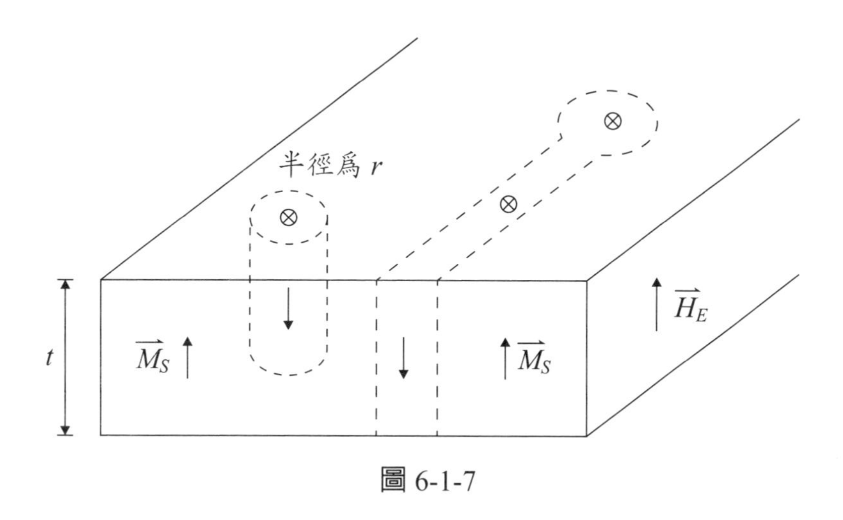

圖 6-1-7

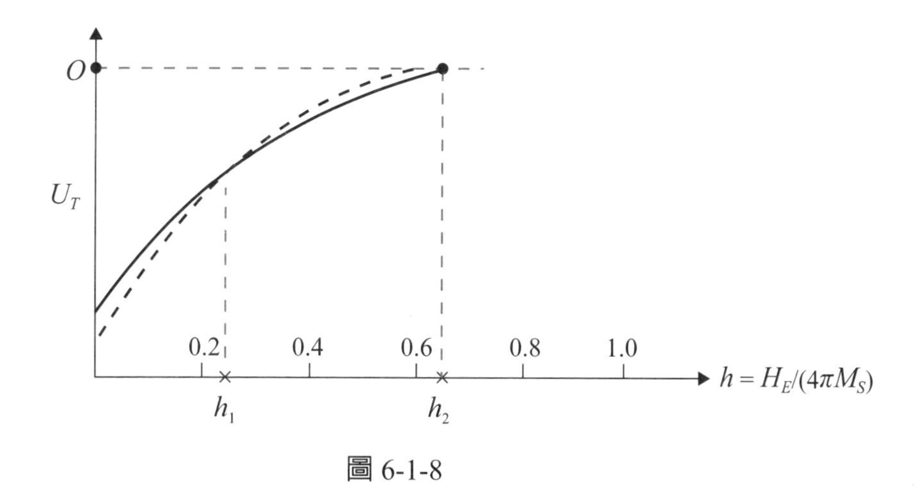

圖 6-1-8

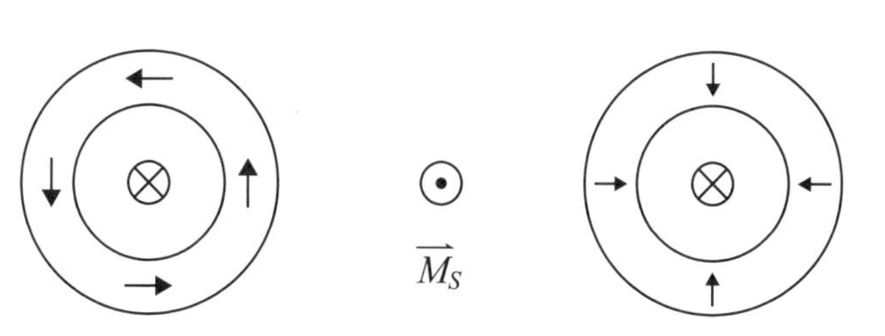

圖 6-1-9

係垂直於膜面，文獻[39]顯示該類磁膜在垂直（偏壓）磁場（H_E 或 H_b）作用下，其磁性總能量 $U_T = U_K + U_M + U_H + U_W$，其中 U_K 爲磁異方能，U_M 爲靜磁能，U_H 爲磁場下之柴曼能，U_W 爲磁牆能，在此計算中分爲兩種情況：1. 複帶狀磁區（Stripe array）及 2. 複磁泡（Bubble lattice）磁區。計算結果顯示（舉一例，如圖 6-1-8），在 $t/\xi = 22.7$ 條件下，其中 t 爲膜厚且 $\xi = \sigma_W/(4\pi M_S^2) = 2Q_m \ell_{ex}^o$，當 $0 < h < h_1 = 0.24$，其中，$h = H_E/(4\pi M_S)$，複帶狀磁區之 U_T 較低（圖 6-1-8 之虛線）係穩定態；當 $h_1 = 0.24 < h < h_2 = 0.64$ 時，複磁泡區之 U_T 較低（圖 6-1-8 之實線），係穩定態，即當 $h \to h_1$ 時，各帶狀磁區逐漸被分割成複磁泡區，當 $h \to h_2$ 時，各磁泡半徑逐漸變小最後消失。最後，磁泡磁牆的結構，基本上如圖 6-1-9 有兩種形式：右旋布洛赫及右旋尼爾，其他形式可作各種組合（包括左旋情況）。由於磁泡之半徑 r（在實際應用下）無法再小於 0.5 或 1 μm，即因其記憶體容量的限制，而未受繼續的發展與重視。

6-1-7 斯格明粒子

近期，有所謂斯格明（Skyrmion）粒子的發現，其磁區結構與磁泡者類似，均爲圓柱狀，唯其尺寸大小僅幾個奈米，明顯小於磁泡之尺寸，同時，兩者的磁牆結構並不相同，按圖 6-1-1(a) 所示，斯格明磁牆（由於屬球狀對中心點對稱，z 軸需環球轉，故 $\partial\overrightarrow{M_S}/\partial x \neq 0$ 且 $\partial\overrightarrow{M_S}/\partial y \neq 0$）即隨 z 增加時，M_S 對兩參數 θ 與 ψ 同時連續地變化。而磁泡磁牆中（由於屬柱狀對中心軸對稱，z 軸作圓面轉，故 $\partial M_S/\partial x = 0$，$\partial M_S/\partial y \neq 0$）即隨 z 增加時，M_S 對參數 ψ 爲固定，僅對 θ 連續變化。上述兩磁結構，就拓璞論而言，可先定義拓璞指數（Topological index; n_T）爲：

$$n_T = \frac{1}{4\pi}\int \overrightarrow{M_S} \cdot \left[\frac{\partial \overrightarrow{M_S}}{\partial x} \times \frac{\partial \overrightarrow{M_S}}{\partial y}\right] dxdy \qquad (6\text{-}1\text{-}21)$$

因此，按該定義，斯格明粒子之 $n_T = \pm 1$，而磁泡之 $n_T = 0$。已發現斯格明粒子存在之實驗證據約可分爲兩類：1. 塊材 MnSi 在低溫（27 至 30 K）與高磁場（約 0.2 T）條件下，由於該塊材具 B20 晶體結構，缺少倒置對稱（Inversion symmetry）可產生類布洛赫形式之斯格明；2. 另一類則是存在於超薄鐵磁層（一到兩單層 Monolayers），與具強自旋軌道耦合作用於重金屬界面，例如 Fe/Ir、Fe/W 可產生類尼爾形式之斯格明等，其理由亦因在界面處缺少倒置對稱（圖 6-1-10）。該不對稱特徵被描述爲非線性戴茲阿洛幸斯基—莫利亞作用（Nonlinear Dzyaloshinskii-Moriya interaction; DMI; D_{ij}），即 $E_{DMI} = -\overrightarrow{D}_{ij} \cdot (\overrightarrow{S}_i \times \overrightarrow{S}_j)$，$S_i$ 與 S_j 爲相鄰之自旋，E_{DMI} 能量最低時保證 $\overrightarrow{S}_i$ 與 $\overrightarrow{S}_j$ 在垂直於 $\overrightarrow{D}_{ij}$ 之平面內，$\overrightarrow{D}_{ij}$ 由晶體或界面之對稱性決定，明顯地，$E_{DMI}(i, j) \neq E_{DMI}(j, i)$，故與海森堡交換性質不相同，海森堡交換決定相鄰之自旋只能是平行與反平行之一，而 DMI 作用使兩相鄰自旋可以是各種夾角，因此構成自旋織構（Spin texture）。其次，斯格明之漢密爾頓（或總能量）如下：

1. 塊材可寫爲：

$$H = \sum_{\langle ij \rangle} \left[-J_{ex} (\overrightarrow{S}_i \cdot \overrightarrow{S}_j) + D_{ij} (\overrightarrow{S}_i \times \overrightarrow{S}_j) \right] - \Sigma g \mu_B B_{ex} \overrightarrow{S} \qquad (6\text{-}1\text{-}22)$$

2. 雙層膜可寫爲：

$$H = \sum_{\langle ij \rangle} \left[-J_{ex} (\overrightarrow{S}_i \cdot \overrightarrow{S}_j)_I + \overrightarrow{D}_{ij} \cdot (\overrightarrow{S}_i \times \overrightarrow{S}_j)_I \right] + K \Sigma [1 - (S_i^z)^2]_I + E_{dd} \qquad (6\text{-}1\text{-}23)$$

注意 1. 與 2. 之不同，前者包括整個空間之 $\langle ij \rangle$ 對，而後者僅在於界面層之 $\langle ij \rangle_I$ 對。式（6-1-23）中 K 爲 z 方向（或垂直方向）之易方能，E_{dd} 爲層面磁偶極與磁偶極（或靜磁）作用力。也因爲式（6-1-23）中界面之作用，當鐵磁層在其他較遠離界面之層面，斯格明應無法存在。

另外，由於斯格明粒子潛在的應用性，曾大力地嘗試利用在第 2 類

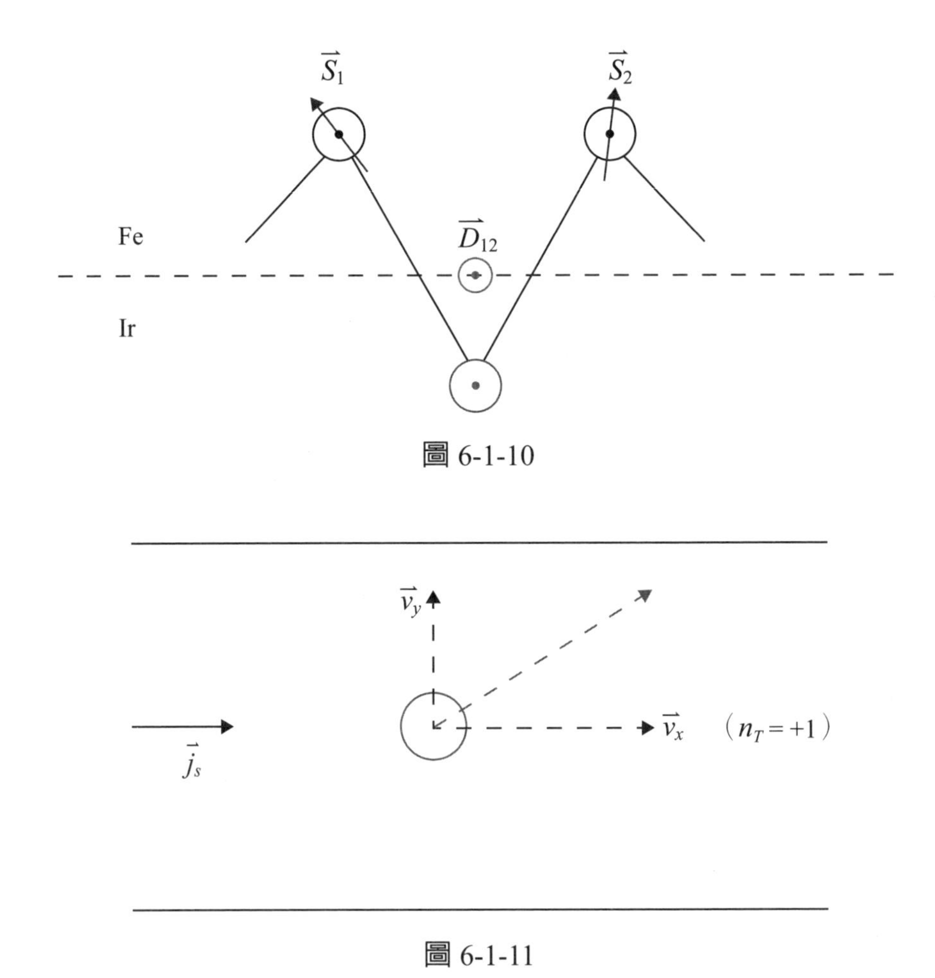

圖 6-1-10

圖 6-1-11

雙層膜元件內（重金屬層）通以電流密度 j_m，則因為重金屬之強自旋軌道作用，產生自旋霍爾效應（Spin Hall effect）使兩自旋電流（Spin-up and spin-down currents）分離。於是在鐵磁與重金屬界面有一自旋電流密度（j_s; $j_s = j_m\theta_{SH}$，其 θ_{SH} 為重金屬之自旋霍爾角），該 j_s 於入射（Inject）鐵磁層後產生自旋傳輸轉矩（Spin transfer torque; STT），促使（或導致）斯格明粒子朝 j_s 方向遷移，而同時，作用於該斯格明粒子之作用力，依蒂勒方程式（Thiele equations）可分為下列三力之平衡（注意：此處需假設斯格明粒子仍保持其形貌剛性）[40]：

$$\overrightarrow{G} \times \overrightarrow{v} - \alpha \overleftrightarrow{D} \cdot \overrightarrow{v} + 4\pi \overleftrightarrow{\xi} \cdot \overrightarrow{j}_m = \overrightarrow{F}_P \qquad (6\text{-}1\text{-}24)$$

第一項中 $\overrightarrow{G} = (0, 0, 4\pi n_T)$ 爲旋磁耦合向量（Gyromagnetic vector），$\overrightarrow{v} = (v_x, v_y, 0)$，因此若 $v_x \neq 0$ 則在 y 方向會產生一橫向偏移力（$G_z v_x$）稱爲馬格努斯力（Magnus force; F_{my}）由於 $\overrightarrow{F}_{my} \cdot \vec{v}_x = 0$ 故未作功或消耗（Non-dissipative）；第二項中，α 爲吉爾博特阻尼係數，$\overleftrightarrow{D}$ 爲消耗張量（Dissipative tensor）；第三項中，$\overleftrightarrow{\xi}$ 爲自旋傳輸轉矩之效率張量。等號右端之 $\overrightarrow{F}_P$ 爲作用於斯格明之釘扎力，且距釘扎中心爲 r 時，$F_P \propto e^{-r/\eta}$，其中 $\eta \simeq 0.1$ nm。因此，式（6-1-24）明確顯示，當通以電流後斯格明粒子除朝自旋電流方向移動外，還會橫向移動，如圖 6-1-11（且依 n_T 爲正或負，而可以正或反向移動）。而馬格努斯力的存在就應用上有好處亦有壞處，好處是它可以降低對斯格明粒子之釘扎場（或力）[41]，因此，需致動斯格明之臨界電流密度（j_c），可遠低於對一般磁泡或磁牆。舉例，前者第 1 類塊材：$j_c \simeq 10^2$ A/cm^2（或 10^6 A/m^2），前者第 2 類膜材：$j_c \simeq 10^6$ A/cm^2；而後者（磁泡）：$j_c \simeq 10^8$ A/cm^2，對應用於賽道記憶裝置（Racetrack memory）具良好之潛力〔低耗能，低損傷，即低電致遷移（Electromigration）傷害〕。至於壞處則是因爲會產生橫向偏移，致使行走一段距離後，斯格明因觸及狹窄賽道之邊界而無法穩定存在，解決之道如文獻 [40] 所提議，採反鐵磁耦合之雙層斯格明。最後需注意一點，即目前斯格明粒子之實際應用尚有一段距離，以上的樂觀結果大部分爲理論模擬分析並非實驗結果，而最大且必須克服的問題，應是斯格明粒子對抗熱擾動之穩定性，由於該粒子極小（在奈米級），前述（第 3-8 節與 3-9 節超順磁）討論 [42] 中，以目前材料特性，在室溫時，$\tau \simeq 70$ ns，唯有在極低溫（$T = 4$ K）時，τ 才可能長至 10^{14} s。依照文獻 [43] 之實驗結果，目前在 Fe/Ir 系統能存在斯格明粒子晶格之最高穩定溫度爲 27.8 K。

6-2 磁區觀察實驗

以下將列舉幾種常見用以觀察磁區的實驗。

6-2-1 磁粉技術

本方法（或技術）為最省錢且最簡單者，一般只要磁區的尺寸（約 10 至 100 μm）在顯微鏡下即可觀測到，其優缺點可見之後的表 6-1-2。基本上，需準備好平均尺寸在 10 nm 之 Fe_3O_4 磁粉，每個顆粒表面需經疏水性椰子油脂塗覆的表面處理，再將處理之磁粉溶於溶劑中，自然亦可依各種情況（包括在不同於室溫之條件下）調整磁粉顆粒之尺寸。一般而言，下列不等式限定了顆粒尺寸（d）之上下限：$d_{min} \leq d \leq d_{max}$，其中 $d_{min} = [(18k_BT)/(\pi M_SH_0)]^{1/3}$ 及 $d_{max} = 3[(2k_BT)/(\pi M_S)^2]^{1/3}$，$d_{min}$ 係基於在溫度 T 時磁粉顆粒對抗熱擾動而能聚集（或堆積）成像，d_{max} 則基於磁粉顆粒避免形成自我閉環式堆積（Self-closing aggregation）而影響成像之解析度，H_0 為待測磁體表面散發出之磁場強度，M_S 為磁粉粒之飽和磁化量。時下，已存在許多商業化之產品，綜稱磁懸浮液（Ferrofluid），使用上非常方便，大致分兩類：水性及油性溶劑，前者適於作室溫附近之磁區觀察，後者適於 90℃較高溫磁區觀察。在作磁區觀察時，需注意下列幾個事項：1. 樣品表面需維持鏡面光滑（對膜材而言較無問題，但對塊材而言，必須拋光至表面幾無刮痕）；2. 必須使蓋玻片下所含磁懸浮液未具氣泡避免影響視野；3. 買來之商用磁懸浮液在使用時需稀釋，舉例：水性者，調去離子水與磁懸浮液之比為 7：1；4. 當磁化量躺於樣品（或膜）面內時，尼爾磁牆的影像較布洛赫磁牆為明顯；5. 當磁化量垂直於樣品（或膜）面時，或需施加一垂直場（小於 H_C）以便觀察；6. 在作磁區動態觀察時，必須以較快速度進行，一旦磁懸浮液變乾或稠，磁粉直接堆積於樣品面並固定不動，動態實驗將失敗，且該樣品亦無法再次被使用〔注意，正常情況下，磁粉係聚集於磁牆上方（附近）約 0.1 至 0.5 μm 外漏場梯度最大之懸浮區域，（聚集底下仍含液體）故只要（溶劑）液尚未乾涸，可適於磁牆動態觀察〕。

6-2-2　磁光顯微鏡技術

磁光顯微鏡（Magneto-optic microscope）依其操作原理分爲反射與穿透兩種形式，前者稱爲卡爾顯微鏡（Kerr microscope），後者爲法拉弟顯微鏡（Faraday microscope）。而前者又因樣品的性質不同（利用不同磁光原理）而分爲三類：1. 對磁化量垂直樣品面者利用極式卡爾效應（Polar Kerr effect; PKE）；2. 對磁化量躺於樣品面且平行於入射面者，利用縱向卡爾效應（Longitudinal Kerr effect; LKE）；3. 對磁化量躺於樣品但垂直於入射面者，利用橫向卡爾效應（Transverse Kerr effect; TKE）。所有磁光顯微鏡均需使用偏極化（Polarized）入射光。茲以第 1. 類顯微鏡爲例〔圖 6-2-1(a)〕，圖中（右側）偏光鏡（Polarized）爲格蘭—湯普森稜鏡（Glan-Thompson prism）將光源之光偏極化，經過半透分光鏡片將偏光近垂直入射於樣品面，反射光再經半透鏡、物鏡（上側）偏光稜鏡及目鏡，以便成像於眼或 CCD。操作時，右側與上側偏光稜鏡之兩偏光軸略保持垂直，磁區與相鄰磁區爲一明一暗（或一暗一明）。進一步，PKE 原理如圖 6-2-1(b)，當 P- 極化入射光（以電場向量爲 $\overrightarrow{E_i}$ 代表）遇樣品表面磁區①，即磁化量（$\overrightarrow{M_S}$）朝上垂直者，其反射偏光（$\overrightarrow{E_{r1}}$）因 PKE 而作正卡爾轉角旋轉（$\theta_K > 0$），而在表面磁區②，$\overrightarrow{M_S}$ 朝下垂直者，其反射偏光（$\overrightarrow{E_{r2}}$）則作負卡爾旋轉（$-\theta_K < 0$），因此，按馬若斯法則（Malus rule），若將（右側）偏光鏡（Polarizer）之偏光軸與（上側）分析鏡（Analyzer）呈 $\alpha \simeq 90° - \theta_K$（如圖），則磁區①呈明亮態，磁區②呈暗黑態，若 $\alpha \simeq 90°$

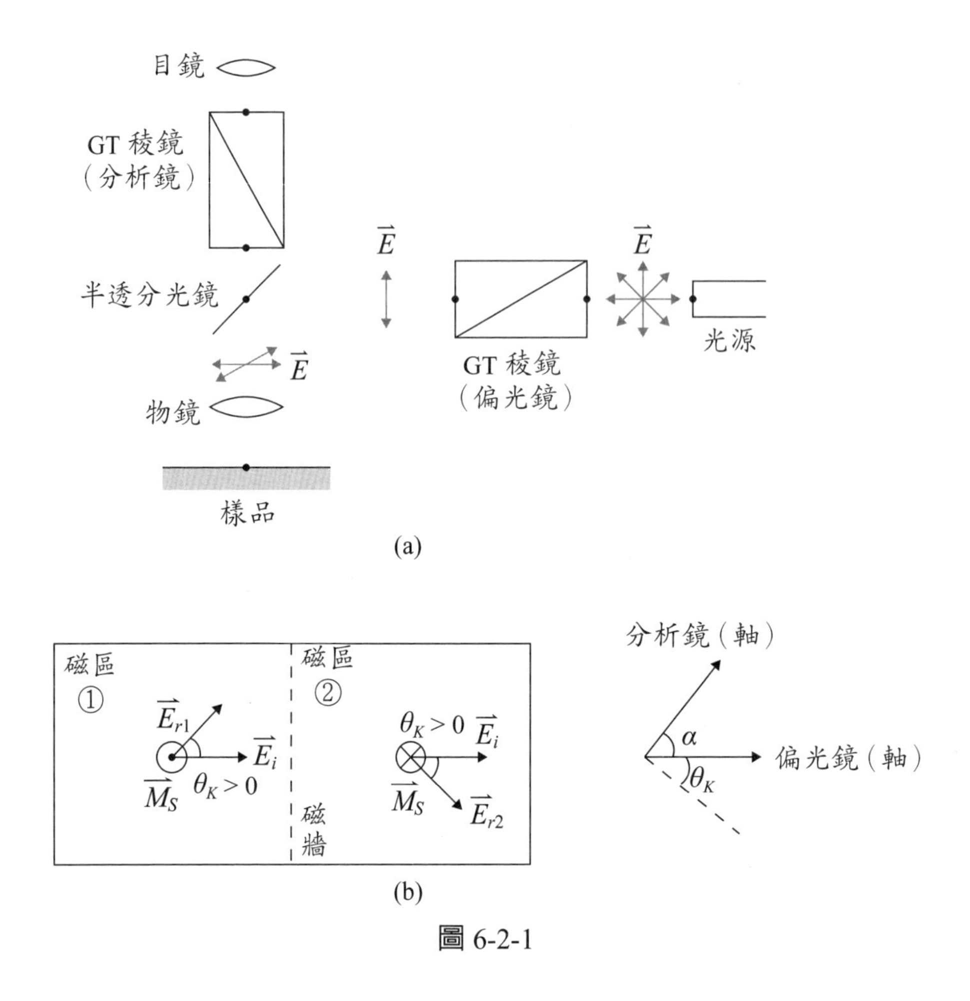

圖 6-2-1

$+\theta_K$，則反之。注意，θ_K 通常很小，僅約 10 分以內，故有時不易察覺，可利用在樣品面鍍上一層厚度（$t \sim \lambda/4$，λ 爲入射光波長）之 ZnS 或 SiO_2 膜，如此降低金屬之正常反射量（故樣品面呈暗色），進而提升有效卡爾轉角。注意，對於一般可見光，其能穿透於金屬樣品之深度約爲 50 至 80 nm，所觀測到之磁區影像基本上仍代表樣品表面者。

其次爲法拉弟顯微鏡，因爲屬透射模式，（一般金屬鐵磁膜於 80 nm 厚時已不透光）故多半僅適用於對可見光較爲透明之氧化物磁體（$t <$ 0.1 mm），其光路結構如圖 6-2-2，由於法拉弟效應中，透射光之偏光

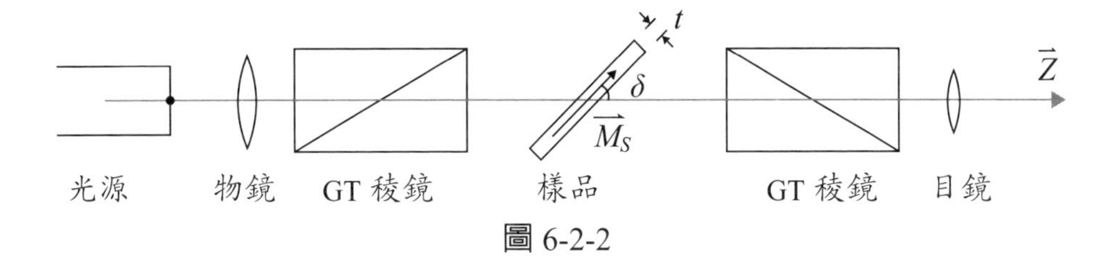

圖 6-2-2

軸與入射光將夾一法拉弟角（θ_F），而 $\theta_F = \alpha_F\left[(\overrightarrow{M_S}\cdot\vec{Z})\right][t/\sin\delta] = t\alpha_F(M_S)\cot\delta$，如圖，其中 α_F 為磁材之維德常數〔Verdet constant，單位：rad/(T · m)〕，$\vec{Z}$ 為光線行經方向，δ 為樣品面與 Z 軸夾角，t 為樣品厚度。當 $\overrightarrow{M_S}$ 在膜面內，$\delta \neq 90°$ 時 $\theta_F \neq 0$，當 $\overrightarrow{M_S}$ 垂直膜面，且 $\delta = 0°$ 時 $\theta_F = 0$。由於 θ_F 通常較大，故以法拉弟顯微鏡觀察到磁區（明暗）對比更為清晰。

6-2-3　磁力顯微鏡

磁力顯微鏡（Magnetic force microscope; MFM）與原子力顯微鏡（AFM）操作原理類同，兩者均是利用一帶探針頭（Tip）之懸吊臂，如圖 6-2-3 所示，來偵測物體表面之受力大小。不同處有下列幾點：1.MFM 之探針頭係以蝕刻矽單晶後之針頭（半徑約為 10 nm），再覆上一層鐵磁層（通常採硬磁材料，例如 CoCr），而 AFM 之探針頭係單純矽針頭；2.MFM 係在靜磁力作用範圍工作，故使用時針頭離待測體表面距離在 10 至 100 nm，AFM 係在凡得瓦爾力作用範圍工作，故使用時針頭與待測體表面間距在 1 至 10 nm。因此，為使用方便會採以下模式掃描待測體：1.僅採 MFM 探針頭；2. 單一橫掃去程中，降低探針高度，以便進行 AFM 掃描，單一回程中，提升探針高度，以便進行 MFM 掃描，如此交替工作，最終可同時得磁體之表面形貌（Morphology）及磁區分布（Domain pattern）圖像。

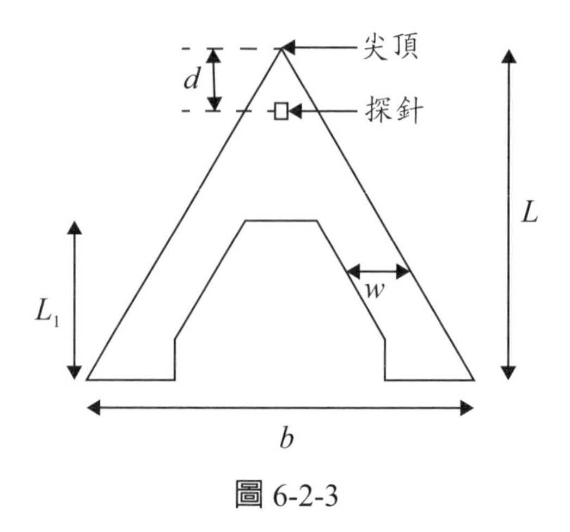

圖 6-2-3

茲略述 MFM 工作原理，首先，如圖 6-2-3 採「A」樣式懸吊臂，需按其尺寸設計之該臂的彈簧係數（Spring constant; k），k 依下列公式計算：

$$k=\left[\frac{Ewt^3}{2L^3}\right]\left[\frac{L}{L-d}\right]^3 \qquad (6\text{-}2\text{-}1)$$

其中 E 可爲矽之楊氏模數，L、w、d 如圖所示，t 爲臂之厚度。在掃描時，利用一壓電致動器（Piezoelectric actuator）驅動臂使之在共振頻率（Resonance frequency; f_0 或 ω_0）附近振動，f_0 的大小約在 8 至 200 kHz（依懸吊臂而定），其工作模式又可分爲兩種：1. 振幅調制（Amplitude modulation; AMM），即先固定頻率在 f_0，當針頭受外力（F）時，針頭振幅（A）會因力而改變，系統反饋（Feedback）調整針頭與樣品面之間距（ΔX），使振幅恢復原值不變，則 $F = k(\Delta X)$ 從而繪出受力圖；2. 頻率調制（Frequency modulation; FMM），該方式曾於第 5-5 節中提及，即當針頭受外力時，共振頻率會偏移（由 ω_0 至 ω，即偏移量 $\Delta\omega = \omega - \omega_0$，$\omega_0 = [k/m]^{1/2}$），同樣系統反饋調整間距使共振恢復原頻率，則 $\omega = \omega_0[1 - (m/k)(dF/dZ)]^{1/2}$，其中 m 爲臂之質量，F 正比於 $\Delta\omega \cdot Z$；Z 爲針與樣品之平均間距，因此，亦可繪出受力圖。此外，由於溫度影響造成之熱擾動雜訊

（Thermal noise）及偵測元件之電子雜訊（Detector noise），發現 AFM（或 MFM）之訊號對雜訊比（Signal to noise ratio; S/N）爲 $(S/N) \propto \sqrt{(Q\omega_0)/k}$，其中 Q 爲臂共振時臂之性質因子（Quality factor，與臂之阻尼有關）。因此，爲使（S/N）變大，需於設計時使 Q 與 ω_0 愈大愈好，而 k 愈小愈好。其次，討論 MFM 中靜磁作用力（F_m）。在磁針與磁體間之相互作用靜磁能（E_{int}）依相互原則（Reciprocity rule）可寫爲：

$$
\begin{aligned}
E_{int} &= -\int_{tip} (\overrightarrow{M_t}) \cdot (\overrightarrow{H_{SA}})\, dV_t \\
&= -\int_{SA} (\overrightarrow{M_{SA}}) \cdot (\overrightarrow{H_t})\, dV_{SA}
\end{aligned}
\qquad (6\text{-}2\text{-}2)
$$

其中「t」代表磁探針（Tip），「SA」代表待測磁體，由 $\overrightarrow{M_{SA}} \cdot (\nabla\phi_t) = \nabla \cdot (\phi_t \overrightarrow{M_{SA}}) - \phi_t \nabla \cdot \overrightarrow{M_{SA}}$，式（6-2-2）可寫爲：

$$
E_{int} = \int_S \phi_t \sigma_S\, dS + \int_V \phi_t q_V\, dV \qquad (6\text{-}2\text{-}3)
$$

其中「S」代表磁體表面積，「V」代表磁體體積，$\sigma_S = \overrightarrow{M_{SA}} \cdot \vec{n}$ 爲表面磁極密度，$q_V = -\nabla \cdot \overrightarrow{M_{SA}}$ 爲磁體內磁極密度。而所謂磁探針之 F_m 即定義爲 $\overrightarrow{F_m} = -\partial E_{int}/\partial Z$。最後，已於前說明磁探針多數情況爲硬磁材且 $\overrightarrow{M_t} // \overrightarrow{Z}$，而待測磁體一般可分爲如圖 6-2-4 所示之兩類：1. 如圖 6-2-4(a) 及 (b) 其 $Q_m > 1$，磁區的明暗對應於針頭上所受之斥與吸力（式 6-2-3 之第 1 項）；2. 如圖 6-2-4(c) 及 (d)，其 $Q_m << 1$，圖 (c) 的明暗對應於布洛赫磁牆，其他部分之亮度介於明暗之間。圖 (d) 的明暗對應於尼爾磁牆（或更爲擴大之區域）即暗區由 AB 向左逐漸變亮，及由 CD 向右逐漸變亮，主要是因爲尼爾磁牆產生之 q_V 分布於磁體內，故依式 6-2-3 之第 2 項。注意，以上是不考慮兩例外情況，即磁針散發場（Stray field）不會強至磁化磁體，或磁體散發場不至於強至影響磁針之磁化狀態。如產生例外情形，F_m 永遠爲吸力，或致任何不明之混亂圖案。

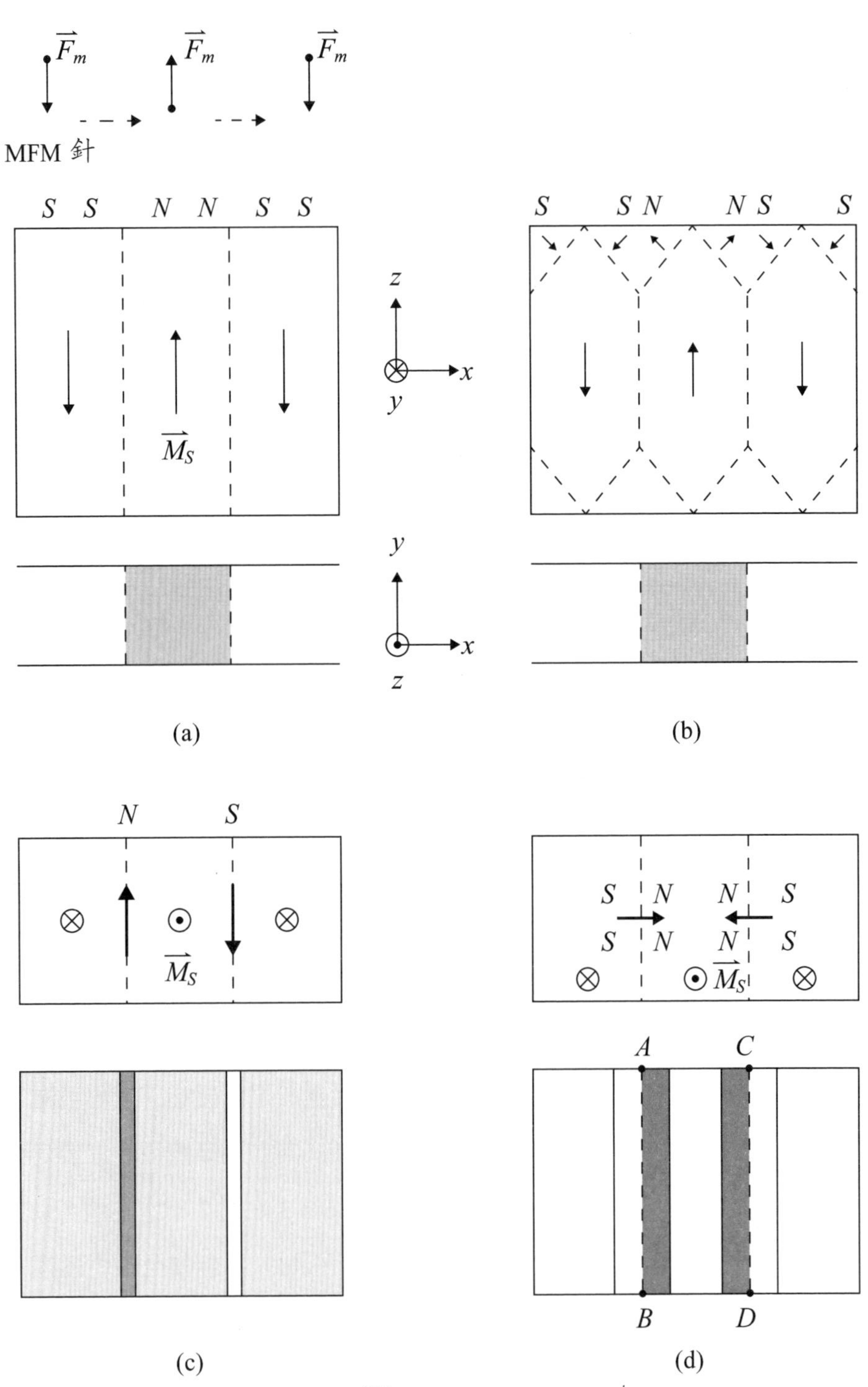

$\vec{F}_m$
$\vec{F}_m$
$\vec{F}_m$
MFM 針
S S N N S S
$\vec{M}_S$
z
x
y
S S N N S S
y
x
z
(a)
(b)
N S
$\vec{M}_S$
S N N S
S N N S
$\vec{M}_S$
A C
B D
(c)
(d)

圖 6-2-4

6-2-4　電子顯微鏡

電子顯微鏡（Electron microscope; EM）為用來研究材料結構之利器，取其波長短的好處（例如加速 200 KV 之電子，其波長僅 2.5 pm）故影像解析度（Resolution）高。當將其用於磁區（或牆）之觀察時，可採兩種手段：1. 反射式（SEM）及 2. 穿透式（TEM）。

1. SEM-Type I：當初級電子束（Primary electron beam; PEB）擊入樣品內後會產生二次電子束（Secondary electrons; SE）反射，對 3 KeV 之 PEB 而言，射入 Fe 樣品之有效深度約 68 nm，SE 逃逸深度約 1 nm。SEM-Type I 觀察，磁區之原理如圖 6-2-5(a) 所示，PEB 之 $\vec{v}_e // \vec{Z}$，待測磁體（$\vec{M}_S$ 係垂直樣品面）在其相鄰兩磁牆（①及②磁牆）上端會產生方向相反之散發場（Stray fileds; $\vec{B}_o$）。逃逸之二次電子會受到磁體表面散發場 $\vec{B}_o$ 的影響而作不同方向偏轉，即如圖示①磁牆上方出射之電子受羅倫茲力（Lorentz force; $\vec{F}_{L1}$）而偏向負 x 方向；同理，②磁牆上方出射者會偏向正 x 方向。而電子偵測器若置於圖示（磁體一側），則明顯其成像會如圖示：①牆（亮線）及②牆（暗線）。本技術較適用於 $Q_M > 1$ 磁材。

2. SEM-Type II：係利用當初級電子射入磁體內會產生後向散射電子（Back-scattered electrons; BSE）其逃逸深度較深，舉例約 10 至 100 nm（3 KeV）。在利用本技術觀察磁區時，需將樣品面相對入射電子束方向作一轉角〔Tilted，如圖 6-2-5(b) 之 δ〕，由於該轉動，明顯使入射於 K 磁區之電子向表面彎，而入射於 L 磁區電子則相反向內部彎，故如圖 6-2-5(b) 所示，由於入射 K 磁區之電子路徑較淺，其造成散溢之 BSE（虛線表示）較強；同理，入射 L 磁區之電子路徑較深，造成散溢之 BSE 較弱，因此形成之圖像如圖 6-2-5(b) 所示：K 磁區（亮區）及 L 磁區（暗區）。本技術較適用 $Q_M < 1$ 磁材。

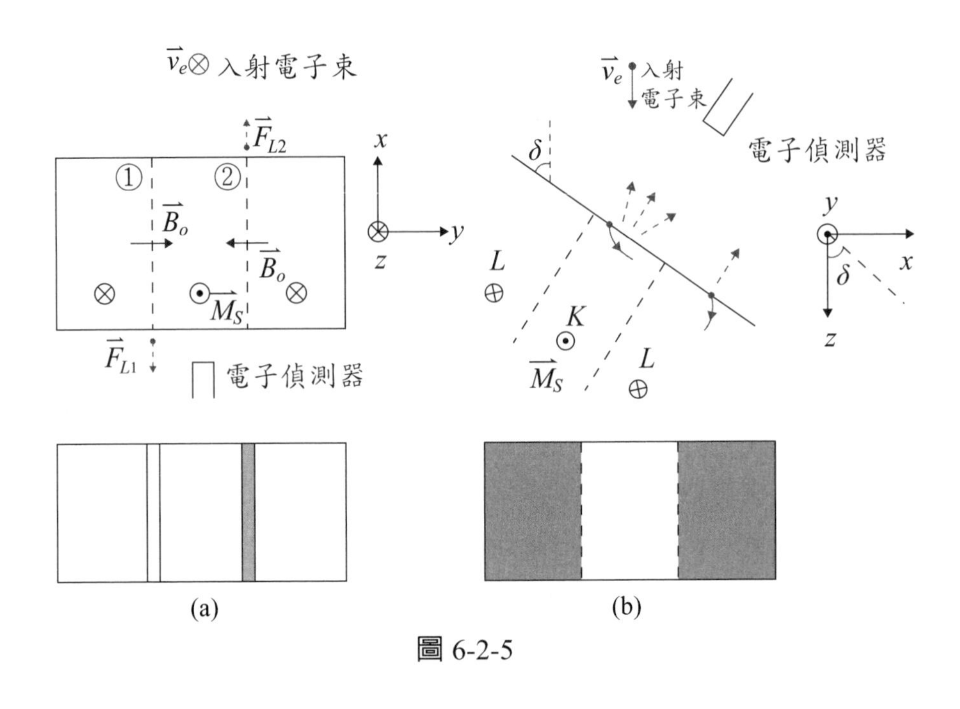

$\vec{v}_e$⊗ 入射電子束
$\vec{F}_{L2}$
①
②
$\vec{B}_o$
$\vec{B}_o$
$\vec{M}_S$
$\vec{F}_{L1}$
電子偵測器
x
y
z
$\vec{v}_e$ 入射電子束
電子偵測器
δ
L
K
$\vec{M}_S$
L
y
x
δ
z
(a)
(b)

圖 6-2-5

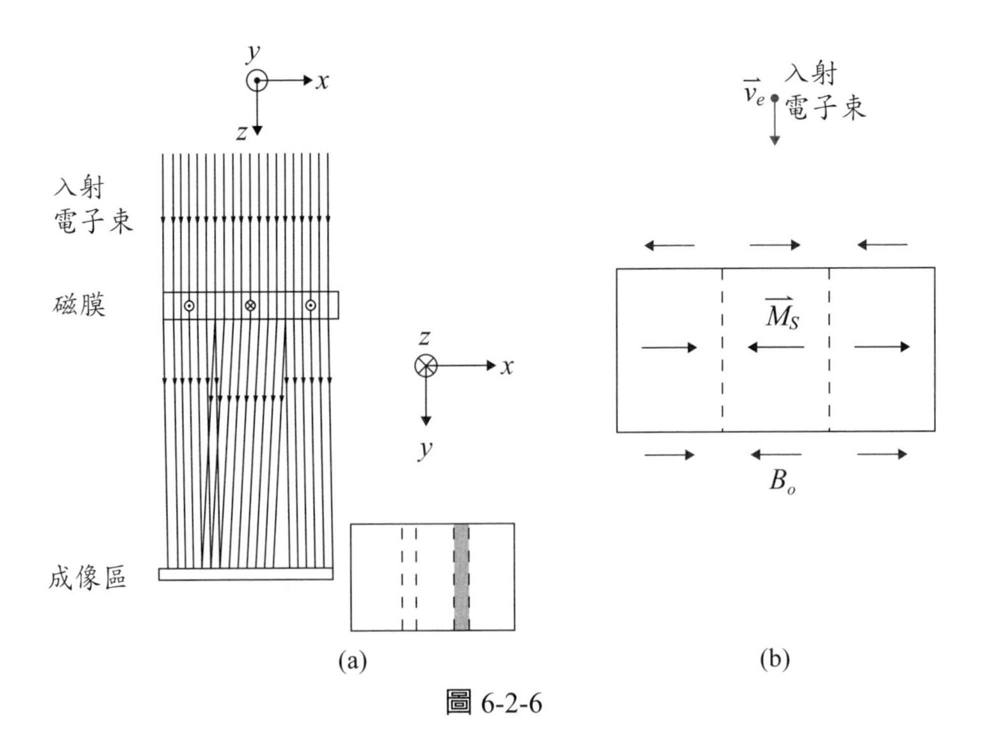

y
x
z
入射電子束
磁膜
成像區
z
x
y
$\vec{v}_e$ 入射電子束
$\vec{M}_S$
B_o
(a)
(b)

圖 6-2-6

3. SEMPA 或 Spin-polarized SEM：基本上，仍利用由磁體內散發之二次電子，唯因爲相鄰兩磁區之磁化量（$\overrightarrow{M_S}$）的相反，而致使從不同磁區散發之 SE 呈互相相反的偏極化（S_1 與 S_2），再將該兩 SE 射束經加速後藉由一含金箔之偵測器（Mott detector），由 Au 電子自旋一軌道作用產生之不對稱散射進而分離 S_1 與 S_2 信號，因此可依信號處理〔$(S_1 - S_2)/(S_1 + S_2)$〕生成明顯磁區的影像。

4. TEM：本技術則是利用初級電子束（PEB）穿透磁材再聚焦成像，一般當 PEB 能量在 100 KeV 時，能穿透鐵樣品之最大厚度約爲 200 nm。TEM 觀察磁區之原理，如圖 6-2-6(a) 所示，磁膜之磁化量（$\overrightarrow{M_S}$）在膜面內，因此，當 PEB 通過該膜之兩磁區時，藉由羅倫茲內偏轉方向的不同，而於成像區分別呈聚焦（左側）與反聚焦（右側）之影像，亦即一個磁牆爲亮線，相鄰之磁牆爲暗線。注意，下列兩種情形將不適合（或較困難地）以 TEM 觀察磁區：(1) 如圖 6-2-6(b)，雖然 $\overrightarrow{M_S}$ 亦在膜面內，唯其分布爲迎頭式的（Head-on）與圖 6-2-6(a) 情況不同，故磁膜面之上與面之下的 $\overrightarrow{B_o}$ 方向相反，故僅磁膜之邊緣可以形成明暗對比（Contrast）；(2) 當 $\overrightarrow{M_S}$ 垂直於磁膜面亦無法形成（明暗）磁區之對比影像。不過，由於 TEM 的高解析度，倒是可利用之觀察到磁牆內之結構（例如布洛赫線等），呈現磁牆之一側爲亮線，另一側爲暗線，在布洛赫線處，明暗對換。

5. 其他：仍存在許多其他觀察磁區及／或磁牆的技術，包括：(1) 利用霍爾元件掃描；(2) 線性偏極化之中子擾射；(3) 利用同步輻射光源左（右）旋圓偏光（λ ～ 300 至 2000 nm）之吸光譜（MCD）；(4) 自旋偏極化之穿隧顯微鏡（SP-STM）；(5) 自旋偏極化之超導量子干涉儀（SP-SQUID）。

6-3 附註

1. 所謂布洛赫線（Bloch line; BL）可視為牆中牆，如圖 6-3-1 所示，而所謂布洛赫點（Bloch point; BP）則可依同觀念視為線中線。

2. 曲折磁牆（Zig-zag wall）：在一些磁化量（$\overrightarrow{M_S}$）躺在磁單軸磁膜膜面內之樣品，其觀察到的磁牆（於俯視時）呈非直線形式，而係呈現帶有扭折（Kink）或曲折形式之磁牆，如圖 6-3-2 所示。其中 2θ 為曲折頂角（Vertex angle），$2B$ 為曲折幅度（Amplitude），$p = 4B\tan\theta$ 為曲折週期（Period）。當曲折磁牆存在時，其相鄰磁區內之磁化量（如圖箭號所示）係頭對頭，故該磁牆為帶磁極之磁牆（Charged wall），特別是當磁牆若為直線形式，則其帶磁極量最大，因此為降低該量，磁牆呈現曲折狀，且磁極的分布會由磁牆向外延伸（或延展）至磁區內部。經考慮下列三項能量：靜磁能、異方性能及磁牆能的平衡後，可得 [44]，

$$\theta = \left[\frac{3\pi(\pi A)^{1/2}}{32(M_S t_f)}\right]^3$$
$$B = \left(\frac{768}{\pi^3}\right)\frac{(t_f)^3(M_S)^4}{AK} \quad \text{(CGS)} \qquad (6\text{-}3\text{-}1)$$

其中 A 為交換剛性，t_f 為膜厚，K 為單軸易方能。

3. 茲將前述中所提及有關磁區觀察之各項技術之性價比作一整理，陳列於表 6-3-1 中以便作一比較。

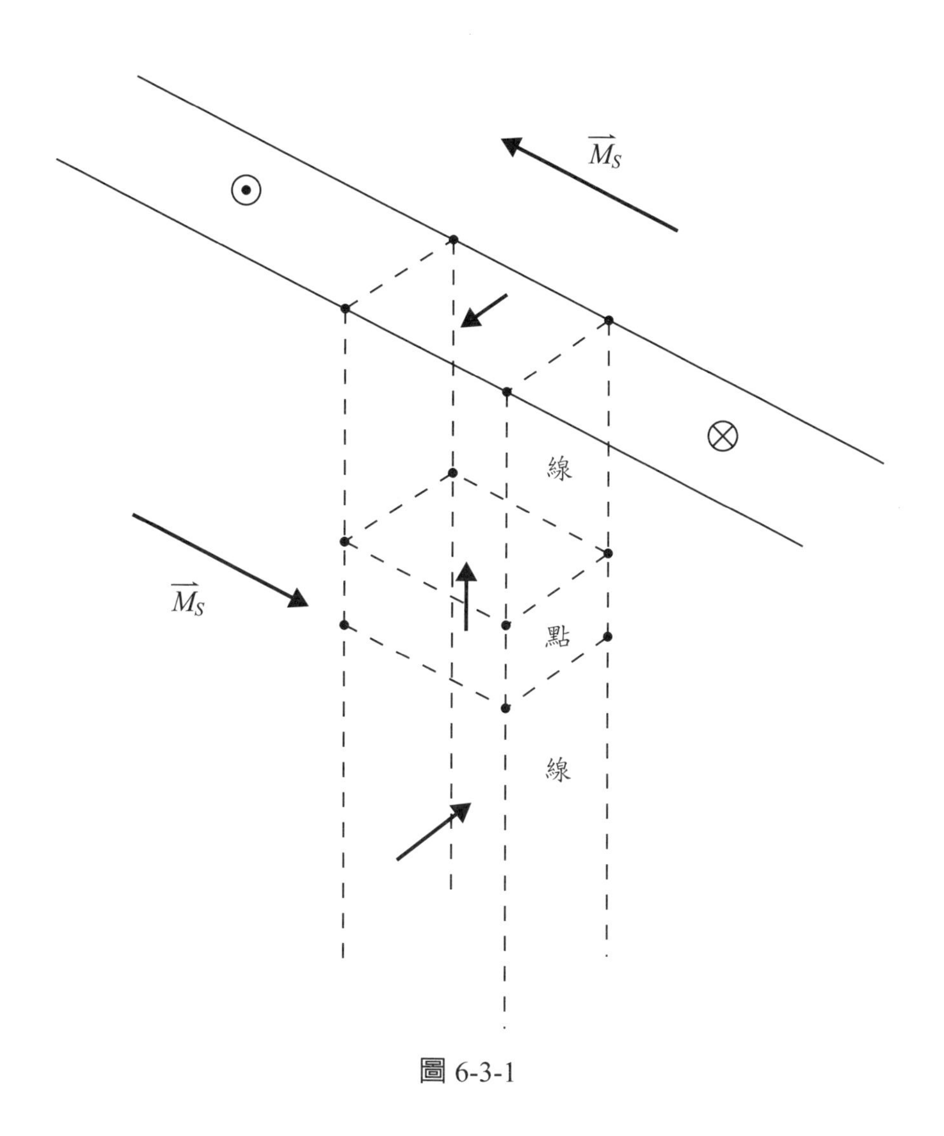

圖 6-3-1

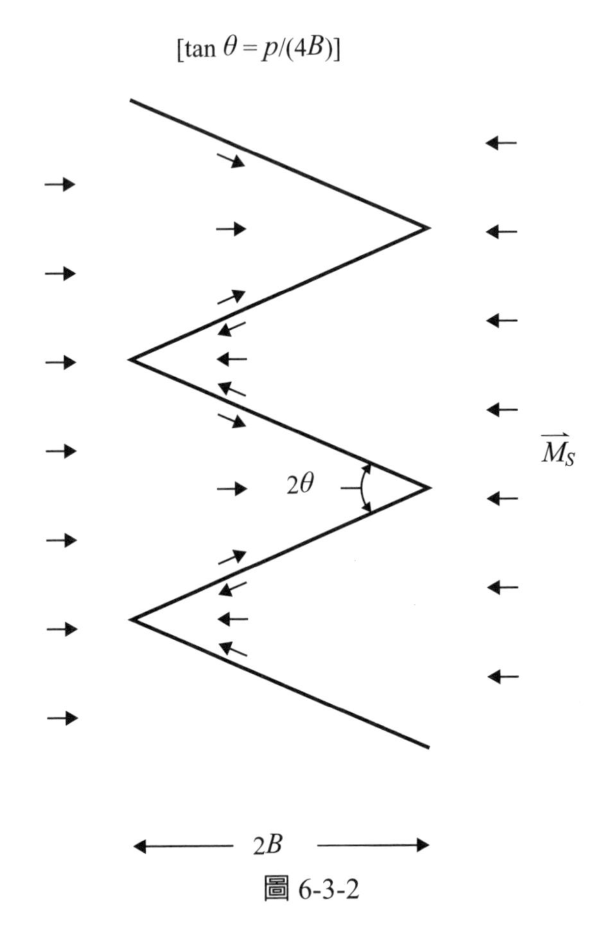

圖 6-3-2

表 6-3-1

設備	功能	單價（臺幣：2017）
磁粉（Bitter）	1. 易成像，磁區尺寸之解析度：1 至 10 μm 2. 可即時（Real time）觀察磁區之動態變化（慢速） 3. 爲破壞性（磁浮液乾涸後磁粉永久附著不能重新使用） 4. 變溫範圍：室溫至 100℃ 5. 布洛赫磁牆影像不明顯 6. 外加場不能大過（或影響）磁體表面散發磁場強度	便宜
磁光（Kerr microscope）	1. 低放大倍率，磁區解析度：約 100 μm 2. 受磁體樣品卡爾轉角（θ_K）限制 3. 可即時觀察磁區之動態變化（快速） 4. 非破壞性，樣品可重複利用 5. 變溫範圍：77 至 900 K 6. 外加場對光線無影響	100 萬以下
電鏡（SEM）	1. 高放大倍率，磁區解析度：約 50 nm 2. 可即時觀察磁區之動態變化 3. 外加場受限於 100 至 300 G，超過會影響電子聚焦 4. 通常很少加溫，因加溫會破壞眞空，並使磁粒散布於周圍，汙染腔內環境 5. 非破壞性	500 至 800 萬
電鏡（TEM）	1. 超高放大倍率，磁區解析度：約 10 nm 2. 可即時觀察磁區之動態變化 3. 外加場受限於 1000 至 3000 G，不可超過 4. 同 SEM，較少加溫 5. 非破壞性	2000 至 3000 萬
磁力顯微鏡（MFM）	1. 磁區解析度：0.1 μm 2. 不能即時觀察磁區之動態變化，但可以加完場再觀察其變化 3. 外加場受限於 3000 G，超過會影響針頭 4. 較少加溫 5. 非破壞性	200 至 500 萬

習 題

第一章

1. 圖一或圖二（側視圖）係由兩物件所組成，其中下端物體（標示 N 及 S 極者）爲一半徑 R 之圓盤形永久磁石，上端物體爲一半徑 r 之圓盤形純鐵。由圖 (a) 知 $R > r$，由圖 (b) 知 $R < r$。一開始我們將鐵盤放置（或固持）於如下圖所示之（中央）位置，然後放開固持鐵盤之壓力，同時，略向右位移該鐵盤。請問分別在圖 (a) 及圖 (b) 情形中，該鐵盤最後停駐的位置爲何？請以圖示表達。

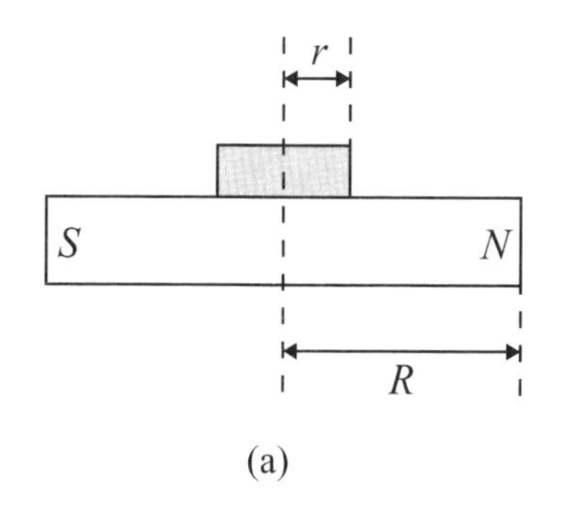

(a)

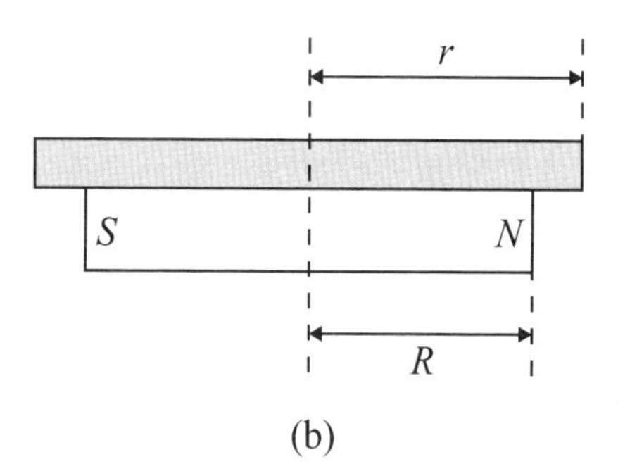

(b)

2. 關於單位轉換之塡充題：

(1) 1 erg/G = ？emu	(5)1 HA = ？Wb
(2) 1 dyne = ？$[\text{G-cm}]^2$	(6)10^{-6} A/m = ？nOe
(3) 1 MGOe = ？KJ/m^3	(7)1 Am^2 = ？emu
(4)1 Wb/m^2 = ？$(\text{V})(\text{Sec})/\text{m}^2$	(8)1 V · sec/m^2 = ？G

3. 已知在地球（磁）赤道水平面之磁場（H_o）= 0.3 G，且地球半徑（R）= 6370 km。現有一空間站正在（北半球）軌道傾角〔即軌道面與地球（地理）赤道面之夾角〕45 度及（離水平面）上空 408 km 處飛行。則在該站艙內的徑向磁場（Z）與切線磁場（H）之方向各爲何？大

小各爲多少 Gauss？（不考慮太陽風 Solar wind 之干擾）

4. 有兩個磁矩 $\overrightarrow{M_1}$ 及 $\overrightarrow{M_2}$，其間隔爲 a，且 $|\overrightarrow{M_1}| = |\overrightarrow{M_2}| = M$。若依下列方式放置此一對磁矩，則每一組之「磁矩作用力位能」（Dipole interaction potential）分別係如何表示（MKS 單位）？

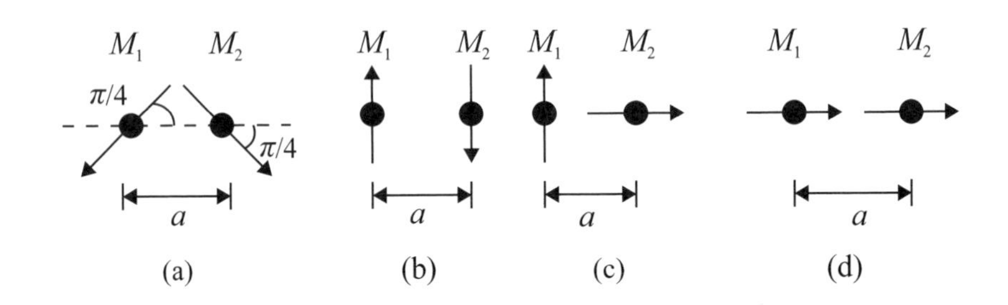

5. 現有四個奈米磁性圓盤（Disc）分別放置如圖 (a) 及圖 (b) 所示之正方晶格上，其中已知每圓盤之磁力矩（Magnetic moment）均躺在盤（或膜）面內，且其大小爲 m，而方向則如圖所示。求在原點（O）處：(1) 如圖 (a) 情況，其淨磁場之大小與方向；(2) 如圖 (b) 情況，其淨磁場之大小與方向。

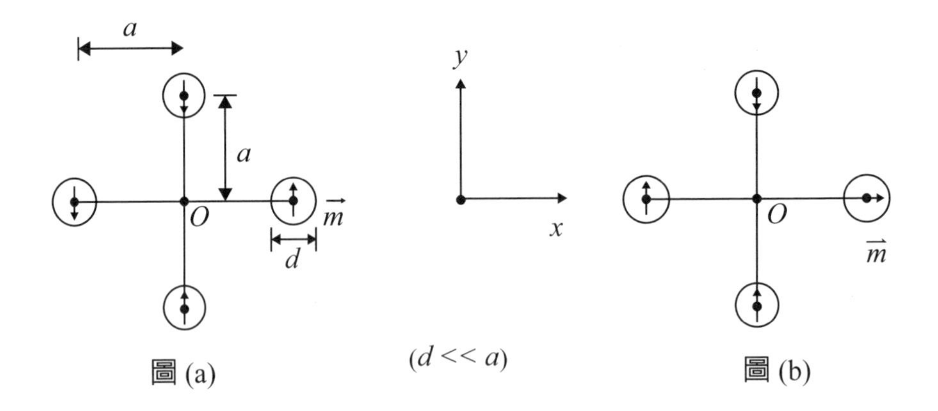

圖 (a)　　圖 (b)

第二章

1. 鋱離子 Tb^{3+}（基態）之電子組態爲何？依照宏德法則，該離子之總角動量 J 值及總磁矩 μ 值是多少？
2. 已知原子核之超細作用（Hyperfine interaction）正比於電子軌道波函數絕對值之平方，則電子軌道波函數必須在哪種狀態（State）下，方有超細作用？
3. 當帶電粒子作加速運動時，會產生什麼效果？
4. 氫原子之 p 軌道：$P_0 = zR(r)$，$P_{\pm 1} = [R(r)/\sqrt{2}r](x \pm iy)$，若處於非向心之晶格場：$Ax^2 + By^2 + Cz^2$（其中 $A \neq B \neq C$）證明，其擾動後能量爲非簡併（即 $E_a \neq E_b \neq E_c$）且其軌道角動量被壓制（即 $\langle L_x \rangle = \langle L_y \rangle = \langle L_z \rangle = 0$）。
5. 氮（N）原子模型外殼層之電子軌道分別爲 $2P_x \sim (x/r)^{\uparrow}$、$2P_y \sim (y/r)^{\uparrow}$ 與 $2P_z \sim (z/r)^{\uparrow}$ 之線性組合。當該原子在向 $+Z$ 方向指之磁場 H_Z 中時，請問下列能階：$E_{l=1}^{m=1}$、$E_{l=1}^{m=0}$ 及 $E_{l=1}^{m=-1}$，其中 ℓ、m 爲分別量子數（Quantum number），高低分布爲何？並寫出該線性組合之關係。
6. 試證明對海森堡漢密爾頓：$H = 2E_a + K_{12} - (1/2)J_{12} - 2J_{12}\vec{S}_1 \cdot \vec{S}_2$（兩氫原子）而言，當處於單重態（Singlet state）時 $E_{\mathrm{I}} = 2E_a + K_{12} + J_{12}$，而當處於三重態（Triplet states）時，$E_{\mathrm{II}} = 2E_a + K_{12} - J_{12}$。

第三章

1. 列出至少三種不同的實驗方式，用以決定鐵磁材料之居禮溫度（T_C）。
2. Fe_3O_4 之組成可分解成 $(FeO)(Fe_2O_3)$，即同時含二價與三價之鐵，而 Fe 之電子組態爲 $4s^2 3d^6$。則試估計單一 Fe^{+2} 鐵離子之磁矩（Magnetic moment）的理論值 μ_Z 應爲多少 μ_B（μ_B: Bohr magneton）？至於 Fe^{+2} 鐵離子在固體中其 μ_Z 磁矩實驗值又爲多少 μ_B？
3. 分別註明下列磁性物質在溫度（T = 275 K）下，係屬下列哪一類磁性？（包括反磁 Diamagnetism；順磁 Paramagnetism；鐵磁 Ferromagnetism；亞鐵磁 Ferrimagnetism；反鐵磁 Antiferromagnetism）
(1)MnO (2)Ar (3)Fe_3O_4 (4)Alnico V (5)Pd (6)78 Permalloy
(7)Cr (8)$Gd(C_2H_5SO_4)_3 \cdot 9H_2O$ (9)Gd (10)Dy-Garnet (11)Cu
(12) 玻璃（Corning 0211，高場）

4. 自旋波（Magnon）之色散關係方程式（Dispersion equation）爲 $\hbar\omega = (2JSa)^2\kappa^2$，其中 ω 爲 Magnon 之角頻率，J 爲交換作用力，S 爲自旋數，a 爲晶格常數，κ 爲波函數（$\kappa = 2\pi/\lambda$，λ 爲波長）。以 Fe 爲例其 $S = 1/2$，$a = 0.3$ nm，$J = 5\times10^{-2}$ eV，請問其 Magnon 之等效質量（Effective mass）是多少 kg（公斤）？約爲電子等效質量的幾倍？

5. (1) 試略述鐵磁性材料封阻溫度（Blocking temperature; T_B）的物理意義或產生該溫度現象之原因；(2) 現有一含鈷之奈米圓球，其直徑 d = 70Å，且已知其異方能約爲 4.2×10^6 ergs/cc，則其 T_B 會在室溫（22℃）以上或以下？(3) 若改爲含鈷薄膜，其膜厚爲 70 Å，則其 T_B 會在室溫以上或以下？(4) 從實用觀點而言，若作爲記錄媒體，吾人希望某鐵磁材料之 T_B 高於或低於室溫？

6. 試證明在平均分子場論機制下，鐵磁體於居禮點時之磁比熱 $C_m(T_C) = [5S(S+1)/(2S^2+2S+1)]Nk_B$，$S$ 爲自旋數，N 爲每單位體積之磁原子，k_B 爲波茲曼常數。

7. 現有六種材料：分別爲金屬（Metal）、絕緣體（Insulator）及半導體（Semiconductor）等。其能帶（Energy band）圖如下所示，其中 ε_F 代表 Fermi energy，$\vec{R}$ 爲電子之 Wavevector。問圖 (a) 至 (f) 各代表前述之何種材料？

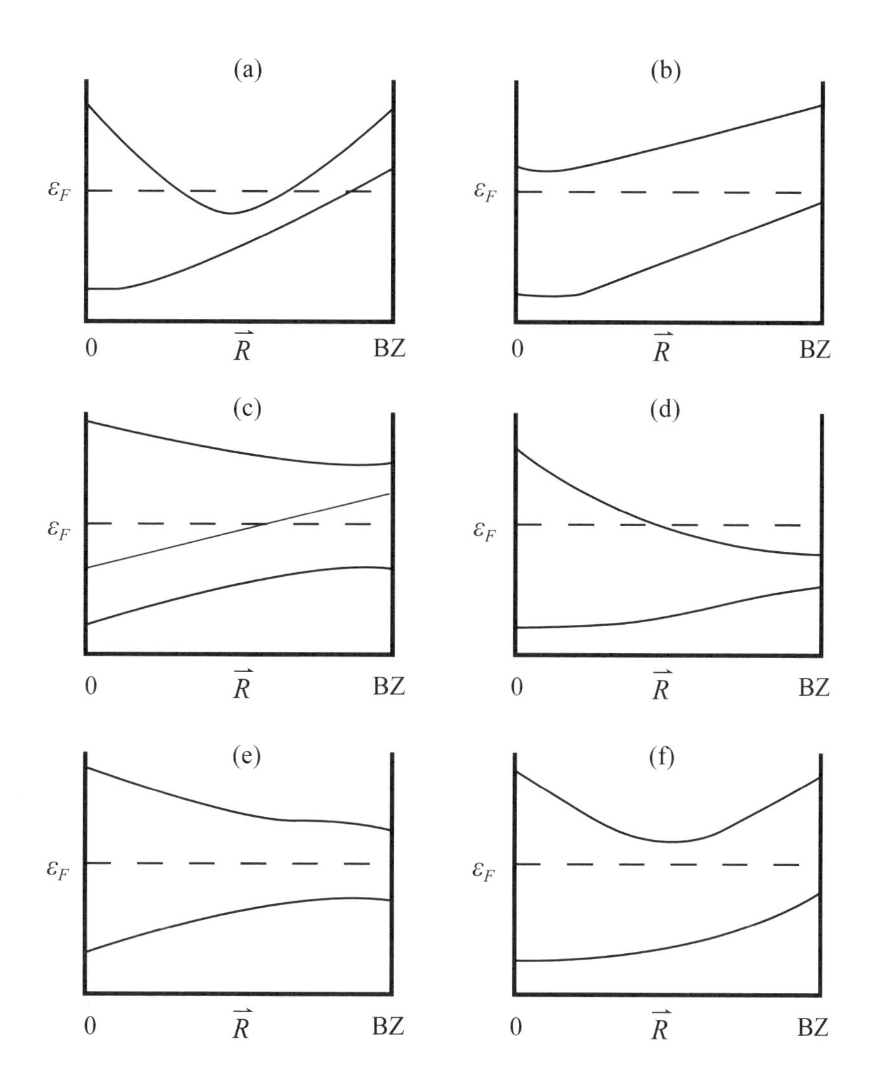

第四章

1. 在高度 (110) 織構化之鎳膜面內施加一磁場（H），並使 H 以面之法線方向為轉軸轉動角為 ϕ，試證明當繪 K_C 對 ϕ 圖時，需滿足下列方程式：$K_C = [-(K_1/8) - (K_2/128)]\cos 2(\phi - \phi_0) + [-(3K_1/32) - (K_2/64)]\cos 4(\phi - \phi_0)$，其中 K_C 為磁晶異方能，K_1 及 K_2 為立方體之磁異方常數，ϕ_0 為任意起始角。

2. 在室溫下，垂直鈷單晶 C 軸方向施加一磁場（H），證明 H 與 M（磁化量）之關係圖，需遵守下列方程式：

$$H=\left(\frac{2K_1}{M_S}\right)\left(\frac{M}{M_S}\right)+\frac{4K_2}{M_S}\left(\frac{M}{M_S}\right)^3$$

3. 試描述力矩磁力計之操作原理及操作方式。
4. (1) 已知 Fe 爲 *bcc* 結構，其磁晶異向性常數 $K_1>0$，則按照磁晶異向能公式，Fe 的易軸方向有哪幾個方向（Directions）？（以 $[hk\ell]$ 方式表示）
   (2) 已知 Ni 爲 *fcc* 結構，其磁晶異向性常數 $K_1<0$，則按照磁晶異向能公式 Ni 的易軸方向又有哪幾個方向？（以 $[hk\ell]$ 方式表示）

第五章

1. 有一純鐵之實心球，半徑 5 cm。已知純鐵之 l_s = 2.15 Tesla，則在該鐵球圓心處之去磁場強度（Demagnetizing field）是多少 Oe？
2. 現在有一艘軍艦停泊在碼頭，如圖所示，軍艦上掛著（或繞著）電線。請問這樣是準備作什麼？如此作的理由何在？

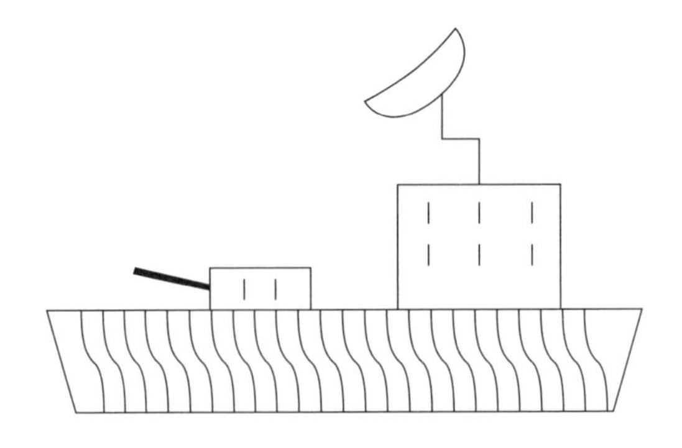

3. 在冰箱外門上通常我們會用一永久磁石，其前端附設一掛勾，（掛勾可吊掛物品）。現在該永久磁石之 B_r = 0.38 T，如圖充磁方向爲垂直

方向，且垂直截面積 $A = 1.5\ \text{cm}^2$，已知該磁石與外門間之摩擦係數 $\mu_f = 0.55$。問該掛勾最大吊重爲多少克（暫不考量漏磁）？

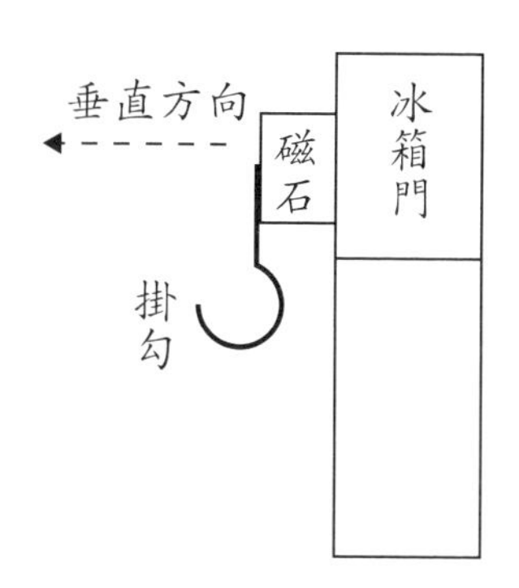

4. 現有下列兩塊圓柱狀（同材質）永久磁石，左邊者爲半徑 R_1 柱長 L_1，右邊者爲半徑 R_2 柱長爲 L_2，其中 $R_1 > R_2$，$L_2 > L_1$ 且 $(\pi R_1)^2 L_1 = (\pi R_2)^2 L_2$（即兩者體積相同），如下圖置放，則在軸向相同距離 d 處，測得磁場分別爲 H_1 與 H_2。問 (1)$H_1 > H_2$；(2)$H_2 > H_1$；(3)$H_1 = H_2$ 何者正確？陳述選答之理由。

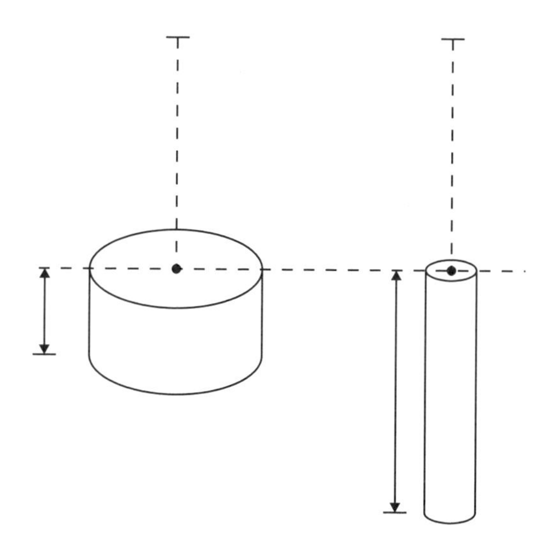

5. 現有一電磁鐵，如圖所示，其中各參數：N 為線圈匝數，i 為通過線圈電流，ℓ 為整個電磁鐵繞一圈之總長，A 為截面積（參考圖示），μ 為電磁鐵材料之導磁係數，μ_0 為空氣之導磁係數，ℓ_g 為兩磁極間之距離（如圖示），畫點線部分代表溢出之磁力線（該部分可視為等效於同距離 ℓ_g 及 A_{eff}）。利用等效磁路（Magnetic circuit）原理，表示出磁通（Magnetic flux; ϕ）與前述各參數之關係式。

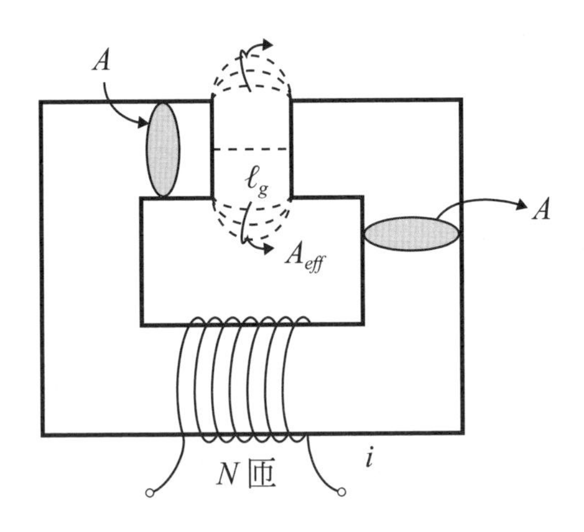

6. 由 Lenz' rule 現進行下述實驗，圖中有三直立銅管〔(a)、(b)、(c)〕，在 (a) 及 (c) 情況：從同一高處（h）各丟下一半徑較銅管半徑小之鐵球，該球在不碰撞管壁情況下，直接穿過內管落下。在 (b) 情況：亦丟下同樣半徑較小之木球；設同時丟下三球，請問該三球落至地面的先後順序〔以 (a) 鐵、(b) 木、(c) 鐵表示〕。

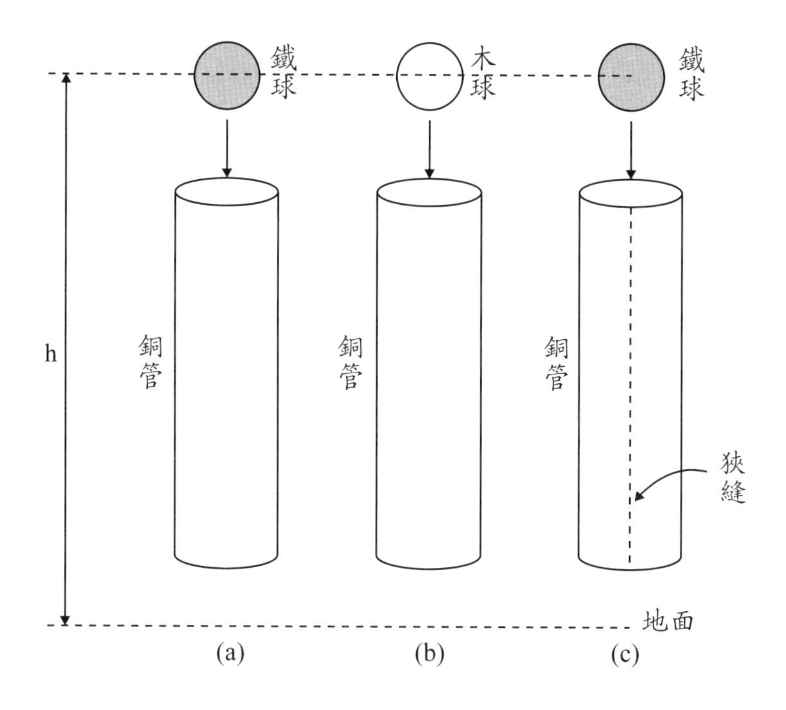

第六章

1. 曾討論到依不同之立方晶系，鐵磁材料之交換剛性（A; Exchange stiffness）與自旋（S; Spin）的關係可爲 $A = \eta(JS^2)/a$，其中 J 爲交換常數（Exchange integral），a 爲晶格常數（Lattice const），η 爲一正整數。試證明當晶格爲簡單立方（sc）時 $\eta = 1$；爲體心立方（bcc）時 $\eta = 2$；爲面心立方（fcc）時 $\eta = 4$。
2. 原子力顯微鏡（AFM）與磁力顯微鏡（MFM）基本上係共用主機臺，在使用時，除各需要適當的針頭（Probing tip）外，尚需注意下針高度的調整。若於 AFM 時，針頭與樣品面之間距爲 d_A，而於 MFM 時，其間距爲 d_M，則下列何者正確？(A) $d_A > d_M$ (B) $d_A = d_M$ (c) $d_A < d_M$，並陳述選答之理由。
3. 小明製作一 Helmholtz coils 組，其線圈半徑 r 爲 10 cm，各線圈繞線之匝數 N 爲 110，若線圈通電流 5 Ampere 則在該線圈組對稱軸上中心點處之磁場應爲多少 Oe？

4. 下面有一片鐵磁性薄膜（爲 In-plane anisotropy）其內部飽和磁化量（Magnetization; $\overrightarrow{M_s}$）之分布情形如圖，現利用反射式 Polar Kerr effect（入射光直射向下），且其入射光之偏極化方向爲 S-polarized，則所得之磁區（Domain）與磁壁（Domain wall）之明暗圖，依灰階度代號（1：最亮，2：次亮，3：最暗）畫出來，並簡述理由。〔註：該材料之 θ_{PK}（Angles of polar Kerr rotation）爲正值〕

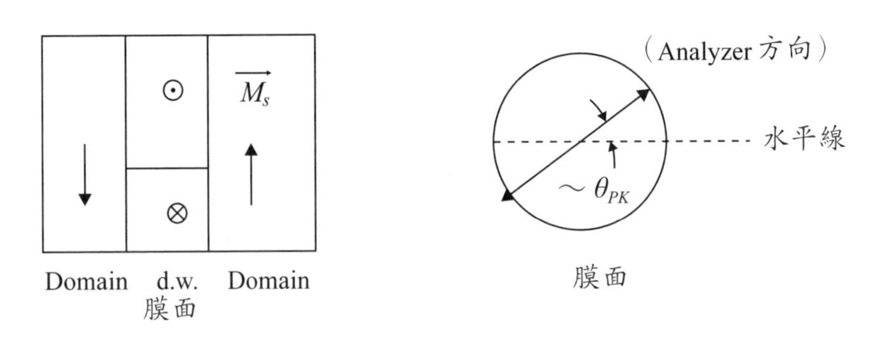

5. 在觀察日偏蝕時，人們常用一片偏光板對準太陽作觀看。若陽光之強度爲 I_0，透射偏光板後之強度爲 I，則理論上，I/I_0 = ？需描述選答之理由。

參考文獻

[1] B. D. Cullity, Introduction to Magnetic Materials, Addison-Wesley, Reading 1972.

[2] J. D. Jackson, Classical Electrodynamics, Wiley, NY, 1962.

[3] R. M. Eisberg, Fundamentals of Modern Physics, Wiley, NY, 1963.

[4] L. J. Swartzendruber, NIST (www. elsevier.nl/locate/jmmm) data sheet.

[5] L. Hodges, D. R. Stone, and A. V. Gold, Phys. Rev. Lett. 19, 655 (1967).

[6] A. H. Morrish, The Physical Principles of Magnetism, Wiley, NY, 1965.

[7] L. Pauling and E. B. Wilson, Jr., Introduction to Quanticm Mechanics (with Applications to Chemistry), Dover, NY, 1963.

[8] C. Kittel, Introduction to Solid State Physics, Wiley, NY, 1976.

[9] C. Herring, in Magnetism (IV), Academic Press, NY, 1966.

[10] J. A. Hofmann, A. Paskin, K. J. Tauer, and R. J. Weiss, J. Phys. Chem. Solids, 1, 45 (1956).

[11] J. Stohr and H. C. Siegmann, Magnetism (from Fundamentals to Nanoscale Dynamics) Springer, Berlin, 2006.

[12] G. Lonzarich and A. V. Gold, Can. J. Phys. 52, 694 (1974).

[13] H. A. Mook, J. W. Lynn, and R. M. Nicklow, Phys. Rev. Lett. 30, 556 (1973).

[14] M. A. Ruderman and C. Kittel, Phys. Rev. 96, 99 (1954).

[15] T. Kasuya, Prog, Theor. Phys. (Kyoto) 16, 45 (1956).

[16] K. Yosida, Phys. Rev. 106, 893 (1957).

[17] R. C. O'Handley, Modern Magnetic Materials (Principles and Applications), Wiley, NY, 2000.

[18] S. Chikazumi, Physics of Ferromagnetism, Clarendon Press, Oxford, 1997.

[19] G. Herzer, IEEE Trans. MAG-25, 3327 (1989); MAG-26, 1397 (1990).

[20] K. W. H. Stevens, Proc. Phys, Soc. A65, 209 (1952).

[21] J. A. Osborn, Phys. Rev. 11&12, 351 (1945).

[22] J. Nogues, and I. K. Schuller, J. Magn. Magn. Mater. 192, 203 (1999).

[23] S. U. Jen, et. al., J. Alloys & Compd. 448, 59 (2008).

[24] G. Bertotti, Hysteresis in Magnetism, Acad. Press, London 1998.

[25] S. U. Jen and S. S. Liou, J. Magn. Magn. Mater. 139, 77 (1995).

[26] S. U. Jen and L. Berger, J. Appl. Phys. 53, 2298 (1982).

[27] R. C. O'Handley, J. Appl. Phys. 46, 4996 (1975).

[28] S. U. Jen, and C. J. Wang, J. Appl. Phys. 64, 4627 (1988).

[29] C. C. Liu, S. U. Jen, J. Y. Juang, C. K. Lo, J. Alloys & Compd. 562, 111 (2013).

[30] Y. Ding, T. J. Klemmer, and T. M. Grawford, J. Appl. Phys. 96, 2969 (2004).

[31] A. Conca, et. al., J. Appl. Phys. 113, 213909 (2013).

[32] A. Hubert, and R. Schafer, Magnetic Domains (The Analysis of Magnetic Microstructures), Springer, Berlin, 1998.

[33] N. A. Stutzke, et. al., J. Appl. Phys. 97, 10Q107 (2005).

[34] S. U. Jen, S. P. Shieh, and S. S. Liou, J. Magn. Magn. Maters. 147, 49 (1995).

[35] C. C. Liu, et. al. J. Phys. D: Appl. Phys. 46, 255001 (2013).

[36] A. K. Agarwala, and L. Berger, J. Appl. Phys. 57, 3505 (1985).

[37] S. W. Yuan, and H. N. Bertram, Phys. Rev. B44, 12395 (1991).

[38] C. Kittel, Rev. Mod. Phys. 21, 541 (1949).

[39] J. A. Cape, and G. W. Lehman, J. Appl. Phys. 42, 5732 (1971).

[40] X. Zhang, Y. Zhou, and M. Ezawa, Nature Comm. 7, 10293 (2016).

[41] S. Z. Lin, et. al., Phys. Rev. B87, 214417 (2013).

[42] D. Cortes-Ortuno, et. al., Sci. Rep. 7, 4060 (2017).

[43] A. Sonntag, et. al., Phys. Rev. Lett. 113, 077202 (2014).

[44] M. J. Freiser, IBM J. Res. Develop 23, 330 (1979).

習題答案

第一章

1. 圖 (a) 移至 N 極，圖 (b) 原位不動
3. H = +0.28 G 及 Z = −0.21 G
5. 圖 (a) H = 0，圖 (b) $H_X = 2\text{m/a}^3, H_y = -\text{m/a}^3, H = \sqrt{5}\ \text{m/a}^3, \phi = 26.6°$

第二章

1. $S = 3, L = 3, J = 6, \mu = 9.0\mu_B$
3. 輻射電磁波
5. $E_1^1 > E_1^0 > E_1^{-1}$；$P_1 \sim e^{i\phi}, P_0 = P_Z, P_{-1} = e^{-i\phi}$

第三章

1. VSM，磁重分析儀，比熱儀
3. (1) 順磁；(2) 反磁；(3) 亞鐵磁；(4) 鐵磁；(5) 順磁；(6) 鐵磁；(7) 反鐵磁；(8) 順磁；(9) 鐵磁；(10) 亞鐵磁；(11) 反磁；(12) 反磁
5. (1) 尺寸與熱擾動；(2) $T_B = -54.8$℃（以下）；(3) 以下；(4) 高於室溫
7. (1) 半金屬；(2) 絕緣體；(3) 摻雜半導體；(4) 金屬；(5) 直接能隙半導體；(6) 間接能隙半導體

第四章

1. Fe：$[1\ 0\ 0]$　$[0\ 1\ 0]$　$[0\ 0\ 1]$　$[\underline{1}\ 0\ 0]$　$[0\ \underline{1}\ 0]$ 及 $[0\ 0\ \underline{1}]$

   Ni：$[1\ 1\ 1]$　$[\underline{1}\ 1\ 1]$　$[1\ \underline{1}\ 1]$　$[1\ 1\ \underline{1}]$　$[\underline{1}\ \underline{1}\ 1]$　$[\underline{1}\ 1\ \underline{1}]$　$[1\ \underline{1}\ \underline{1}]$ 及 $[\underline{1}\ \underline{1}\ \underline{1}]$

第五章

1. $H_d = 7165$ Oe

3. 484 公克

5. $\phi = (\mathrm{Ni})/[R_{eff} + R_m]$, $1/R_{eff} = 1/R_L + 1/R_g$, $R_L = l_g/(\mu_0 A_{eff})$

   $R_g = l_g/(\mu_0 A)$, $R_m = (l - l_g)/\mu_0 A$

第六章

1. (C)，磁力作用區較原子力作用區更遠離磁體表面

3. 49.4 Oe

5. $I/I_{\mathrm{O}} = 0.5$

索引

六畫

七畫

八畫

九畫

十畫

十一畫

十二畫

十三畫

十四畫

十五畫

十六畫

十七畫

十八畫

十九畫

二十畫

二十一畫

二十三畫

二十四畫

國家圖書館出版品預行編目資料

基礎磁性物理／任盛源著. 一一二版. 一一
臺北市：五南圖書出版股份有限公司,
2023.04
面； 公分
ISBN 978-626-343-910-8（平裝）

1.CST: 磁學

338 112003190

5B37

基礎磁性物理

作　　者— 任盛源（33.6）
發 行 人— 楊榮川
總 經 理— 楊士清
總 編 輯— 楊秀麗
副總編輯— 王正華
責任編輯— 張維文
封面設計— 姚孝慈
出 版 者— 五南圖書出版股份有限公司
地　　址：106台北市大安區和平東路二段339號4樓
電　　話：(02)2705-5066　　傳　　真：(02)2706-6100
網　　址：https://www.wunan.com.tw
電子郵件：wunan@wunan.com.tw
劃撥帳號：01068953
戶　　名：五南圖書出版股份有限公司
法律顧問　林勝安律師
出版日期　2018年9月初版一刷
　　　　　2023年4月二版一刷
定　　價　新臺幣420元